科技资源
共享平台服务模式研究

李长云 著

国家自然科学基金项目（71473062）
黑龙江省软科学研究计划项目　　　　资助出版
黑龙江省哲学社会科学研究规划项目

科学出版社

北 京

内 容 简 介

本书以新一代信息技术与科技创新基础设施的深度融合为背景,从信息技术与科技资源共享业务融合的视角,揭示了科技资源共享平台生态圈形成的内在机理,探索了科技资源共享平台生态化发展的规律;系统分析了科技资源共享平台服务模式的创新路径,构建了基于信息技术能力的动态服务模式以及其对应的运行机制,并通过黑龙江省创新创业共享服务平台进行案例分析与实证研究。

本书可以为各个领域信息化相关工作的专业技术人员和本领域的业务人士提供参考,也可以作为信息系统的开发与应用、信息平台的生态化发展、服务创新等相关领域的科学研究、教育教学和企业培训的参考书。

图书在版编目(CIP)数据

科技资源共享平台服务模式研究/李长云著. —北京:科学出版社,2023.1

ISBN 978-7-03-068575-9

Ⅰ. ①科… Ⅱ. ①李… Ⅲ. ①科学技术-资源共享-服务模式-研究-中国 Ⅳ. ①G322

中国版本图书馆 CIP 数据核字(2021)第 065666 号

责任编辑:邓 娴/责任校对:王晓茜
责任印制:张 伟/封面设计:无极书装

科 学 出 版 社 出版
北京东黄城根北街 16 号
邮政编码:100717
http://www.sciencep.com

北京中科印刷有限公司 印刷
科学出版社发行 各地新华书店经销

*

2023 年 1 月第 一 版 开本:720 × 1000 1/16
2023 年 1 月第一次印刷 印张:14 1/4
字数:288 000

定价:152.00 元

(如有印装质量问题,我社负责调换)

前　言

新一轮科技革命和产业变革的加速演进使得全球科技竞争态势越来越激烈，世界各国力图抓住这新一轮科技创新机遇，纷纷制定了新的科技竞争战略规划，努力提升自身科技创新能力。在新形势下，把握科技创新所处历史方位，找好促进科技创新的着力点，促进科技创新要素整合，不断提升科技创新核心竞争力，对于推进我国科技创新体系的迭代升级，助力培育壮大新的增长点、增长极，在国际科技竞争中赢得主动、占据优势具有重要意义。

科技创新要素的整合力是提升科技创新核心竞争力的前提，也是增强企业核心竞争力的重要支撑。因为科技创新要素是开展科技创新活动的基本立足点，是打通产学研、创新链、产业链、价值链的基本保障，更是提升科技创新体系化能力的基本途径。

影响我国科技创新要素整合力的因素很多，但是最为关键的是加强科技创新基础能力的建设，科技资源共享平台就是创新基础能力体系的重要组成部分。以云计算、大数据、物联网、人工智能等新一代信息技术为基础的科技资源共享平台，推动了我国科技资源的整合共享与高效利用，改变了我国科技基础条件建设多头管理、分散投入的状况，减少了科技资源低水平重复建设，打破了科技资源条块分割、部门封闭、信息滞留和数据垄断的格局。"十一五"以来，国家有关部门贯彻"整合、共享、完善、提高"的方针，组织开展了国家科技基础条件平台的建设工作；随后，各个省市也根据自身条件和战略规划，建设了一批面向重点行业或者特色产业的各类技术平台，这些地方平台都已经接入国家科技资源共享网络，充分利用了现代信息技术等手段，经过不断的创新机制，有效整合科技资源，已经形成了为全社会的科学研究、技术创新和社会民生提供共享服务的网络化、社会化的组织体系。科技资源共享平台作为提高科技创新能力的重要基础设施，已成为国家创新体系的重要组成部分、政府管理和优化科技资源配置的重要载体、开展科学研究和技术创新活动的物质保障，是提升科技公共服务水平的重要措施和有力抓手。

作为一种新型的组织，科技资源共享平台经过广大科技工作者和管理部门的共同努力，取得了很大的进步。已经建成的包括研究实验基地、大型科学仪器设备、自然科技资源、科学数据、科技文献等国家科技基础条件平台，形成了国家层面的平台体系；同时，各地方结合本地科技、经济发展的需求，以及自身的优势，也建成了一批各具特色的地方科技资源共享平台，它们和国家平台共同构成了科技资源共享平台体系。随着平台体系的运行，科技资源开放共享的理念得到广泛认同，科技资源得到有效配置和系统优化，我国的科技资源利用率得到大幅度提升。

党的十八大以来，我国科技创新要素整合力呈现出新特点、新业态、新趋向。在科技要素的整合方面，我国科技创新企业合作对接环节还较为薄弱，产业链协作能力不强，不利于发展我国操作系统、芯片、精密仪器、触觉传感器、航空发动机等实体产业短板技术。因为这些科技资源的"聚变"能力不仅拓宽了科技创新的领域，还提高了在不同领域、不同方向、不同区域的协同科技创新能力。这就要求我国要以科技资源共享平台为核心，打造完整的科技创新生态圈，以弥补重点领域产业链、技术链、创新链的"薄弱缺"等不足。

因此，本书以新一代信息技术能力视角，分析科技创新主体的特性及其对科技资源的需求；以生态圈建设为目标，积极推进科技创新战略，将科技资源共享平台的主体划分为科技创新的核心种群和辅助种群，通过分析种群互动过程，来揭示科技资源共享平台生态化发展的机理；同时，从平台的经济特性、自组织特性入手，探索科技资源共享平台系统的涨落规律，寻找系统演化的失稳方向和失稳点，用哈肯模型刻画科技资源共享平台的协同演化过程，并划分出新一代信息技术推动平台生态化发展的三个阶段；然后，探索新一代信息技术驱动平台服务模式创新路径，构建了相应的服务模式及其实现机制；最后以黑龙江省科技创新创业共享服务平台为例进行了实证研究。本书力求将科技创新链、产业链和服务链有机融合，为平台的健康发展和政府科技决策提供有价值的参考与借鉴。

本书是在国家自然科学基金项目"区域科技资源共享平台生态化演进机理、集成服务模式与管理方法研究"（71473062）、黑龙江省软科学研究计划项目"大数据背景下黑龙江省科技创新创业共享服务平台商业化服务模式创新与实现策略研究"（GC15D102）和黑龙江省哲学社会科学研究规划项目"IT融合视角下黑龙江省科技创新创业共享平台服务模式创新与实现机制研究"（16GLB08）资助下完成的。本书由李长云负责全书的设计与撰写。

科技资源共享平台服务模式创新是一个复杂的系统工程，由于作者水平有限，书中难免会有不足之处，欢迎广大读者批评指正。

李长云

2021年4月

目　　录

第1章　科技资源共享平台及其信息化简介 ……………………………… 1
  1.1　科技资源共享平台的建设 ………………………………………… 1
  1.2　信息与信息化相关概念 …………………………………………… 3
  1.3　新一代信息技术及应用 …………………………………………… 20
  1.4　本章小结 …………………………………………………………… 31

第2章　科技资源共享平台及其生态圈建设 …………………………… 32
  2.1　信息技术与科技资源共享平台 …………………………………… 32
  2.2　科技资源共享平台的价值重塑 …………………………………… 40
  2.3　科技资源共享平台的生态特征 …………………………………… 46
  2.4　本章小结 …………………………………………………………… 52

第3章　科技资源共享平台生态化发展机理分析 ……………………… 53
  3.1　科技资源共享平台的内涵 ………………………………………… 54
  3.2　科技资源共享平台的系统特征 …………………………………… 71
  3.3　科技资源共享平台的种群价值循环模型 ………………………… 84
  3.4　科技资源共享平台的反馈特性分析 ……………………………… 93
  3.5　科技资源共享平台的演化过程分析 …………………………… 104
  3.6　科技资源共享平台演化阶段划分 ……………………………… 115
  3.7　本章小结 ………………………………………………………… 119

第4章　科技资源共享平台服务创新路径设计 ……………………… 121
  4.1　演化阶段与服务创新绩效的关系 ……………………………… 121
  4.2　科技资源共享平台服务创新路径概念模型 …………………… 122
  4.3　科技资源共享平台服务创新路径研究假设 …………………… 131
  4.4　科技资源共享平台服务创新路径实验设计 …………………… 133
  4.5　本章小结 ………………………………………………………… 145

第5章　科技资源共享平台服务模式构建 …………………………… 146
  5.1　服务模式设计的原则与思路 …………………………………… 146
  5.2　服务模式的总体设计 …………………………………………… 148
  5.3　科技资源共享平台服务模式设计 ……………………………… 152
  5.4　科技资源共享平台服务模式应用策略 ………………………… 171

5.5 本章小结 ……………………………………………………………… 176
第6章 科技资源共享平台服务模式实现机制 …………………………… 177
　　6.1 科技资源共享平台服务模式实现机制框架 ………………………… 177
　　6.2 科技资源共享平台服务模式的运行机制 …………………………… 179
　　6.3 科技资源共享平台服务模式的运行保障机制 ……………………… 187
　　6.4 科技资源共享平台服务模式实现机制应用策略 …………………… 192
　　6.5 本章小结 …………………………………………………………… 194
第7章 黑龙江省科技资源共享平台服务模式实证研究 ………………… 195
　　7.1 黑龙江省平台服务模式的现状 …………………………………… 195
　　7.2 黑龙江省平台创新服务模式选择 ………………………………… 202
　　7.3 黑龙江省平台拓展服务模式实施 ………………………………… 203
　　7.4 黑龙江省平台拓展服务模式的实现机制 ………………………… 208
　　7.5 黑龙江省平台拓展服务模式的实施效果 ………………………… 209
　　7.6 本章小结 …………………………………………………………… 211
参考文献 …………………………………………………………………… 213
附录 ………………………………………………………………………… 219

第1章　科技资源共享平台及其信息化简介

科技资源共享平台，是指由国家科技基础条件平台和各个地方的技术平台所组成的平台体系。该平台体系是国家科技事业发展的重要基础设施。其根本目的是促进科技资源的流动性，以充分发挥科技资源的剩余价值。科技资源共享平台，是科技资源管理信息系统平台化的具体体现。它借助信息和通信技术（information and communication technology，ICT），力求打破科技体系内的信息孤岛，所以具有准公共品的属性。

科技的发展是国家强盛的根本，我国一直秉承"科技促进经济发展"的战略思想，经历了几十年的改革开放，我国的科技实力不断壮大，已经成为支撑综合国力提升的基础。同时，在科技创新的实践过程中，我国积累了大量的重要科技资源，但是依然存在科技资源的重复建设的问题，科技资源的利用率很低。因此，在 ICT 的支撑下，可以实现原有的实验基地、科学设施和仪器、科学数据等科技资源，在科技资源共享平台体系上共享，这样就可以服务科技创新活动，这也是各级政府十分关注的战略问题。在科技部、教育部等部委的大力支持下，我国已经建设了国家科技基础条件平台，又以省、部共建的方式建设了一批地方性平台，但是这些平台存在对企业技术创新的支撑服务能力不足的现实问题，因此，探讨服务模式的创新，主要目的在于引入市场机制，以灵活与规范的方式来集聚、整合科技资源，以共享来促进我国经济转型与科技的发展。

1.1　科技资源共享平台的建设

科技资源共享平台是科技资源管理信息系统平台化的重要表现。其本质上是科技服务信息化，因此平台的建设，首先要明确信息化的目标，然后有步骤、有策略地将平台融合到科技体系中，科技资源共享平台服务模式创新就是完成这一重要目标的有效策略。

（1）国家科技基础条件平台的建设。国家科技基础条件平台是平台体系中首先建成的平台。这个平台的建设主要在于促进我国科技资源的整合，以共享的方式来促进科技资源的高效利用。这个平台的运行能够改善我国科技基础条件资源分布分散、管理混乱的现象。平台的有效运行能够减少科技资源的浪费，改变科技资源建设的重复投入。最重要的目的就在于从信息的层面，打破科技资源管理条块分割的现象，通过建立科技资源共享制度来改善科技管理部门封闭、科技信息传播不畅的情况。2004年，科技部、财政部等有关部门就提出了贯彻"整合、共享、完善、提高"平台建设的方针，并积极组织了国家科技基础条件平台的建设。科技资源共享平台体系，最突出的特点就是借助 ICT，尤其是新一代信息技术，用信息系统的管理来创新机制，改变科技资源管理的流程和模式，追求最有效的科技资源整合。

科技资源共享平台体系是一个网络化、社会化的组织体系。ICT 是它不可或缺的支撑要素，这个平台体系能够为全社会的科技创新活动提供优质的科技资源，同时，也能够为全社会的科学普及做出一定的贡献，所以这个平台在规划的时候就认定为科技创新的基础设施，因为它能够改善科技创新的环境。目前科技资源共享平台体系，已经成为我国国家创新体系的一个重要部分。同时，它也是政府管理科技创新活动，以及政府配置科技资源的决策依据。所以，这个平台体系是我国开展科技创新活动的物质保障。十几年来，经过广大科技工作者和管理部门的共同努力，科技资源共享平台的建设和运行都取得了很大的进展。

（2）地方科技资源共享平台的建设。科技资源共享平台的建设采用分步实施的策略。从科技资源共享平台的内部交流材料看，科技资源共享平台建设始于2004年7月3日。科技部、发展改革委、教育部、财政部专门联合发布的《2004—2010年国家科技基础条件平台建设纲要》颁布以来，各省市在推进科技基础条件资源战略重组和科技体制优化的基础上积极拓展平台的内涵，结合地方经济、社会发展需要，构建了一批地方性技术创新服务平台和科技资源共享平台，它们面向企业创新和产业共性技术研发服务。在科技部、财政部的领导和支持下，国家科技基础条件平台中心积极组织开展调研，明确了"统筹布局、试点先行"的建设新思路，其建设的模式是由中央政府统筹、协调、指导，地方政府投资建设并积极推进共享服务等运行策略，然后再由国家科技基础条件平台中心进行认定，认定合格后，再由中央财政以后补助的方式给予奖励或者其他方面的支持；在地方政府财政支持层面上，许多地方政府也可直接出资建设，或者由企业出资建设并运行，然后地方政府再对已经建成并运行良好的平台进行资助，并将这些科技资源共享平台统一连接到国家科技基础条件平台网站门户上。由此可见，科技资源共享平台的特点是依靠政府的力量，将从上游创新链中获得的科技资源，向下游的产业链输送，也就是说，科技资源共享平台实现的是科技资源传输的"最后一公里"。许多地方政府，为了支持科技创新全流程的科技资源共享活动，每年都会拨付一定的专项资金来滚动支持科技资源共享平台的运行。在地方政府的大力推动下，许多科技资源共享平台都通过加盟奖励、政府购买、市区联动等资源获取机制，促进了科技资源的广泛聚集，并以科技咨询热线等免费的服务形式，对科技资源共享平台进行大力宣传，使得科技资源需求主体聚集在该科技资源共享平台上，同时，科技资源共享平台还通过科技专家服务和中小企业绿色通道等方式，使得其提供的公益性共享服务所发生的成本得以部分补偿。在许多地区，有的地方政府还以直接的财政补贴或者发放"创新券"等间接补贴的方式吸引创新主体，激发更多的创新企业接入科技资源共享平台。科技资源共享平台通过以上措施来扩大其服务范围，在政府资金的引导下围绕国家战略开展科技资源的共享服务，能够提高科技资源共享平台服务的能级。

（3）科技资源共享平台体系的形成过程。科技资源共享平台体系建设首先从国家科技基础条件平台开始实施，采用分步实施的策略。从各个平台之间的内部交流材料上看，科技资源共享平台建设最早开始于 2004 年，在科技部、财政部等多部门发布的《2004—2010 年国家科技基础条件平台建设纲要》指导下，科技部、财政部和其他部委的共同支持下，国家科技基础条件平台中心就开始调研，明确了平台建设的思路，主要是由中央政府来统筹安排，国家科技基础条件平台负责统一指挥和协调，地方政府先出资搞建设，而后再推广科技资源共享服务。最后，再由国家科技基础条件平台进行认定，认定合格后由中央财政部门出资补偿这些平台的前期投入，也可以认为是奖励或者支持。在地方财政上，许多地方政府也可直接出资先建设，或者也有的政府让企业出资建设，并由企业运行，最后，地方政府再对那些已经建成并运行良好的技术平台给予资助，通过认定的平台还能够链接到国家平台门户上。

无论是国家科技基础条件平台，还是地方的创新平台或科技资源共享平台，从技术层面上看，都需要计算机技术、网络技术的支撑，因为计算机技术、网络技术能够扩大科技信息传播的范围，加深科技资源信息应用的程度。

1.2　信息与信息化相关概念

跨越人类漫长的发展历程，人们发现人类社会已经进入了信息时代。这个时代最主要的特征就是以信息和通信技术为支撑，这个时代发展的最主要的特点就是用知识来创造价值，也称为知识经济时代。在这个时代，发展最为迅猛的科技就是信息技术，伴随着新一代信息技术的不断推出以及广泛而深度的应用，信息技术与各个应用系统高度融合，并且全方位的渗透，在这个渗透和融合的过程中，实现了各个维度突破。时至今日，信息资源已经成为企业生产中非常重要的生产要素、无形资产，也是人们生活中不可或缺的支撑要素和全社会的财富。"信息资源"也是当今社会最为重要的战略资源，谁拥有信息资源，谁就有竞争的主动性。所以，今天信息资源已经与土地、能源、材料等资源同等重要。无论对于企业还是对于国家，信息资源的挖掘与利用，都是其发展的关键资源。

　　伴随着信息技术在各行各业的深度融合，必然会形成一个被称为"信息化"的重要过程。信息化逐渐成为当代人们交流的重要词汇。"信息化"（informatization）在中文文献综述中使用频率非常高。20世纪80年代以来，伴随着信息技术的不断创新应用、信息产业的高速发展、信息网络的广泛覆盖，"信息化"的概念内涵就不断地被深化，外延也不断地被延展。如今，"信息化"已经成为全球科技、经济、社会发展的最显著的特征之一，也定能持续地引发全方位的社会变革。在高速发展的中国，"信息化"更是有着前所未有的创新活力，有了信息化的助推，在科技创新领域也一定能够大放异彩。

　　在人们的表述中，"信息化"既可以作为名词也可以作为形容词，当它作为名词用时，通常是指现代信息技术的应用；而把它当作形容词来看，又是指某个应用对象或应用领域，因为信息技术的深度融合而达到的崭新形态或从未有过的一种状态，本书主要关注信息技术与科技资源管理深度融合后的一种崭新的服务状态。

1.2.1　信息的概念

　　信息（information），是指客观事物状态和运动特征的一种普遍描述。其实自古以来，信息就广泛、大量地存在于客观世界中，并在传递过程中被使用和发挥价值，只是在当时技术背景下，受限于信息获取、传输等方面技术的限制，信息的价值才没有被深度挖掘。如今，伴随着新一代信息技术的不断推出与应用，人类社会已然进入了崭新的信息时代，"信息"已经成为当前各种媒体中出现频率最高的词汇之一。信息已经在政治、经济、科技、生产、生活等各个领域发挥着至关重要的作用，因此，数量众多的科研人员正在投入更大的精力来开展对信息、信息技术及其应用方面的深入研究。总之，若想要发挥信息应有的价值，首先就应该清楚"信息"的内涵。

1. 信息技术及其应用

　　在人类信息技术发展历史上，伴随着语言、文字、印刷术、现代通信技术、计算机技术、计算机网络技术和移动通信技术的发明与广泛应用，信息的获取、传输、应用的地理范围越来越大，应用的领域和应用的程度也越来越深，信息应用纵深的不断推进，深刻地影响着人们的生产、生活方式，信息化的目标也已经从最开始的为了满足人们物质生活的需要，逐步向着满足人们精神生活需要的方向发展。一方面，获取、传输和加工信息是为了引领人们对物质、能量等其他资源的获取和利用，如获取地质信息是为了获得石油或天然气等传统能源的开采和利用等；另一方面，获取和利用信息是为了满足人们各个方面的精神生活需要，如通过听评书来满足人们消遣的需要，通过看网络视频公开课来满足人们对知识的渴望。

信息原意是指一种陈述或一种解释、一种理解。信息开始被人们关注并成为焦点，始于 20 世纪 80 年代，是伴随着计算机技术和现代网络技术的普及与应用而产生的。因为在现代通信技术诞生之前，"信息"的搜集、记录、传递和运用全生命周期的处理水平都十分落后。例如，从古书的记载可知，烽火报警和 600 里加急军情快递都能够充分地说明古人对信息的重视程度，只是在当时，受制于记录信息的媒介（主要以竹简、绢布和纸张作为信息介质，并没有电子化媒介），以及信息传递的手段（主要是口口相传、书信往来，而没有报纸、电报、电话、电视、广播等大众传播媒介）的束缚，信息很难在更大范围、快速地传递和利用。同时，由于当时社会生产力水平比较低下，人们的主要精力也都投放在了对物质和能量等传统资源的获取与利用方面，对信息的重视程度不够。因此，在谈论信息化有关概念之前，首先梳理一下信息技术发展与应用的历程，其大致经历了四个重要的阶段。

（1）以通信技术为支点的信息应用阶段。通信技术是促进信息资源开发与应用的重要技术，人们普遍认为：现代的通信技术是以电磁信号为载体进行远距离传播信息的技术，如电报、电话、无线广播和电视都是现代信息技术的一种具体表现。这些技术都属于电子通信技术，这些技术使得信息能够以数字方式、模拟方式等进行远距离的传输，传输方式是从"一对一"向"一对多"发展的，目前已发展到了"多对多"的传输方式。

（2）以计算机技术为特征的信息应用阶段。1946 年面世的计算机 EDVAC（electronic discrete variable automatic computer，离散变量自动电子计算机），标志着人类在信息技术创新发展过程中，已经进入了一个崭新的阶段。EDVAC 计算机的原理是由美国数学家冯诺伊曼构想的，也称为计算机体系结构，它是由五大部件构成的，分别是运算器、控制器、存储器、输入设备和输出设备。这个被称为世界上第一台现代计算机的 EDVAC，从技术角度看它是一台电子计算机，也是一种基于二进制逻辑思想的电子数字计算机。李长云等（2000）认为计算机的诞生使得人类首次以数字化的方式实现了对信息的存储、加工和传递任务，计算机是当今快速处理信息和进行复杂的科学计算最有效的工具。

（3）以计算机网络普及应用为主要特征的信息应用阶段。现代通信技术的出现比计算机技术稍微早一些，计算机技术与现代通信技术相互促进、相互融合，大大促进了计算机网络的发展。20 世纪 80 年代以来，个人计算机的诞生和普及应用极大地促进了计算机网络的发展，使得计算机网络技术进入了空前的大发展时期，从美国国防部资助的 ARPANET（Advanced Research Projects Agency Network）发展起来的，目前已经是全球最大的网络——互联网，已经发展成为覆盖全球的最庞大的互联网——因特网（Internet）系统，因特网的高速传输将信息的应用推向一个更新的高度。

（4）以服务为主要特征的信息应用阶段。目前，信息技术已经深入到社会的各个阶层、各个方面，对于任何组织和个人，离开信息技术都无所适从。近些年来，我国在信息化建设和信息产业发展方面也相应取得了巨大成绩，积累了宝贵经验。

2. 信息内涵初探

通过梳理信息应用的发展历程，我们发现随着信息应用的不断深化，人们对于信息的理解出现了多角度，关于信息是什么，至今也没有统一的表述。但是从哲学的视角出发，人们认为比较有代表性的还是控制论创始人维纳（Wiener）和信息论创始人香农（Shannon）给出的定义，这两种定义非常完美地契合了哲学的本体论和认识论的认知。其中，维纳基于控制论中的信息传递特征，对信息进行了描述，他认为："信息就是信息，既不是物质也不是能量。"这一定义虽然没有给出信息是什么的具体描述，但是第一次把"信息"与"物质"和"能量"相提并论；香农则认为"信息就是能够用来消除不确定性的东西"，这一定义首次将信息独立出来，阐明了信息的功能和用途，也就是从信息价值的角度来阐述信息的内涵。香农的理论大大促进了信息的应用与信息技术的发展。

香农对于信息认识的主要贡献在于，他认为信息的认识经历了四个主要的阶段。第一阶段："信息"概念的产生。最具代表性的是于1922年推出的"卡松法则"。第二阶段：信息脱离了它的载体。1928年，哈特莱指出信息是符号、代码序列而不是内容本身，确切地说就是"信息是脱离了载体的属性"，这一理解大大激活了信息技术的发展。第三阶段：信息可以度量。香农创建了数学理论，首次提出了信息的度量公式，于是信息成了可以度量的事物。第四阶段：融合发展阶段。信息论的继续发展趋势是与控制论和计算机技术融合发展，信息论为控制论和计算机技术的发展发挥了重要的理论引领的作用。

信息论的基础贡献在于：①促进计算机的诞生。因为计算机的逻辑运算能力赋予计算机一定的"智能"，这就使得那些原本是由人才能够智能化处理的信息，部分地由计算机这个"人造物"来代替完成，这就是计算机最伟大的贡献。②促进了计算机网络的发展。

综合以上论述可知，人们对于信息的理解，可以站在不同的视角。从哲学层面上对信息的理解可以分成不同的层次，总结起来大致可以分为两种观点，第一种是本体论的观点，它是站在纯客观的角度认为信息就是构成物质世界的三大要素之一，这种认知与哲学界本体论十分一致，也就是说从本体论的角度，人们讨论的是信息的客观存在性。正如维纳所表述的，这个观点着重说明了信息本身到底是什么；第二种观点，就是人们站在自己的角度来看信息，也就是从信息的价值的角度来看待信息，这也称为"效用视角"，主要探讨的是信息的作用、价值及其表现形式，如香农关于信息的表述，就和哲学界的信息接收者的主观视角一致，它重点阐述了信息到底有什么用，对于决策者有多大的价值。

如果上升到哲学层面去分析，我们认为信息的概念存在两个基本的层次，即本体论层次和认识论层次。本体论是纯客观的层次，它只与客体本身的因素有关，与主体的因素无关；认识论则是从主体立场来考察的信息，它既与客体因素有关，也与主体因素有关。二者的关系是：本体论层次的信息概念因为它的纯客观性而成为最基本的概念，而认识论层次的信息概念则因为考虑了主体因素而成为最适用的概念。

3. 信息的定性描述

（1）本体论视角下的信息定义。哲学术语本体论，就是指从客观的视角来看待事物。所以，本体论信息是指"事物的运动状态和状态变化方式"的描述。如果按照这个层面的理解，人们认为得到了某个事物的信息，本质上是指人们知道了这个特指的事物处于什么样的运动状态，以及这个运动状态会按照什么规律和方式发生变化，变化的方式又是什么。

由此，我们就可以认为哪里有事物以及事物的运动，哪里就有信息。因此，可以认为：本体论的信息是无处不在，也是取之不尽用之不竭的基础性信息资源。

（2）认识论视角下的信息定义。从认识论视角看，人们是从自身的需要来看待信息的，认识论视角的信息是指人们怎样去理解事物的状态及其运动方式，了解了某个事物的运动状态以及状态变化方式，对于认识主体的价值和意义是什么，也就是将事物"状态和方式"的形式和主体所要寻求的价值进行了有效的关联，这是一种完美的描述。按照这个理解，人们认为自己得到了某个信息，就是指他不仅仅知道了事物的运动状态和状态的变化规律，更重要的是，他还知道了这种状态或者变化对于自己的含义和价值，它要怎样做才是最恰当和最科学的。因此，人们只有获得了大量的认知论的信息，才能够避免决策的主观性和盲目性，这也是认识论视角的信息定义的巨大价值所在。

综上所述，无论本体论视角的信息还是认识论视角的信息都是十分有意义的，因为本体论视角的信息和认识论视角的信息是可以相互转化的，因为他们最为本质的特点都是在描述"事物运动的状态和状态变化的方式"。只是二者考虑的要素不同。因为这两种理解能够相互转化的一个先决条件就是是否加入主体因素，也就是利用信息的人的因素，人们在获得本体论的信息后，并且从使用的角度来看待信息，就是考虑主体因素了，在这种情况下，本体论信息就转化为认识论信息，因为这时候人们看待信息的视角发生了变化，信息的意义也就基于不同的用途来发挥作用了；反之，如果对于认识论信息，当人们刻意地去掉主体的因素，也就是不考虑这个信息对某个人来说是否有价值，那么信息就是一种纯客观的描述，没有任何的意图，所以它就是客观视角下的本体论信息了。两个视角下的信息概念的转换如图 1-1 所示。

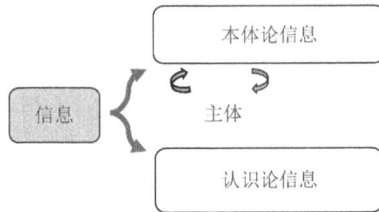

图 1-1　信息定义

认识论的信息可以直接支持人们的决策，在决策过程中彰显了信息的作用、价值和表现形式。目前，除了学术界给出的信息定义，政府部门、企业管理者、社会学活动者都从自己的角度给出了许多生动的描述，如信息是战略资源、信息是生产力、信息是企业的核心竞争力等，虽然这些描述多少有些像口号，但却反映了不同的使用者对信息及其作用的不同理解。

4. 信息的定量描述

信息论创始人香农的主要贡献就在于他不仅描述了信息的价值，还给出了信息的定量表达，也就是信息量的计算方法，他是用概率来描述信息的价值的，即信息能够消除不确定性的大小，或者称为消除不确定性的能力。信息量的定义如公式（1-1）所示。

$$H(X) = -\sum_i P_i \log P_i \qquad (1\text{-}1)$$

其中，$H(X)$ 代表信息量的大小，从认识论的信息定义来看，信息量就是消除不确定性的能力，借用耗散结构理论的"熵"的概念，香农用"负熵"来表示事件 X 的信息熵。公式中的 P_i 是指事件 X 出现第 i 种状态的概率，信息量本质上就是一个负熵。在计算机广泛使用的时代，人们表达信息都是用二进制，那么，上述公式中的对数底数就是 2，这时，人们得到的信息量就是以比特（bit）为单位的，即"比特"值就可以作为对信息价值的一种度量。

5. 信息的传输系统

信息是具有价值的一种客观存在。信息只有流动起来，才能体现其价值。为了发挥信息的价值，人们不断探索对信息的采集、加工、存储、传输、处理、计算、转换、表现等各种技术，而这些技术也如雨后春笋般不断涌现。其中，最为引人瞩目的就是信息的现代通信技术的大发展，从电报、电话、有线电视，发展到今天的互联网、移动互联网，并且还在不断地升级换代，这些技术的发展都离不开一种信息的传输模型，这是人们在长期的实践中总结出来的一种信息传输模式，如图 1-2 所示。

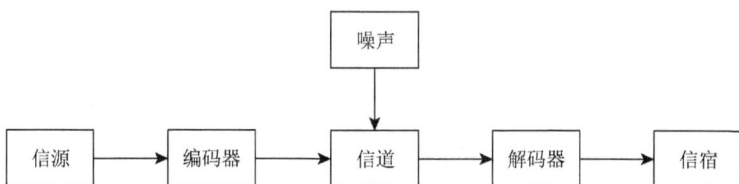

图 1-2　信息传输模型

在这个传输模型中，信息的传输过程有六大功能。

（1）信源。信息来源也称为信源，主要特指在通信过程中产生信息的那个实体，这个实体既可以是人，也可以是某种能够产生信息的设备。

（2）信宿。信息的宿主也称为信宿，主要是指信息的接收者，这个接收者同样可以是人，也可以是能够处理信息的机器设备。

（3）信道。信道就是指能够传送信息的一个通道。通常情况下，人们都认为信道是一种物理的通路，但是现代通信技术为了充分利用已有的物理信道，就可以采用多种信道复用技术，将一个物理信道划分成多条子信道。所以，信道既可以是逻辑的，也可以是物理的通道。物理信道又可以分为有形的和无线的，近些年发展较为迅速的无线通信，就是以无线信道来实现通信的泛在化的。

（4）编码器和解码器。编码器主要承担了将信息转换成信号的作用，因为站在信息共享的角度，通信是为了让通信双方来共享信息，而这些信息还必须经由传输系统才能传递到目的地，编码器就是在发送信息的环节将信息或者数据转换成信号的各种通信设备，编码器一般会与计算机一起设置在用户发送端，上网时可见的调制器、路由器等设备，就是为了完成将数据转换成信号的功能的编码器，有时编码器还可以实现数据的加密，关于数据的加密就需要有丰富的密码学知识，这也是现代通信系统中非常重视的一个领域；相对应的，就是解码器，它的主要功能就是将信号转换成数据，所以它是编码器的逆变换设备，也就是在信息的接收端，一定是需要一个解码器将从信道上接收到的信号转换成接收方能够理解和识别的数据，一般情况下这两个设备会集成到一个物理设备上，因为现代通信系统几乎都是全双工的工作方式，也就是发送方在发送数据的同时也会接收数据，所以一个终端就同时需要安装编码器和解码器两种设备，如调制解调器就是这样的设备，发送信息的时候进行调制，而接收信号的时候则需要的是解调功能。

（5）噪声。噪声就是接收方不希望接收到的干扰信号。因为任何一个传输系统都不会是绝对理想的，在信号传输的过程中，总会有来自系统内部和外部的干扰，这些干扰就称为噪声，当噪声很少时，是可以通过技术手段来解决掉的，但是当噪声大到一定程度时，就会影响信道传输信号的正确性。

6. 信息的质量属性

信息是反映事物或者事件确定的状态，从本体论视角来看，信息一定会具有客观性和普遍性的特征，但是从时间维度看，信息又具有动态性，而从信息的来源看，信息又具有依附性，从信息的语法角度看，信息就具有传递性和共享性等。如果从认识论视角来看待信息，信息是能够满足人们的特殊需求，也就是说人们获得信息就是为了消除不确定性。所以信息才具有价值，而信息价值则取决于信息的质量，这样人们就要求信息要满足一定的质量属性，才能对主体有价值，信息具体的质量属性包括以下几个方面。

（1）精确的信息才有价值。信息的精确性的价值就是指信息所表达的事物状态一定是精准的，如果信息所表达的事物状态及其变化规律是不精确的，那么它就会误导决策者，使决策者在做决定的时候偏离事实，所以信息的精准度越高，信息所描述的事物就越接近客观事实，那么对于决策者而言，就越能够做出科学的决策，信息的价值也就越大。

（2）完整的信息才有价值。信息的完整性是指信息对某个事物的运动状态及其变化方式的描述是全面的、多维度的，这样信息的使用者就能够全面了解事物的本质，以便能够做出科学的决策，所以信息的完整性越好，越能够反映出事物的客观事实，那么据此所做出的决策就会越接近事实，这时信息的价值就越大。

（3）可靠的信息才有价值。信息的可靠性是指无论是信息的来源，还是信息的获取方式，抑或信息的传输过程中，都不能有失真，这种失真有可能是技术原因造成的，也可是人为造成的，总之信息的可靠性主要体现在信息是否可靠，所以越是可靠的信息就越是值得信任的，那么基于这些信息所做出的决策就越能够符合人们的预期，越是可靠的信息，对于决策者就越有价值。

（4）及时的信息才有价值。信息是关于事物的状态及其变化方式的描述，那么事物的变化是现在的事物还是过去的事物，这个对于决策者而言是十分重要的。决策者获得的信息距离决策时点的时间间隔越短，这些信息就越能够反映事物当下的状态及其变化规律，距离时间短的信息，就称为及时性的信息。所以，信息的获取越及时，对于决策者而言，信息的价值就越大。这是信息所具有的有别于其他要素的独特性。相反，如果获得的信息失去了时效性，那么这个信息就全无价值了。例如，新闻就是反映当下世界各国以及各个领域发生的重大事件的，就具有很强的时效性，如果是旧闻了，其价值就会大打折扣。

（5）具有经济性的信息才是有价值的。经济性就是指信息的获取成本一定要小于信息发挥价值所带来的收益。一旦信息的获取、传输所发生的成本是巨大的，是不可接受的，或者是从经济上不划算的，则是没有太大价值的。经济性既可以指短期的活力能力，也可以指长期的有形或者无形的收益，所以信息有的是战略性的，而有的则是商业性的，就是基于短期利益还是长期利益的考量，这就是信息的经济性，一般经济性越好的信息，实现其价值的机会就越多。

（6）可验证的信息才有价值。信息是事物状态及其变化方式的描述，那么这个信息是否真实地表达了事物的状态，一定要有办法去验证，才能确保信息是可靠的，所以信息的可验证性就是信息能够被证伪的程度，只要被证伪了，决策者就可以放心使用这些信息，决策也会更科学。

（7）具有安全性的信息才有价值。安全性是指在信息的全生命周期中，信息可以被非授权访问、被恶意修改或者被损坏的可能性。可能性越低，则表明信息的安全性就越高。

1.2.2　信息的认知模型

如前所述，认识论视角下的信息就是在本体论的信息基础上加入了"人"的因素，因此人们在使用信息的时候，就需要决策者将本体论的信息恰当地转换成认识论的信息，以便为其决策提供支撑与服务，这个过程并不是一个简单的转化过程，因为在这个过程中，需要决策主体的经验、知识和感知能力，如何能够恰当地描述出这个过程，就需要人们有一个正确的认知过程，这就是认知模型。如果从客观的维度上看，认知也就是关于信息加工过程的描述，其大致经历了"感知→记忆→思维→语言"四个过程，在这个过程中，信息的处理还是一个单向的开环的认知过程，具体如图 1-3 所示。

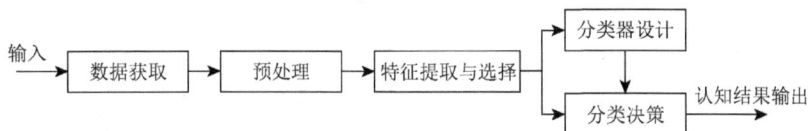

图 1-3　传统的认知模型

如图 1-3 所示，当人们想要获取对事物的认知时，就需要一个人的认知过程，这个过程是复杂的。首先，就是信息的获取，信息的获取主要是通过人的感觉器官来完成的，随着信息技术的发展，这个复杂的信息获取的工作已经可以用传感技术、遥感技术来完成了；其次，当人们获取到了所需要的信息时，就会将这些信息在大脑中进行加工，这个过程称为信息的处理，这个处理过程就能够促发决策者的内心的一系列的思维活动。这样一连串的复杂的信息处理过程，就会在人的认知层面反映出事物的本质特征。这个过程并不是一次完成的，因为人的认知是一个反复迭代、不断优化的复杂过程，经过这个迭代优化就完成了人们对事物从"不了解"到"深刻理解"的认知递进过程。

人类具有超强的思维能力，也就是说人具有对信息的分析和处理能力，这种能力可以帮助人们对于事物的状态和变化方式的理解从不同的维度展开，并经过综合分析、提炼总结，最终整理出事物的共同特性。人的大脑对于信息的处理是较为复杂的，人类处理信息的宗旨是从信息中提炼出有价值的知识，这个处理过程是反复迭代的，目的在于从不同的层次上抽象提炼出知识，这些不同层次的知识能够指导人们在未来认识新生的事物，这就是知识的力量，也是人脑的神奇之处。

由于人类的大脑具有分层处理信息并获取知识的能力，这种分层次的信息处理也会形成人们对新生事物认知的不同层面。通常情况下，人类认识事物总是从宏观到微观、从整体到局部，这个过程可以用认知的"粒度"来描述，最初的认知总是粗粒度的，而后的认知就是细粒度的。当人类从不同的细分层次反复对一个事物进行认知时，就会形成人们全面的认知，这就是系统的思维过程。正因为人类有这种认知的模式，所以人类才具有知识分层的特点，这样的知识分层就会不断反复地提升认知的深度，这样反复迭代的认知最终就会在人的头脑中形成对某个事物的全面、深刻的认知。人类的认知层次如图1-4所示。

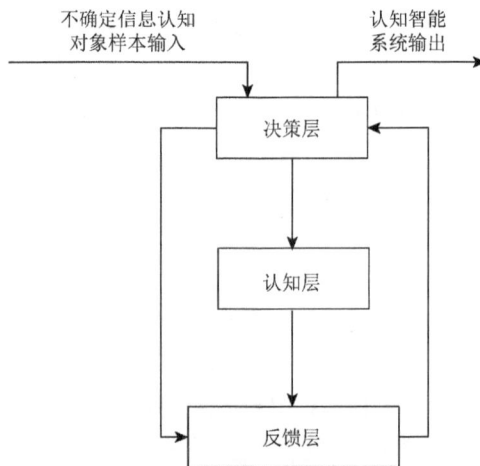

图1-4 人类的认知层次

从认知的角度看，范玉顺（2015）提出人类的认知可以用六维模型来表达，如图 1-5 所示。

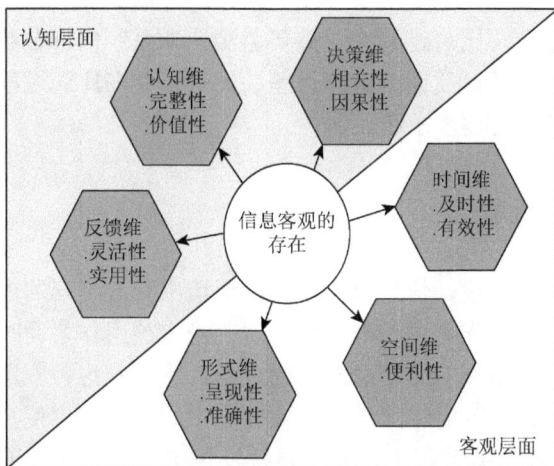

图 1-5　信息的认知维度

其中，位于中心位置的信息，代表了信息的客观存在性，而围绕客观存在的信息，则是影响人们对信息认知的六个因素，其中右下方的三角形部分所表示的三个因素，反映了影响信息理解和应用的客观层面，主要包括时间维、空间维和形式维；左上方三角形部分的三个因素，主要反映了影响信息理解和应用的主观认知层面，包括决策维、认知维和反馈维。下面就对这六个因素分别进行详细介绍。

（1）时间维。时间的维度主要体现在信息的及时性和有效性方面，它对信息的价值具有至关重要的影响。

（2）空间维。空间的维度主要体现在信息跨越地理范围获取的便利性方面，因为信息的获取方便与否将会直接影响认知者对信息的利用效能。

（3）形式维。形式的维度主要体现在信息的可呈现性和准确性方面，因为信息以什么方式提供给接收者，或者提供的信息是否准确，都直接影响人们对信息的利用。

（4）决策维。决策的维度主要体现在信息的相关性和因果性方面，它指在人类宏观思维过程中，对于启发式符号进行信息处理的过程，决策的重点在于分析知识的相关性和事物的因果关系特性，从而选择认知策略，进而实现目标求解。

（5）认知维。认知的维度意在表达人脑对信息的加工处理后所形成的对某一事物的认识程度，这个过程能够凸显信息的价值性，因为认知是解决问题的一个核心过程。认知维的重点在于描述人类在实现微观感知功能的过程中，要基于知识模型来进行信息处理的过程，它以信息的完整性和价值性来实现问题规划的目标任务。

（6）反馈维。反馈的维度主要体现在信息的灵活性和实用性方面，反馈是指人们在对问题的推敲与比对过程中，需要监测认知系统内部参数的变化和外部环境的变更，这就需要通过反馈来进行偏差的比对，并在比对过程中通过启发与反馈的循环来实现任务的逐步求精。

1.2.3　信息化的概念

根据人们的不同表述，信息化在不同的语境中有着不同的内涵。大多数的表述中都把"信息化"用作名词和形容词出现。当它被用作名词时，一般情况下人们是想表述在业务系统中应用信息技术的过程，特别是这种应用能够促成所应用的对象或领域（如各级政府中应用、企业业务中的应用或者使社会民生领域的应用），将 ICT 融合到业务系统中，使得系统发生了某种转变的过程，重点在于描述过程。当信息化用作形容词时，一般情况下是指某个应用了 ICT 的领域或系统，信息技术与业务系统的相互作用，使得业务系统达到了某种新的形态，重点在于描述结果。

如今，信息化的工作进入前所未有的大发展时期，它毋庸置疑地在推动着社会生产力的快速发展，信息化几乎成为所有组织的业务改进模式，也深刻地促进了科技创新战略的实施，所以信息化是一个始终充满活力的事业。

在制造 2025 战略实施背景下，信息化已经成为我国产业转型升级的重要推动力，已经成为优化产业结构、提升我国国家实力的重要途径。以云计算、大数据为主要标志的新一代信息技术正在全面应用，它改变了人们使用 ICT 的模式，有效避免了 IT（information technology，信息技术）黑洞的问题；工业互联网络和移动互联网大大拓展了网络空间；信息安全问题已经引起各级政府的高度重视。信息化的水平不仅代表了国家的信息能力，也是各个产业加速融合的有效推动力。总之，信息产业的竞争优势以及可持续发展已经成为影响国家竞争优势的决定性因素。可预见的未来，伴随着信息化的不断深化，以网络平台为核心的生态逐步形成，以大数据为基础的智能化不断升级。信息技术与各个系统的"融合"已经是必然的趋势。这个融合体现在不同的层次上，从宏观到微观层面，具体体现在"信息技术与工业制造"的深度融合；"人和机器"的深度融合；"信息资源和材料资源"的深度融合。

1. 信息化的内涵

柳纯录（2009）认为，信息化的过程描述可以有很多的维度，如果按照信息化的领域来划分,人们习惯从"小"到"大"进行分层,这时信息化就可以分为以下五个层次。

(1)传统产品的信息化。传统产品通常是指与信息技术没有关联关系的,而产品信息化是未来发展趋势,也是社会信息化的重要基础。产品信息化的结果主要体现在传统的产品中集成了类似于计算机的智能元器件,使产品具有了初步的信息处理能力;另外,产品信息化还表现在传统的产品上可以携带信息,以便在流动过程中被数字化的设备识别,这样就加速了产品的流通,最终提升了产品的价值。

(2)企业信息化。企业信息化是开展较早的一个领域,企业信息化呈现了不同的层次。首先,企业信息化是在事物处理领域实现信息化,由计算机代替了人的体力劳动,使得企业数据处理更及时、更准确,也更廉价,这在一定程度上解放了劳动力;企业信息化还可以在产品的设计、开发、生产等全生命周期中使用信息技术,这样能够完整地管理产品数据,并在全生命周期中进行共享;目前,企业信息化应用的范围更广,它不仅应用到产品生命周期中,更重要的是覆盖了企业经营、管理的各个环节、各个层面。例如,企业的制造执行系统、企业级的管理信息系统〔如企业资源计划(enterprise resource planning,ERP)〕、客户关系管理(customer relationship management,CRM)信息系统、供应链管理(supply chain management,SCM)信息系统、人力资源管理信息系统等的应用,不仅消除了企业内部的信息孤岛,还能够规范企业的管理制度,提升企业的管理水平。由于企业是经济系统的一个重要成员,所以企业信息化也是国民经济信息化的重要基础。

(3)产业信息化。按照我国产业的划分,当今社会可以分为第一产业(农业)、第二产业(工业)和第三产业(服务业),在完成企业信息化之后,信息技术又将用在各个传统产业中,促进产业共性技术的开发,加速科技资源的流动,利用信息技术还可以优化产业的整体工艺,最终提升某类产业的生产力水平;同时,经过产业信息化,还可以形成产业数据库,以利于特定产业信息资源的有序开发和高效利用,进而实现资源要素的重组,加速传统产业的转型与升级。

(4)国民经济的信息化。国民经济是一个大的系统,不仅包括企业,还包括金融、贸易、海关等公共领域,如果将社会的规划、投资、通关与市场交易等各个环节连成一个更大的系统,就可以在更大的范围内通过信息的大流通来带动生产、分配、流动、消费这四大系统的有机联系,进行整体的优化与升级。

(5)人们社会生活与国计民生的信息化。在社会中,除了产业、金融,还有如教育、交通和日常生活等各项公共服务,以及政府的政务服务,他们共同支撑人们的生活,如果在这些领域内广泛应用 ICT,有序开发和应用电子政务系统,推进智能交通系统,在文化娱乐领域推进 ICT 的应用,这就能够有效拓展人们的生活空间，提升人们的工作效率和生活的幸福指数，这就是社会生活信息化的重要意义所在。

正如以上所阐述的五个层面的信息化内容，特别是从微观到宏观涵盖了人们工作生活的方方面面。从这个阐述中可以体会出一个规律，即"信息化"关乎所有人的切身利益，也可以认为我国的信息化是一个全员参加的全方位的信息化过程，无论政府部门、企事业单位还是社会团体以及个人都是信息化过程的重要的参与者；如果从信息化的时间维度来看，这个过程是一个长期的过程，因为 ICT 的应用一定要与业务系统完美匹配才能发挥出它应有的优势。随着时间的推移，环境始终处于动态变化过程中，业务系统也在变革，所以信息化的工作是一直在路上的；如果从信息化所涉及的领域来看，它覆盖了人们生产和生活的一切领域，包括政治、经济、军事、文化和民生等；如果从信息化所采用的技术维度来分析，信息化最重要的工具就是 ICT，这个技术是当今最为先进的技术，按照马克思的理论，它也可以被认为是当代的社会生产工具；信息化的宗旨就是提升社会生产力，进一步推动生产关系的重构；我国信息化的最终目标就是提升综合国力，提高人们的生活质量和幸福感。

2. 信息化的特征

从时间维度看，信息化是 ICT 在各个领域应用的一个过程，由于 ICT 的应用是循序渐进的，也是从局域到全局的过程。所以，信息化的过程能够促进国家由物质生产为主导向信息生产为主导的转变，重点凸显信息在这个时代的重要性；信息化的过程还能够促进国家由工业经济时代向信息经济时代的跨越，这个跨越是本质上的飞跃，是整个社会转型的最明确的方向；信息化的过程不可能一蹴而就，它必定是一个动态适应的过程，也一定是一个循序渐进过程。如果将信息化看作形容词，经过融合 ICT，信息化应该具有以下四个方面的特征。

（1）关于信息化的描述，包含的是一个相对概念。因为与之对应的是一种传统状态，在任何领域中，一旦信息化过程完成，在它所涉及的领域，关于信息的获取、加工、存储、传递以及利用的效率都会大幅提高。

（2）如果将信息化看成一个过程，那么信息化就是一个动态发展的概念。信息化就是将 ICT 应用到某个特定的领域，它的目标就是驱动现有的工业经济社会向知识经济社会跨越的一个过程，这个过程是动态的，因为其最根本的变化就是整个社会由有形的物质和产品发挥主导作用的物理空间，向那些难以触碰的无形的信息与产品主导的虚拟空间转变的过程，进一步阐述就是实体经济向虚拟经济转变的过程。

（3）如果从系统演化的视角看，信息化的实现是一个循序渐进的、动态演进的过程。通过信息化，可以促进人类社会从工业经济时代向知识经济时代转变，这个转变是渐进的，并且具有很强的路径依赖性，也就是说这个转变是分阶段的，每一个新阶段都是在前一个阶段取得成果的基础上进一步发展的，这个阶段同样也是下一个阶段的新起点，所以这个过程是很难事先规划出来，而必须要在信息化的实际推进过程中动态调整的。

（4）如果从结果来看，信息化是信息技术革命与产业革命双重变革的产物。因为信息化的过程就是 ICT 的广泛应用，从技术视角看，它是一种技术革命，但是这种新兴技术的应用最终会带来整个工业产业的变革，信息技术具有高度的渗透性，也具有空前的创新活力。所以 ICT 所发挥的主导作用，最终会实现产业结构的优化和产业整体能力的大幅提升。

1.2.4　信息化体系要素

信息化是一个过程，但是人们也十分关注信息的结果。为了有效开展信息化的工作，人们不断摸索总结几十年推进信息化工作的经验，在这个过程中有成功也有失败。如今，信息系统的建设已经成为保障国家安全的利器，信息系统的集成应用也是支撑我国政府职能转变的有效手段；信息系统集成的应用已经成为维护我国社会治安、促进和谐社会的建设的有力抓手。总之，信息化的成功实施，是我国社会经济健康发展的有力支撑。

为了有序推进我国信息化的工作、降低信息化的失败率，我国逐步推出了一些用于规范和指导信息化工作的通用模型，其中最有代表性的就是包括信息技术应用、信息资源、信息网络、信息技术和产业、信息化人才、信息化政策法规和标准规范在内的六个要素所构成的通用信息化模型。这个模型中的六个要素，各自在信息化推进过程中发挥重要作用，如图 1-6 所示。

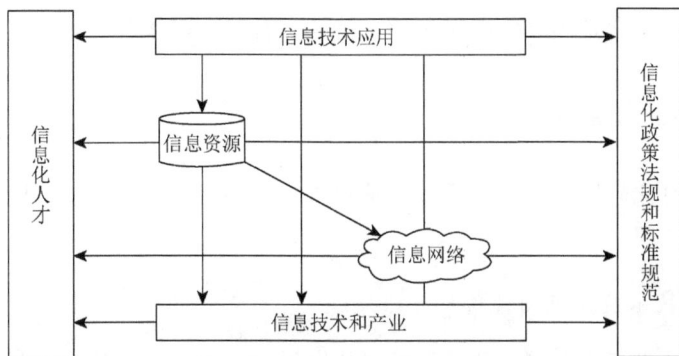

图 1-6　我国信息化体系六要素及其关系

（1）信息技术应用要素。目前经济与社会的各个广泛的领域都在应用信息技术，并且它的应用在信息化体系六要素中起到了领头作用，它较全面地体现了国家信息化建设的效益以及需求，同时是我国信息化建设的主要阵地。

（2）信息资源要素。它和能源、材料资源共同组成世界三大战略性资源。这三大资源共同影响着国民经济和全社会的发展。国家信息化的中心工作是信息资源的发掘和使用。同时我国信息化建设的弱点环节也是信息资源。信息资源的应用一定程度上决定了国家的信息化建设水平。

（3）信息网络要素。它是前两个要素开发并投入使用的垫脚石，信息的共享、交换、传输都要经过信息网络平台。没有先进的信息网络，无法发挥信息化的整合效应。它的功能不仅能满足前两个要素应用的需要，还对另外的三个要素产生新的需要。并且我国要建设现代化国家，重要的信息基础设施就是信息化的建设。

（4）信息技术和产业要素。这是中国推广信息化建设的根基。中国作为一个发展中国家，不能一直依靠外来技术资源进行自己的信息化工作，必须从增强自身实力出发，在关键技术领域满足自给自足，避免"卡脖子"，从技术层面保障信息化工作的顺利实施。

（5）信息化人才要素。它是信息化建设的关键点，信息化人才的素质和能力决定了信息化建设的其他要素的发展速度，对其余的要素质量也有非常大的影响，信息化人才建设是国家信息化建设成功的根本。国家信息化建设需要一个高素质、高水平的研发与实施团队，团队的结构要求合理化。想要提高信息化人才的水平和知识能力，需要把握一切可利用的资源，充分利用终身学习的各种机制，适时培训以增强信息化专业人员的知识水平和实践能力。信息化人才培养不是一蹴而就的，它是一个长期持续的过程，这就要求各级政府、各类组织坚持不懈地普及信息化知识、强化信息化培训，打造精干的信息化管理团队。

（6）信息化政策法规和标准规范要素。它的作用是使信息化系统中各要素之间关系规范化。它是国家信息化快速、持续、有序、健康发展的根本保障。

1.2.5　信息化发展历程

关于信息化的发展历程，可以从信息技术应用范围、信息技术应用层次两个维度来进行梳理。

1. 信息技术应用范围视角

从信息技术应用范围视角梳理信息化发展的历程，可以认为信息化发展经历了"部门内部→企业内部→供应链内部"的信息化过程。

（1）部门内部信息技术的应用。信息化早期是在部门内部使用信息技术与信息系统，旨在提高部门业务的工作效率、解放劳动力。这一时期，信息技术所起到的作用是部分地代替手工劳动，但是，由于是技术发展的初期，大量的数据还是需要通过手工输入，而且各个工序和部门之间的信息也是人工传递的。

（2）企业内部信息技术的应用。这一时期的主要特征就是信息技术改进了企业内部的信息在其产生点的部门内部独享的问题，一旦通过信息技术打破了部门之间的信息壁垒，企业内部的各个部门之间就能够整合所有的信息资源，并从全流程的视角对信息进行优化，最终能够实现信息在各个部门之间顺畅流动，这就需要借助信息系统来实现。由于信息可以跨部门共享，极大地促进了企业跨部门的工作协同，在这一时期，企业才真切地体会到信息技术的价值，也深刻理解了信息化的作用。于是，大部分的企业都开始着手设立信息部门，这是一个专门负责信息技术应用的职能型部门，该部门配备的都是懂得计算机和信息化有关知识与能力的专业技术人员。除了信息部门，企业内部的几乎所有业务部门的工作人员也都积极地学习各种应用软件，了解软件与业务之间的匹配方案，实现了"人—机"的无缝对接。李长云等（2006）认为这种集成化信息系统的应用，减少了业务部门内部、部门之间大量的重复性工作，极大地降低了员工的工作强度，提高了业务效率和效果。当所有的部门都能够熟练地使用信息系统来开展自己的业务时，各个部门之间的协同能力也显著增强，最终就能够大幅度地增强企业的核心竞争能力。

（3）在产业层面的供应链内信息技术应用阶段。当信息技术成功地应用在企业内部，并解决了内部信息共享与协同工作的问题，人们又开始关注企业上下游伙伴之间的信息共享问题。于是，企业的信息化不仅消除了企业内部各个部门之间的信息壁垒问题，还要关注如何消除企业之间的信息孤岛。通过面向供应链的信息系统的成功应用，企业就可以方便快捷地搜集企业生产经营各个环节的信息，通过集中加工处理就可以与合作伙伴以及供应链的上下游的供需主体进行数据的整合与业务的对接。这时，信息系统的作用就不仅使企业关注自己的核心竞争能力，还能够管制供应链整体的竞争能力。因为通过跨越企业之间的信息系统，核心企业就可以与上游的供应商，下游的分销商，甚至最终消费者之间进行信息共享，最终形成有效协作的、一体化的供应链联盟。这时，就要求核心企业建立一体化的信息平台，并且加大内部信息资源的整合与集成，同时还要关注供应链伙伴这些外部实体的信息资源的管理，无论从内部视角还是从外部视角，信息资源整合的深度和广度都在不断地加深。一旦企业有能力构建这种内、外融通的信息循环，它就已经形成了供应链的生态圈，这一阶段信息技术的应用已经突破了企业边界的限制，在提高自身能力的基础上，还提升了整个供应链的核心竞争能力。

2. 信息技术应用层次

从信息技术应用层次上看，信息技术应用经历了事物处理阶段、管理优化阶段和决策支持阶段三个典型的阶段。

（1）企业虽然最为关键的一项工作是生产，但是企业总是需要一些管理方面的举措来支撑整个生产，企业信息化如果将信息技术应用到生产环节中，主要目的是实现生产自动化，即通过利用电子、电气和信息技术，实现整个生产流程的自动化。

（2）企业把总目标进行划分，然后分发给各个单元、部门、岗位，完成了模式之间的转换，即是指由最开始的仅有企业管理层掌控目标，分解成为能够分发给部门或员工的程度。这种模式可以更好地让企业中每一个组织、每一位员工的管理潜力最大限度地施展出来，可以实现责任重心分散、总成本最小化、内部资源配置最优化的目标。因此，希望企业可以按照管理需求来实现业务方面的重新组合和流程方面的更改，并且遵循的是"用户需求"最重要和"流程管理"理念，来实行对企业管理的概念、形式、方法、体系、根本、业务流程、组织结构和规范条例等的全面改造，目的是实现企业内部的信息互通、信息共享，从而可以加快企业配置资源的速度，提高企业市场竞争力。这一做法，能够呈现出企业管理中事前计划、事中控制和事后剖析的一种过程。决策支持这一过程更多的是起一个目标导向的作用，是属于企业信息化发展过程中的最高级阶段。

1.3 新一代信息技术及应用

新一代信息技术是信息技术迭代升级的产物，它在各个维度都强化了信息处理的能力，因而新一代信息技术是推动我国信息化进程的最有力动力。目前，新一代信息技术的研发与应用属于国家战略性新兴产业，可见其重要性。新一代信息技术的重大技术突破满足了信息化向着纵深发展的迫切需求，是关乎我国经济社会健康、长远发展的重大战略问题，也是我国面对西方国家技术封锁，成功突围的关键核心技术策略。

新一代信息技术主要包括下一代互联网、新一代移动通信技术、物联网、云计算技术。

1.3.1 大数据

大数据的概念产生于 IT 应用领域，该名词最早是在 1980 年，阿尔文托夫勒所创作《第三次浪潮》中首次出现。2011 年 5 月，以"云计算相遇大数据"为主题的 EMCC World 2011 会议上也引出了大数据（big data）的概念，自此，大数据正式进入公众的视线。

大数据是相对于传统数据所提出的新的概念，从实践维度看，大数据是指无法在常规时间范围内被处理的数据，如果从技术复杂程度维度看，大数据是指不能用常规硬件及普通软件处理的数据集合。大数据的处理必须采用有别于传统信息技术能力的一种新型处理方式，才能够获取更加智能的、深入的、有价值的信息，这些信息能够得到很好的整合、观察和流程改进能力，它们指的就是海量的、快速增长的和更多种类的信息来源。大数据强调的是能够获得某个事物的全部数据，而对大数据的处理就必须对所有数据进行统计分析，而不是像对传统数据分析那样采用随机分析法。

大数据体量大、种类多，对于大数据的处理必然要求信息技术具有大容量、输入输出速度快，大数据是实际价值很高的数据整合，它具有 5V 特点，分别是 value（价值性）、variety（多种类性）、velocity（快速）、volume（大量）和 veracity（真实性）。

1. 大数据对新一代信息技术的需求

新一代的信息技术的诞生，就是处理数据来源分散、数据格式多样、数据规模巨大的需求。因为对于大数据的运用，首先要快速完成数据的搜集、保存和关联性分析，然后才能获取有超高价值的新知识、创造新价值，进而实现"新"能力的大幅提升，这些都是传统信息技术无法完成的。目前，对新一代信息技术的现实需求，急需加速新一代的信息技术产业发展、打造新的服务"业态"。

2. 大数据发展现状

数据作为一种具有巨大价值的资源，对于大数据的挖掘与利用具有重要的现实意义。因此，如何挖掘大数据无疑要用到数字处理、数据分析与挖掘方面的工具和技术。因此，为了更好地建设大数据资源，首先要求对大数据的组织和存储，如以元数据、数据仓库和数据库为主要形式的存储技术正在飞速发展。大数据的应用，也从通信领域、金融领域和互联网企业的应用中得到了智慧价值。

3. 大数据关键技术

大数据所需的技术主要涉及数据领域的四大环节：采集、存储、管理、分析与挖掘。数据采集方面的核心技术通过抽取、转换、加载（extract，transform，load，ETL）完成；数据存储方面的技术涉及三个方面：结构化、非结构化与半结构化。对于结构化的数据，往往通过关系数据库来进行保存，使用结构化查询语言（structured query language，SQL）技术进行访问，而对于另外两种数据，可以使用 NoSQL 完成储存，常用的有谷歌（Google）的 Bigtable、亚马逊（Amazon）的 Dynamo 和 Apache 的 Hbase。而对于大数据的管理，通常采用分布式管理模式。在 Map Reduce 上，工作人员不需要掌握分布式也能完成编程，从而在系统上实现程序的运行。

4. 大数据的应用领域

随着信息化和信息系统在纵深两个维度的应用，各种各类数据的增长都非常迅速，特别是智能传感器的广泛部署和数据分析技术的飞速发展，大数据的应用几乎可以再现"现实世界的模型"，并具有较好的实时性。

（1）互联网和电子商务行业。互联网已经成为社会经济的信息基础设施，互联网访问的行为数据主要包括：访问的网站和页面、访问内容、停留时间、访问网页的关联性、购买行为、兴趣点、位置信息、社交信息等。

（2）金融与通信行业。搜集用户信息建立数据库，对用户数据进行分析，了解用户的通信状况、流量使用情况以及消费能力，并形成分析报告。基于分析报告设计产品，以更好地满足消费者的需求，提高消费者的满意度，提高自身产品竞争力。

（3）在传统行业领域的一些应用。对于大数据的应用最早源于互联网，经过一段时间的飞速发展，很多企业和机构意识到了大数据的重要性，因此大数据逐步被应用到金融、零售业、通信等传统行业，这些行业的特点较为贴合大数据的使用情景，都以数据的生产、运作和运用作为核心。例如，一些金融机构通过一些方法去搜集人们在社交平台上的部分数据和消费记录就可以评估用户的信用级别和消费级别；传统的零售企业也逐步转为线上，通过对线上数据的分析了解影响消费者满意度的因素，有针对性地满足消费者的个性化需求。

（4）政府方面的应用。大数据在政府方面的应用主要集中在两个方面。①对大数据的分析可以帮助政府在决策时更有依据，更好地变革决策流程，提升政府决策的时效性和科学性，并且能够更好地节约成本开支。②现在提倡政府的公开透明化，大数据的应用可以很好地满足这一需求。大数据可以帮助政府真正了解群众的意愿，让人民群众在处理事务上更具参与感，能够有效地提升公民的个人价值，同时大数据还可以很好地引导社会舆情的走向，树立公正廉洁的政府形象，更好地为人民服务。

（5）制造业行业。传统的制造业企业通常以产品为导向，这样可以很好地降低生产的成本、拓展生存空间，最终提升企业的核心竞争力。但是在大数据时代，以产品为导向显然显得有些不合时宜，不适合当今时代的发展。因此越来越多的制造业企业意识到以用户为导向是未来的发展方向，因此围绕用户个性化需求设计柔性的生产系统是十分重要的。大数据在这一方面具有显著优势就是通过对老客户以及新用户的数据筛选，可以了解到客户需求导向的变化，同时大数据可以将用户纳入企业的创新环节，能够更好地拓展企业的产品线，满足个性化需求。

1.3.2　云计算

云计算是通过互联网深度应用的产物，是一种新型的信息技术使用模式，以互联网的形式实现计算方面的供需平衡。云计算推动了信息技术应用发展和分析处理数据资源的新型的服务业态，是信息化时代发展的一个新兴的高级阶段。云计算的推出可以实现信息、知识和资源的高度共享，降低整个社会的使用成本，有利于新兴产业和新热点的培育与形成，同时云计算对建设稳定型、结构型、惠民型和创新型的国家有重要作用。

1. 云计算的概念及特点

云计算（cloud computing）是一种基于互联网的计算模式，通过这种方式，在网络上配置可共享的资源，这些资源包括软件资源、计算资源、存储资源和信息资源，它们可以按需求提供给网上终端设备和应用的终端用户。云是一种抽象的比喻，最初是用来形容互联网的，目前则表示用网络来虚拟化 IT 资源并提供 IT 服务，而这些隐蔽的服务或资源的按需共享，能够实现屏蔽掉这些技术细节以及资源的物理位置，这种状态就称为云计算。云计算是继大型机、终端计算模式之后，转变为客户端-服务器计算模式，再后来出现的又一种计算模式的转变。在这种模式下，用户不再需要了解"云"中 IT 基础设施的细节，也不必具有相应的专业知识，更无须直接对其进行管理和控制，人们可以将信息系统的运行与维护完全交给云平台的管理者来集中管理。云计算通常是通过互联网来提供动态的、易扩展的、虚拟化的 IT 资源，并且云计算的计算能力也可作为一种资源通过互联网进行展现。

总之，云计算是指基于互联网的超级计算模式，通过互联网来提供大型计算能力和动态易扩展的虚拟化资源。云是网络、互联网的一种比喻说法。云计算是一种集中的服务模式：服务器端可以通过网格计算，将大量低端计算机和存储资源整合在一起，提供高性能的计算能力、存储服务、应用和安全管理等；客户端可以根据需要，动态申请计算、存储和应用服务，在降低硬件、开发和运行维护成本的同时，大大拓展客户端的处理能力。云计算就是通过网络提供可动态伸缩的廉价计算能力，通常具有下列特点。

（1）超大规模的计算能力。云具有相当的规模，谷歌云布局了 100 多万台服务器，来协同计算；亚马逊、IBM（国际商业机器公司，International Business

Machines Corporation)、微软（Microsoft）、雅虎（Yahoo）、阿里等各类"云"里面都拥有超过几十万台服务器。通常情况下的企业私有云，一般也会拥有几百或者上千台服务器来协同计算。

（2）虚拟化的硬件软件资源。云计算支持用户在任意一个终端任意一个地点使用云中的资源、获得各种类型的云服务。用户所使用的资源均源于云端，对用户来说，他们是虚化的，不是看得见的硬件和固定有形的数据库。虽然资源在云端的某个地方被使用，但实际上用户不需要知道也不了解提供使用资源服务的设备到底在哪里。端用于使用笔记本电脑或者智能手机就可以随时随地获取云中的资源来满足自己的需求，甚至是实现数据十分庞大的计算任务。

（3）极高的运行可靠性。云中的服务器通过协同计算并按需提供云服务，为了保证服务的稳定性，云端有许多的容错测试，如云中所使用的数据都具有多副本的容错、计算节点同构可互换等措施来保障云服务的高可靠性，用户使用云计算比本地计算更可靠。

（4）云计算服务具有通用性。云计算服务一般情况下并不针对特定的应用，但是，在云的支撑下，人们可以衍生出更多的顶层应用，并且同一个云，能够同时支撑数量可观的不同应用。

（5）云计算可扩展性高。云的规模可以按需动态调整，随时随地满足应用服务需求和用户规模的增长。

（6）云计算提供按需服务模式。云是一个庞大的计算资源池，云里面包括了硬件资源、通信资源、数据资源，用户可以按需购买；并且云计算可以像居民的水、电、煤等资源那样按使用量来计费。

（7）云服务使用价格低廉。由于云里面设置了特殊的容错机制，因而它允许价格低廉性能普通的节点加入云中，另外，云计算采用自动化的、集中式的管理模式，使得接入云的企业无须支付日常运营维护费用，云的通用性又使得云中资源利用率大幅提升。因此，以上所有措施，都使得用户能够享受低成本。

（8）云计算依然具有潜在的危险性。云计算所提供的服务中心，包括存储服务。政府机关、商业组织，尤其是敏感行业的商业组织，在使用云计算服务时所产生的数据都存储在公共云中，尤其是使用国外机构提供的云计算服务时，其潜在的危险性更大。

2. 云计算服务架构

从所提供的服务特征来看，云计算的服务架构可以分为三个层次：基础设施即服务（infrastructure as a service, IaaS）、平台即服务（platform as a service, PaaS）和软件即服务（software as a service, SaaS）。

（1）基础设施即服务（IaaS），指消费者通过互联网可以从云计算中心获得完善的计算机硬件基础设施方面的服务。如果把云计算看作一台普通的计算机，IaaS就相当于是这台计算机的主机硬件。IaaS 重点是提供计算能力、存储能力、通信能力。

（2）平台即服务（PaaS），指为云计算上利用各种应用软件搭建的平台，用户无须在本机安装这些平台软件就可以在云服务的平台上开发自己的软件产品，就像个人计算机的操作系统。PaaS 的功能是向用户提供虚拟的环境，如操作系统平台、数据库管理平台、Web 应用平台。

（3）软件即服务（SaaS），是一种通过互联网提供应用软件适应的模式，用户以"租"软件的方式来使用平台提供的软件，实现自己的信息处理任务。SaaS 通常采用 Web 技术和 SOA（service oriented architecture，面向服务的架构体系）向用户提供应用软件服务、组件服务以及工作流等虚拟化的软件的服务，这大大缩短了软件销售渠道，省略了用户升级、定制和维护软件的工作。

3. 云计算关键技术

为了提供以上三类云服务，云计算的技术架构需要云计算基础设施和云计算操作系统。

（1）基础设施关键技术。云计算基础设施的搭建需要服务器技术、网络技术和数据中心相关的技术。为了降低云计算的成本，其服务器通常采用 X86 系列刀片式服务器；基础的高速网络要确保超量服务器高效协同，且要支持节点的在线维护、故障检测、数据一致等工作。

（2）操作系统关键技术。操作系统是云计算的灵魂，它能够完成资源池管理，并满足向用户提供大规模存储、计算能力和数据管理任务。资源池管理不仅要求对物理资源、虚拟资源的统一管理，还必须能够按需生成用户资源，并能够动态分配和迁移，在迁移的过程中还必须保证用户业务的连续性。

4. 云计算发展现状

云计算是计算机技术发展与应用的一个崭新的时代。根据计算机技术的使用方式，可分为三个阶段，即计算时代、网络时代和云时代。

（1）计算时代。从 20 世纪 60 年代到 20 世纪末，特点是应用单个计算机的计算能力去完成任务。

（2）网络时代。一般从 20 世纪末到 2015 年，特点是利用互联网将移动设备和个人计算机结合使用，实现了信息的共享和交流。

（3）云时代。国外的亚马逊平台以及国内阿里云平台兴起，让越来越多的应用开始加入云平台中，这意味着云时代的来临。

1.3.3　移动互联网

1. 移动互联网的概念

移动互联网不是一种新型的网络,是移动技术与互联网技术融合的产物。从应用的角度看,移动互联网就是指用户用手机等无线终端,通过 3G、4G、5G 或者 WLAN 等移动网络接入互联网,使得用户可以在移动状态下使用互联网资源。

从技术层面看,移动互联网是以宽带 IP 为技术核心;从移动终端设备上看,移动互联网用户可以使用手机、笔记本电脑、平板、智能设备等各类移动终端,通过移动网络获取互联网服务。

移动互联网 = 移动通信网络 + 互联网内容和应用

虽然移动终端在处理能力、显示效果、开放性等方面与个人计算机(personal computer,PC)端还有很大差别,但是在个性化、一直在线、泛在等方面有自己独特的优势。具体的优势如下。

(1) 移动用户接入互联网的泛在性。移动终端具有便携性,不受场地和线路的限制,所以用户可以在任意场合接入网络。

(2) 移动用户使用网络资源的时间碎片化。移动用户可以利用上下班途中、工作之余、出差等车等碎片化的时间段,随时共享互联网的数据和服务。

(3) 移动互联网与生活密切相关。移动终端便携、移动网络泛在、移动接入随时,使得移动应用已经进入人们的日常领域的方方面面。

(4) 移动终端设备多样性。目前各手机厂商各自有一套底层硬件和操作系统,尚未形成标准化接口,这对用户造成了一定的障碍。

2. 移动互联网关键技术

移动互联网的关键技术包括架构技术 SOA、页面展示技术 Web2.0 和 HTML5 以及主流开发平台 Android 和 iOS。

(1) SOA。SOA 是一种粗粒度、松耦合的服务架构,服务之间通过简单、精确定义接口进行通信,不涉及底层编程接口和通信模型。

(2) Web 2.0。Web 2.0 严格来说不是一种技术,而是提倡众人参与的互联网思维模式,是相对于 Web1.0 的新时代。Web 1.0 和 Web 2.0 的区别如表 1-1 所示。

表 1-1　Web1.0 和 Web2.0 的区别

比较项目	Web 1.0	Web 2.0
页面风格	结构复杂、页面烦冗	页面简洁、风格流畅
个性化程度	垂直化、大众化	个性化，突出自我品牌
用户体验程度	低参与度、被动接受	高参与度、互动接受
通信程度	信息闭塞、知识化程度低	信息灵通、知识化程度高
感性程度	追求物质性价值	追求精神性价值
功能性	实用追求功能性利益	体验追求情感性利益

（3）HTML5。HTML5 是在原有 HTML 基础之上扩展了 API（application program interface，应用程序接口），使 Web 应用成为 RIA（rich Internet applications，因特网应用程序），具有高度互动性、丰富用户体验以及功能强大的客户端。

（4）Android。Android 一词的本义指"机器人"，是一种基于 Linux 的自由及开放源代码的操作系统，主要用于移动设备，如智能手机和平板电脑。

（5）iOS。iOS 是由苹果（Apple）公司开发的移动操作系统，主要应用于 iPhone、iTouch 以及 iPad。

1.3.4　互联网+

1. 互联网+是经济发展的新形态

互联网+不同于以往的简单的信息传递系统，即不同于传统意义上的"+互联网"在企业的生产经营中的应用。这是在互联网技术不断发展进步以及经济水平和生产模式不断提高的情况之下所演变出来的一种成果，究其本质，它代表了先进生产力，在这种新的排列、重构和价值创造过程中，推动着经济发展形态的不断演变，继而给社会经济的发展注入了新的血液，成了一种新的发展、交易和创新的平台。

互联网+在其发展的过程之中，并不是到达一定的点便产生出来，这种平台性的模式，在结合已有成果的基础之上将互联网时代的各种新的成果以及日常生活生产经营和社会各界各方面的点点滴滴贯穿连接起来，使得各领域融合发展，从而以一种更高效的方式促进技术提升，并在一定程度上为各种组织变革提供正向推动力。在其发展中通过不断地吸收引进新技术、新成果，增强自身的反应效率和运作机制，在这场全新的产业变革和科技革命中，互联网+已然在渗透和吸收的过程之中成了不可或缺的一部分，其自身所带有的全局性和战略性的特征，成了企业和各领域发展所必备的基础，并在融合中提升、拔高，充满着无限可能。

2. 互联网＋行动

互联网＋的相关活动在我国蓬勃开展，我国各大高校和地区所举行的互联网＋大赛，一次次地展现了许许多多优秀的项目，从高校项目到互联网领域和技术产业的应用，以及与不同领域的合作和交融，互联网＋近些年取得了可观的积极发展。在大众创业、万众创新时代的骄子已然具备成长为领军者的基础。然而，因为存在产业转型缓慢以及一些传统行业企业对于这项技术的运用不到位以及对于网络使用能力和网络使用意识的培养的不充分，加之互联网企业同样存在着对于传统的行业不兼容不匹配、了解不透理解不全，同时受到体制机制障碍以及相关领域业务人才凤毛麟角的问题，制约了互联网＋的大力推动和发展。为此，2015 年发布的《国务院关于积极推进"互联网＋"行动的指导意见》，用以加快解决上述问题，并使互联网能够在改革、民生、风险、增长和结构的提高转换变革方面起到中流砥柱的作用。

1.3.5　智慧城市

近年来，信息技术的发展似雨后春笋一般蓬勃迅猛，第四次浪潮所代表的城市智慧化，已然成为当代信息技术发展和人们生产生活中所不可或缺、不能忽视的一部分。智慧城市只是一种必然的发展趋势，是前三次发展浪潮，即工业化、城市化、信息化，这三化与信息技术和互联网相互融合与发展的产物，也是技术不断更新换代和知识体系提升、转换的新兴产物。

智慧城市的定义主要涉及对城市发展、政府职能转变、社会管理方法、基础设施公共服务的解决和对生态环境、产业体系的优化。智慧城市作为一种新的发展理念，有着独到的目标和优势，尤其对政府职能的转变提供了新的思路和模式。不同于传统的方式方法，它可以利用时代发展而生出的新的信息技术来对城市的资源进行更加全面的分析探测，对这种资源进行重新构造、整合和充分应用，并且对于社会中的各类需求做到有求必应、有应必行，从而极大地提高公众对于美好生活需要的满足感以及城市处理问题的效率性。与此同时，新一代信息技术（如大数据、人工智能、物联网、云计算等）的应用在对我国城市形态的进一步转变也有着不错的应用成效，在资源整合的有效成果支撑之下，对于提供一个更加绿色和谐的信息化城市有着至关重要的作用，也是经济发展的模式转变和城市发展难题解决的重要工具。综上所述，智慧城市是一种新技术应用之下的偶然成果，但究其根本，是时代和技术发展的必然。

1.3.6　商业智能

1. 商业智能的基本概念

商业智能（business intelligence，BI），简单来讲就是一种转化。组织在生产经营过程之中会产生各种各样的数据，同时会在外部获得各种知识和信息，无论是一手自造的信息还是二手获取的信息，商业智能都可以将其转化为企业新的知识，从而在原有知识数据的基础之上帮助企业挖掘出新的数据价值，这不仅有助于帮助企业在激烈的商业环境竞争中快人一步，同时相较于传统的系统和数据处理方式，在高效利用数据价值的基础上，还能够提高组织决策的效率和决策成果的有效性。在组织应对与繁多的客户数据以及获取困难的竞争对手数据时，商业智能能够在关联性和重复性之中总结经验并得出结论，以便在决策经营中提供有效的战略支撑。这种决策的支撑一方面能够在日常的经营活动中为组织提供有效的计划性决策，另一方面能够用强大的数据分析和智能联想提供战略决策中的一些非计划性决策；商业智能的应用需要利用到多项技术，比较典型的有数据仓库、联机分析处理（on line analytics process，OLAP）工具和数据挖掘等。

因此，商业智能是一种对于已有技术的综合利用，通过对于技术的整合以提供一种新的思路和方式去解决问题。

2. 商业智能系统应具有的主要功能

（1）数据仓库。数据仓库的本质是一种对数据的储存和访问方式，其特点是高效。此外，多维的应用（既可以提供结构化也可以提供非结构化的数据储存）、体量大的储存空间、稳定的运行程序、多结构的应用（如中心式和分布式）、低的维护成本等都是数据仓库的主要功能。

（2）数据 ETL。作为一种数据组织，数据 ETL 可以支持多平台以及如多数据源、多维数据库以及多格式数据文件等多数据储存格式，并能够自动地对查找的数据进行描述以及对一些特定规则进行理解，减少了各类复杂数据、冗杂数据和全面决策所需要的数据之间的差距，进而能够帮助形成决策。

（3）数据统计输出（报表）。作为传统的数据展示和统计工具，报表能够灵活多样并且根据实际所需有效清晰地将数据统计的结果展现出来。商业智能系统所包含的两种方式，即统计数据表样式和统计图展示，对于 HTML 形式的保存和表现以及一些其他应用程序的输出具有很高的应用价值。而对于简易方案的设计和数据填写及对于非技术人员的设计、输出内容的成果展示，能够提供简易并且可使用的方案。

（4）分析功能。可以正确获取决策和判断，在商业智能系统之下，能够以一种独特方式形成内容，输出方式多样且具备一定的趋势分析。可以支持 OLAP 的多维度，通过对结构打破重组来变化数据切割等。

3. 商业智能的三个层次

商业智能层次的划分主要有数据报表、多维数据分析和数据挖掘等三个方面。

（1）数据报表。报表具备将复杂繁多的信息清晰化、逻辑化的功能，将数据库中的大量复杂的信息转变为能够便于使用者所有效利用的具有针对性的信息，也可以理解为报表系统是一种简易化和低端化的 BI 实现。在以往的办公软件等信息技术系统的应用之中，我们已然熟知了 Excel、Reporting Service 等工具，但是在新形势下，随着对数据处理能力要求的提高以及所获取和接收数据量的急剧增多，传统报表系统的功能越来越无法满足对大体量数据处理和灵活应用方式的需求，其短板不断暴露出来，所面临的挑战日益增多。

①数据的大量性和有用性比例悬殊。信息的高级别交流对于信息的简化性和有效性的要求很高，而传统表格的大量数据展示对数据所表示的有效信息和内在趋势的展示作用甚微。

②信息组合性差、交互性弱。以往的报表格式固定，对于数据与数据之间的交互分析和不同数据联系性的分析很少，仅能从单一的角度去统计和展现问题，而对于数据之间的深层次挖掘显然做得不够多。

③数据的潜在价值和规则挖掘性很差。报表就是报表吗？显然不是。其所承载的数据有着横向和纵向两个维度的价值，并不仅是简单的数据。越是一些难以发觉的隐性的、深层次的规则，对于企业的决策、战略布局，以及锁定目标客户、资源针对性分配等越具有价值。

④数据的连续性差。数据的长期运营所产生的连续性是一种其运行过程中所自然而然出现的有效价值数据，而以往数据的丢失以及对于过往数据分析的不重视，使得这种自然形成的数据规则被忽视。

（2）多维数据分析。对于在线分析处理而言，多维数据分析方法更倾向于对宏观问题的分析以便在全面的数据分析中挖掘出有价值信息。与 OLTP（on-line transaction processing，在线事务处理）对于数据的简易的增减修改等基础操作有很大差别。显然，传统的数据库对于 OLAP 的宏大目标已无力支撑，因此多维数据库作为一种全新的技术去支撑 OLAP 的发展，以便更好地实现其目的。

（3）数据挖掘。技术术语上的数据挖掘和广义上的数据挖掘有着很大的不同。从广义上来看，数据挖掘就是 BI，也就是说，只要是对数据库中的信息所进行的挖掘过程都可以称为数据挖掘。但是从技术术语上来讲，其定义便会更加的精确和苛刻，具体表现在将广义定义上的数据精确为源数据，并将挖掘细化为清洗和转化，同时加上了使其成为是适合挖掘的数据集的目的性。而在狭义的观点上，又将数据改为特定形式数据集，将挖掘过程细化为集中提炼。由此可见，从技术术语来讲，数据挖掘是一种运用合适的知识模式对于固定形式的数据集所完成知识提炼之后所用到分析决策中的过程，而从狭义观点上来看，仅仅针对特定的数据和问题，在一或多的挖掘算法之下去探索和分析数据之中的趋势与背后的逻辑，并将这些分析的结果运用于预测以及对于决策的支持。

1.4　本　章　小　结

本章从科技资源共享平台的本质出发，引发管理信息、认知模型、信息化、信息化体系要素，以及新一代信息技术的探讨。首先，阐述了信息的概念，从本体论和认识论两个角度去解析；关系信息的认知模型，重点从人脑对信息的加工过程来认知信息的价值，从而把信息分为客观层面的时间维、空间维和形式维，以及主观层面的决策维、认知维和反馈维；然后，介绍了信息技术应用、信息资源、信息网络、信息技术和产业、信息化人才、信息化法规政策和标准规范等六个信息化体系要素。最后，从技术发展的角度，系统介绍了大数据、云计算、移动互联网、互联网＋、智慧城市和商业智能等新一代信息技术及应用，为后续的研究奠定了技术基础。

第 2 章　科技资源共享平台及其生态圈建设

通过第 1 章的论述可知，新一代信息技术的创新应用，在各个领域信息化实践中都有，在深度和广度方面得到了较多的应用。这种应用，不仅体现在信息技术本身在创新方面的深化，还体现在新一代信息技术与各个产业、领域、服务的深度融合，这种融合推动了新一代信息技术的飞速发展。新一代信息技术包括现代传感技术、新型计算机技术、下一代互联网技术、以 5G 为代表的现代无线通信技术，以及一些在新一代信息技术应用过程中所配套的数据挖掘、人工智能、虚拟现实等技术，这些技术组成了新一代信息技术的群落，它们相互促进不断地向纵深升级。

另外，宁家骏（2015）认为新一代信息技术更为深刻的含义在于它与各个业务系统融合后所出现的各种信息服务平台，这些信息服务平台推动了各个产业、各个领域服务的整体代际间的变迁。

2.1　信息技术与科技资源共享平台

在现代信息技术出现以前，信息这种资源一直隐藏在物质和能量的背后默默地发挥作用，并没有引起人们的高度重视。但是，随着人类社会活动的日趋复杂和信息技术突破性的创新，信息的重要性也越来越突出，这在一定程度上形成了人们探索信息本源价值的内在动力。在这个大趋势下，我国的创新体系建设也受到国家的高度重视，在政府的战略部署下，以国家科技基础条件平台为引领和指导，各个地方科技资源共享平台也纷纷建设并运行起来，这使得各个领域、各个层面的创新主体获取信息的渠道发生了革命性的变化，已经从传统的开环渠道，演变成以平台为中心节点的"星型结构"（李长云，2012b），甚至形成了围绕着平台网络形成的生态圈。

科技资源共享平台是传统的科技资源网络的升级与转型，目前的科技资源共享平台体系，除了具有传统的科技资源共享网络的集成化、便利化的特征，还在组织结构、服务方式、治理结构方面进行了创新，正在探索新型的服务模式来支撑我国的科技创新战略。传统的科技资源共享，基本上都是沿着科技创新链单向传递的，在沿着创新链上游向下游单方向、直线型的科技资源配置过程中，使得创新链中的上一个环节无法感知下游创新活动的需求，只能采用计划主导式的科技资源配置，无法适应动态的创新环境。为了打破这种科技资源开环的、单向的共享方式，出现了许多科技中介机构，这些科技中介机构大多数是政府设立的事业单位，他们的服务只关注某一个领域或者某一个环节，也无法实现科技资源在更大范围、更充分的共享，因此打造科技资源共享的生态圈，是当前急需解决的关键问题。

2.1.1　科技资源共享平台服务的理论基础

科技资源共享平台是支撑和引领科技创新的重要引擎，是我国科技资源配置的重要载体。目前，科技资源共享平台建成和运行一直处于探索中，因此形成了一批比较有代表性的研究成果。这些成果大多数集中在科技资源共享平台的建设和运行、服务提供以及服务效果评价三个方面。

在科技资源共享平台的建设方面，尹明理（2010）针对郑州市面向中小企业开发科技资源共享服务平台建设问题，对构建科技资源共享平台框架体系在组织形式、技术路线、规范管理及服务内容和服务效果等方面进行了探讨；在科技资源共享平台的运行方面，科技资源共享的内容包括信息共享、设备及数据共享、人员流动共享和科研成果共享四类，经过分析提出推进科技资源共享的动力机制包括解决共享的外部性问题和分担风险，李莎（2013）认为管理体制、资金保障、信息渠道和人才管理均会影响共享效率；涂勇（2013）指出地方科技资源共享平台是我国科技资源共享体系的重要组成部分，他总结了地方科技资源共享平台的特点和成功的经验，如政府的重视、建设形成了一批专业化的机构和队伍、逐步建立科技资源共享的法规体系、地方平台将资源与需求完美对接以及地方平台在建设过程中不断创新服务模式。

在科技资源共享服务提供方面，王宏起等（2014）针对创新需求的复杂化、个性化特征，认为科技资源共享平台的服务理念已从以资源为中心向以需求为导向转变，服务方式也从信息对接服务逐步向智能化、网络化的集成服务方式演进，进一步提出了集成服务流程及管理方法；唐玉英和曾祥明（2015）提出了跨平台信息访问流程，从大数据时代的特征出发，探讨了科技资源的跨平台整合技术，分析基于 ADSI（active directory services interface，活动目录服务接口）的单点登录技术解决方案，实现用户一次登录即可访问全网信息的功能；李玥等（2015a）面对科技资源共享平台服务需求导向的特征，设计了共享服务需求分类获取方法，分别从用户维、资源维、服务维对需求进行识别，提出了面上需求、重点需求、重大需求三种需求集成过程；李玥等（2015b）依托大数据、云计算、物联网等新一代信息技术，研究构建了以智网、智库、智控三大模块为核心的共享平台智慧服务体系。

在科技资源共享服务效果评价方面，最具代表性的研究成果有王宏起等（2015）针对科技资源共享平台发展的需要，系统地分析了其服务绩效形成机制和影响因素，从资源整合、运行管理和服务成效三方面构建平台服务绩效评价指标体系。

2.1.2 IT 的价值的理论研究

在科技资源共享平台体系中，IT 的价值得到了最大化的发挥，关于 IT 价值方面的研究成果也很丰厚。20 世纪 70 年代末，Nolan 首次提出了信息系统发展的过程模型。Nolan（1973）从企业应用系统、技术、规划控制以及用户状况的成长过程出发，把企业信息化的过程分为初始、扩展、控制和集成四个阶段。之后 Nolan（1979）经过完善，形成了初始、扩展、控制、集成、数据和成熟六个阶段模型。陈国青和蒋镇辉（1999）将企业投入信息系统的费用作为研究的对象，对中国 27 家企业进行了调研，提出了中国企业信息化阶跃式发展阶段理论，并将企业的信息系统发展划分为五个阶段，分别是引入、渗透、膨胀、调整、集成。长城战略研究院把信息系统的成长划分成了六个阶段，分别是企业进入数字化生存的阶段，单点数字化阶段，单点自动化阶段，联合自动化阶段，决策支持自动化阶段，敏捷的、虚拟化的企业阶段。王昕和尹福臣（2000）研究了信息技术和业务的融合问题，即信息化的难点问题。IBM 商业价值研究院（2007）提出了实现业务与 IT 融合的战略路径图，将融合战略实现路径划分为三个阶段，每个阶段包含关键的输入、方法、任务和输出。

肖静华等（2012）通过对 185 家企业的实地调查发现，从应用视角出发，IT 与业务融合呈现出从不平衡到逐步平衡的收敛趋势。信息技术在应用过程中通常伴随着大规模的业务、人员及组织变革，但在讨论项目成功因素时，技术性因素往往被放到重要的地位，Zhang 和 Dhaliwal（2009）认为组织内非技术因素常常被忽视；Davenport 和 Brooks（2004）认为企业实施 ERP 尽管技术复杂，但是系统内成员间角色与责任的分配更关乎系统的成败。信息技术和业务的融合固然重要，但是就像管理大师德鲁克曾说的"无法度量就无法管理"，对于信息技术和信息系统的应用也需要评估，因为评估是信息技术应用结果的显示，也是获得更高业绩的有效手段。Lubbe 和 Remenyi（1999）认为组织使用了各种标准去评估 IS（information system，信息系统），但成功的 IS 项目一定考虑对利益相关者的影响，客户表达出来的或暗示的需求决定了对项目的满意程度。

伴随着 IT 生产力悖论的争论，关于信息技术的价值方面的研究不断推出，学者从经济学、战略、运营管理等不同的视角、不同的层面，并运用多种方法，开展了大量的研究，Davis（1989）从易用性感受、有用性感受、用户的接受程度等方面对信息系统的应用效果进行了研究。Rockart 和 Shot（1989）从增值链的角度识别了信息技术带来竞争优势的机会，信息技术不仅能改善每一项增值功能，还能创造新的产品和服务。信息技术可以让企业共享大量的信息，互操作性、兼容性和柔性的 IT 技术基础设施，能够降低协调资源的成本，提高协同效率。随着研究的不断深入，IT 能力逐渐被应用。Ross 等（1996）将 IT 能力（IT capability）定义为控制与 IT 相关的成本以及通过实施 IT 来影响组织目标方面的能力。IT 能力构成了信息技术的服务层次，Yang 和 Ho（2005）构建了 GDLG（global digital library grid，全球数字图书馆网格）的体系结构，分为核心服务层和高层组件层。Pavlou 和 El Sawy（2010）定义了 IT 即兴能力（improvisational capability，IC），认为即兴能力能够自发地重新配置现有资源从而建立起新的营运能力来处理紧急的、不可预测的和创新的环境状况。Trainor 等（2011）把信息技术整合到营销能力和其他企业资源中检验了对绩效的影响。Chen（2011）研究发现信息技术一般能够增强组织的内部沟通能力。Liu 和 Ke（2013）认为 IT 能力通过改善企业间信息可见性、构建上下游的流程整合以及开展跨企业协同运作三个方面提高供应链整合。Wang 等（2013）研究了 IT 在培育企业动态营销能力过程中的作用。经梳理学者的研究成果发现，无论是对员工个人的吸收能力，还是组织的吸收能力，IT 能力都有显著的正向影响。

　　我国学者对 IT 能力的研究从未间断过。刘义军（2010）认为云计算与 SOA 都是面向服务的，因此二者完美结合，SOA 所具有的松耦合、可重用、易于管理和编码灵活等特性，是真正发挥云计算作用和价值的关键点，SOA 是在信息系统集成过程的层面上实现信息融合，能够适应服务策略、业务级别、业务重点、合作伙伴关系、服务质量参数以及其他与业务有关的因素不断变化的业务环境，黄光奇（2009）认为 SOA 可以使原来的封闭系统变为开放系统。薛晓芳等（2013）基于联盟视角对不同的 IT 能力进行分析，认为 IT 管理能力对联盟绩效有直接的促进作用。IT 与业务关系和 IT 集成能力主要通过组织沟通对联盟绩效产生影响，其中，IT 与业务关系会阻碍组织沟通，而 IT 集成能力会促进组织沟通。杨陈等（2014）基于系统动力学方法验证 IT 能力对联盟绩效影响的灵敏性。朱镇和张伟（2014）提出了实现供应链竞争优势的第三种途径——协调机制，基于 196 家企业调查数据的实证研究，发现 IT 能力不仅有助于提高供应链整合与敏捷，还能实现两者的协调，从而创造供应链管理的刚柔并济获取更好的竞争优势。屈玉阁和李柏洲（2014）以系统动力学理论为依据，采用复杂网络动力分析方法，从微观层面，研究 IT 能力对流程拓扑结构的改变，阐述信息共享环境对信息集成方式的改变；从宏观层面，分析信息化的企业柔性运行架构组成，剖析信息系统体系架构有效率拓扑形式与信息系统体系规模之间的关系，研究 IT 能力对企业全要素生产率的影响。许德惠等（2015）研究认为 IT 能力显著调节供应商运营层整合对财务绩效的正向影响。赵益维等（2015）研究发现 IT 能力正向影响制造企业服务创新绩效，组织学习在 IT 能力与服务创新绩效的关系中发挥着部分中介作用，服务化战略在 IT 能力与组织学习以及与服务创新绩效的关系中发挥着调节作用。谢卫红等（2015）认为知识广度 IT 能力与知识深度 IT 能力均对潜在吸收能力具有正向影响，流程导向 IT 能力对潜在吸收能力无显著正向影响，知识导向 IT 能力通过潜在吸收能力影响现实吸收能力，IT 能力在知识深度导向对潜在吸收能力的影响中起调节作用，同时也对流程导向 IT 能力与吸收能力的关系产生影响。马鸿佳等（2015）探究了企业 IT 杠杆能力（IT leveraging capability）对即兴能力的影响，把杠杆能力划分为项目资源管理系统、组织记忆系统和协作工作系统三个维度，结果表明，项目资源管理系统和协作工作系统分别对即兴能力具有显著影响。

新一代信息技术延伸、扩展了传统的 IT 能力，当前主要推广以云计算技术为代表的新一代信息技术，云服务提供商提供各种层次的服务，有 IaaS、PaaS、SaaS。Tsai 等（2010）提出云计算这种新型的 IT 资源的交付模式，可以实现各类组织采取便捷、按需、低成本的方式访问共享资源池中的资源，云计算的多租户策略、按需付费计算模型能够获得看似无限的大量的、廉价且具有弹性的计算和存储资源，为信息共享提供了强大的技术基础平台。云计算技术兴起后，系统开发模式也发生了变化，Han 等（2010）基于云计算的信息系统概念层次模型以及应用程序架构提出了 cloudlets 关系架构，研究了资源管理机制 cloudlets、复合框架集成层次结构和 P2P（peer to peer，点对点）内容共享。Tsai 等（2010）提出了一种面向服务的云计算架构，使云之间可以互相操作，也提出了高层次的设计，用来更好地支持多租户云计算功能。Mei 等（2008）认为 SOA 与云计算在面向服务的理念方面具有一致性，二者的结合可以用一种统一和通用的方式进行交互，确保服务与组织的基础架构相互集成。存储系统方面，Teregowda 等（2010）研究了云计算环境下的数字图书馆信息服务模式，建立了一个基于无线网络的虚拟存储系统。Shen 等（2010）提出了双层结构的基于 P2P 和云计算的动态内容管理模型，该模型基于需求的副本布局、低成本的内容更新机制、自适应的复制节点管理机制，在服务提供商提供的稳定核心云外层构建了由用户节点构成的扩展云，通过使用扩展云进行低成本的动态内容管理从而降低了核心云的负载，使得核心云可以专注于提供稳定的存储和备份服务。在分析技术开发方面，随着云计算等新一代信息技术的扩散与融合，数据量正以极快的速度增长，OLAP 数据分析操作（对数据进行聚集、汇总、切片和旋转等）已经不够用，数据分析面临着数据量的膨胀和数据深度分析需求的增长，因此，对于数据的分析不仅关注静态数据的分析，还需要路径分析、时间序列分析、图分析、What-if 分析，以及由于硬件/软件限制而未曾尝试过的复杂统计分析模型等，更需要利用数据对将要发生的事情进行预测，以便在行动上做出一些主动的准备。随着大数据时代的来临，MapReduce 技术引起了工业界和学术界的广泛关注，MapReduce 技术已经从围绕搜索的数据分析扩展到数据挖掘、机器学习。目前，数据分析的生态系统正在发生变化，Nardi 和 O'Day（1999）提出了在技术环境下信息生态的关键特征，认为信息生态是一个部分及其之间的各种联系所构成的复杂系统。Davenport（1997）指出信息生态就是信息的整体管理，有效的信息生态管理就包括不同类型信息的集成这一要素。刘向等（2014）针对云计算环境下多源、异构、大规模、动态信息资源特征和人们日益发展的个性化信息服务需求，构建了客户需求驱动的信息资源集成和服务系统，该系统包含虚拟化层、信息资源层、控制层、服务层和用户访问终端层。Wang 等（2007）提出云计算技术与图书馆共享事业发展相结合的理念。Andrade（2003）提出政府建立功能强大的网络操作平台，为共享提供良好的安全基础设施。

2.1.3　科技资源共享平台服务模式的研究

科技基础条件平台是科技资源共享平台体系的核心构成，国务院在《国家中长期科学和技术发展规划纲要（2006—2020 年）》中指出：科技基础条件平台是在信息、网络等技术支撑下，由研究实验基地、大型科学设施和仪器装备、科学数据与信息、自然科技资源等组成，通过有效配置和共享，服务于全社会科技创新的支撑体系。在国家科技基础条件平台的指导下，各个地方也纷纷建设了自己的科技资源共享平台，虽然在名称上各有不同，但是这些科技资源共享平台与国家科技基础条件资源共享平台共同构成了我国科技资源共享平台体系，这个平台体系在本质上都是利用计算机和网络技术搭建起来的信息系统，旨在创新主体之间进行信息共享和协同创新的应用形态，这个平台体系是创新主体之间信息共享的一个中枢神经，是我国科技资源的公共资源池，也是我国科技创新体系的变革，是为了消除信息壁垒、促进科技信息集成共享而提出的一种智慧解决方案。

为了更好地发挥科技资源共享平台的作用，就需要进行服务模式的创新。目的在于加速信息共享，以便更好地促进实物科技资源合理配置和高效利用。服务模式就像其他的模式一样，通常被解释为某种事物的标准形式或者使用人可以照着做的标准样式。模式是解决某一类问题的方法论，是方法的抽象和概括。随着信息技术的广泛普及和深度应用，信息服务普遍被人们所接受，信息服务就是以信息资源为基础，利用各种方法或技术手段对信息进行搜集、整理、使用并提供相关信息产品和服务的一种活动。而信息服务的基本模式是指对信息服务的组成要素及其基本关系的描述，很多学者都研究了信息服务模式，陈建龙（2003）将信息服务模式分为传递模式、使用模式和问题解决模式三种基本模式。其中，传递模式包括源于信息交流的米哈·维克利模式等。这种模式的典型代表就是Wilson（1989）的研究成果；问题解决模式典型代表就是 Ferguson（2000）提出的现场/远程服务模式（on-site/remote）。信息服务本质上是信息行为的外包，这种外包首先需要将具体业务服务化，White 等（1999）在研究制造业服务化时指出，服务化就是制造商的角色由物品的提供者转变为服务提供者，这个转化是一种动态的变化过程；陶雷和吴贵生（2005）在服务化的过程中，所提供的最小的服务单元称为服务包，服务包是指由物品、服务、支持、知识和自我服务所构成的一个包；业务服务化的实现是一个过程，目前关于服务创新方法的研究主要有技术导向、服务导向和整合导向，还有的学者提出服务创新模型，Den Hertog 和 Bilderbeek（1998）的创新整合概念模型，就是由新服务概念、新客户界面、新服务传递系统以及技术四个维度构成的，它较为全面地描绘了服务创新的特征，这个模型能够指导实际创新活动；Tsou 等（2007）从服务传递和个性化服务两方面衡量客户服务；魏江等（2013）从知识管理视角研究了专业服务业的服务模块化问题。服务活动与用户的信息行为关系密切，Ellis 和 Haugan（1997）所提出的信息查找模型，可用于描述信息查询行为流程，该模型包含了六个阶段，分别是开始阶段、连接阶段、浏览阶段、监控阶段、提取阶段、结束阶段；Wilson（1981）十分关注人们的信息行为动机，他提出了信息查寻行为模型，指出了信息需求不是最根本的需求，而是源于更为基础性的需求，如生理需求、认知需求和感情需求，并归纳出人们在寻找信息的过程中，由于个人、社会角色和环境的不同，所遇到的个体障碍、人际障碍和环境障碍。之后，Wilson（1989，1999）在提出的模型基础上，进行了修订，又提出了新的模型框架，在新的模型框架中，他将以上三种障碍替换成了干扰变量，这样的表述主要用于描述外部变量对人们信息行为的双向作用，同时，他根据信息生命周期的不同流程，给出相应的机制和理论支撑。这些模型主要解决了需求如何转化成信息行为，以及用户会采取什么样的信息行为的问题。相比较而言，国内学者研究服务模式的比较多，孙其博等（2010）提出了一种共享的星型信息服务模式，这种模式整合了不同部门或企业的信息数据，最终构成一个共享的星型信息服务模式。戴艳清（2010）基于不同的服务主体，提出了公共信息资源的政府主导型服务模式、商业型服务模式、志愿型服务模式，并分析了这些模式的支撑理论、服务内容、服务现状与现实的弊端，从而为政府从宏观上规制公共信息资源，以及在服务过程中出现的各类问题提供决策参考。具体到科技资源共享服务模式方面的研究，张婧和余振刚（2013）从服务主体、网络平台、服务方式、服务内容及服务特点五个方面揭示了科技期刊网络增值服务模式。邓仲华等（2014）提出嵌入科研过程的信息服务模式的特点，主要包括覆盖协同多领域、贯穿科研全过程、情景感知个性化，并指出嵌入式信息团队中的学科专家应该具备的知识和能力。涂勇（2013）在总结地方科技资源共享平台时，指出了地方平台在共享资源时，以文献和信息为基础，并提出地方平台的服务模式创新更多地采取了以虚拟组织和实体组织为基础的平台运行模式。

吴长旻（2007）总结了国外科技资源共享的三种主要模式，分别是政策驱动模式、法律和制度保障模式以及项目驱动模式。张云飞和邹礼瑞（2009）基于双边市场理论，提出了我国自然科技资源的共享模式，是以核促建、集成增值的模式。皮晓青和唐守渊（2009）将我国各地区大型科学仪器的共享模式归纳为三大类，分别是信息共享型、服务促进共享型、组织管理架构型。杜剑和李秀敏（2013）在研究政府科技资源共享模式时，提出了政策驱动模式。李海龙等（2013）提出了资源共享服务站＋合作服务联盟的模式。王弋波等（2014）基于科学仪器共享协作网的中介机构属性，从共享过程的流程分解中凝练出参与深度的概念，并以此提出四阶段递进的服务模式，分别是信息发布载体、信息检索载体、信息咨询载体、服务储备载体。王宏起等（2014）提出科技资源共享平台服务的多种变化，一是从以资源为中心向以需求为导向转变的服务理念；二是从信息对接服务逐步向智能化、网络化的集成服务方式演进，并最终设计了需求获取与识别→资源匹配与优选→服务对接与传递→效果评估与反馈的平台集成服务流程。李玥等（2015a）从需求出发，研究了科技资源共享平台服务需求分类获取的方法，利用新一代信息技术，搭建了用户需求数据无缝对接的智能化服务体系，依托大数据、云计算、物联网等新一代信息技术，研究构建以智网、智库、智控三大模块为核心的共享平台智慧服务体系。

　　综上所述，国内外学者关于信息技术的扩散、应用与融合方面的研究成果较为丰富，但是大多数的研究成果都是从信息技术的视角，研究信息技术的能力以及信息技术对组织绩效的影响，鲜有从业务层面研究信息技术与组织业务融合的机理；关于科技资源共享平台方面的研究成果相对较少，因为科技资源共享平台是一个新生事物，科技资源共享平台的服务模式也是一个跨学科、跨领域的科学问题；在服务模式方面的研究成果，主要集中在服务主体之间的关系模式、信息传递的多维模式方面，鲜有信息技术方面的。因此，借鉴已有的研究成果，对于科技资源共享平台服务模式的研究还需从以下几方面展开。

　　（1）新一代信息技术的扩散、应用与融合对组织影响的研究。科技资源共享平台的建设需要从新一代信息技术基础设施的建设开始，IT 不仅可以通过组织变革和流程再造来改善内部的增值环节，以提高工作效率、降低成本，同时，还可以创造新产品或新服务以获取持续竞争力；对组织外部而言，IT 可以扩大组织的信息疆界，利用 IT 基础设施从信息共享促进科技资源协同、业务协作，形成区域创新能力。许多学者在 IT 基础设施的建设和治理方面做了大量的研究，但是随着云计算这种 IT 服务交付模式的诞生，人们要重新思考 IT 基础设施的获得和使用，这为科技资源共享平台的建设带来了较大的冲击，由于云计算和大数据技术的应用还处于探索中，所以科技资源共享平台如何发展，如何利用新一代信息技术进行服务模式创新，都是本书需要进一步研究的关键问题。但是，由于科技资源共享平台是科技信息化的一个特殊阶段，它是实施国家创新驱动发展战略的重要手段，也是新生事物，鲜有研究科技资源共享平台与新一代信息技术融合的成果，虽然可以借鉴其他各种信息平台的研究成果，但是科技资源共享平台需要与战略匹配，秉承大平台的理念，构建一个安全、稳定、易扩展的平台，自适应地满足各种创新需求，仍然是值得深入研究的课题。

（2）科技资源共享平台的研究。由于科技资源共享平台是新生事物，最初的研究成果主要集中在科技资源共享平台建设方面，但是研究深度普遍不足，更多的研究成果集中在技术层面或政府层面；在科技资源共享平台的运营方面，研究成果更少，以至于全国范围内的科技资源共享平台在运行过程中，普遍陷入迷茫期，本书正是针对这样的现实问题，所提出的解决方案。

（3）平台服务模式方面的研究。关于服务模式的研究，国内外学者的研究成果主要集中在微观层面的服务业务优化方面，鲜有针对新一代信息技术在科技资源共享平台上应用、融合，还没有形成完整的理论体系，因此，借鉴成熟的价值链理论，分析科技资源共享平台的系统要素，从新一代信息技术视角揭示科技资源共享平台的演化机理，从服务创新理论出发，设计科技资源共享平台的服务模式创新路径，构建服务模式，是提高科技资源共享平台信息化绩效，解决科技资源共享平台生存和发展的重要课题。研究成果将为国家平台乃至科技资源共享平台政策制定提供科学依据。

2.2　科技资源共享平台的价值重塑

借由新一代信息技术，科技资源共享平台体系中的各类平台都应该抓住时机去提升自身的能力，以满足各类的创新需求。这也是各级政府部门、经济领域的企业和学术领域的研究者所关注的问题。

2.2.1　科技资源共享平台的建设背景

科技资源共享平台指的是一个平台体系，是由不同级次、不同领域的平台共同组成的有机整体。其中，起到龙头和示范作用的就是国家科技基础条件平台。科技基础条件平台的建设，根本的目的就是充分发挥我国自改革开放以来所积累下来的大量科技资源的价值，因为无论中央还是地方都存在科技资源的闲置问题，更为严重的是在实际创新过程中还存在重复建设问题，这就造成了科技资源的浪费与财政的负担。我国各级政府为了降低科技资源的浪费率、提升科技资源利用率、充分实现科技资源的价值，以便加快我国科技赶超的步伐，才决定由政府、企业出资建设科技资源共享平台体系。科技资源共享平台体系是在 ICT 的支撑下，把全国范围内的实验基地、科学仪器、工程设备、科学数据等重要的战略资源，统一集成到平台上实现共享，为科技创新活动提供重要的科技资源，是一个支持创新的体系。

2004 年 7 月 3 日，科技部、发展改革委、教育部、财政部等联合发布了《2004—2010 年国家科技基础条件平台建设纲要》，成为推进科技资源共享平台建设的有力保障。

地方或者区域科技资源共享平台，是为了弥补国家科技基础条件平台的不足而建设的，因为国家平台主要是支持国家层面的院所、高校的创新活动，而对企业技术创新的支持不够，所以国家就布局了以省、市共建的区域性平台共同构成平台体系。目的在于引入市场机制，在政府和市场双重合力的作用下，加速整合科技资源，共享科技资源，一方面可以支持特色产业的发展，另一方面可以支持中小企业的科技创新活动。这样就能够促进某个区域的产业转型与整体的经济发展。各个科技资源共享平台的命名差异很大，但是本质上都是进行科技资源的共享。各个地方平台都是互相学习的，地方科技资源共享平台或者技术创新平台的建设，最早是在 2004 年开始的，那时国家就颁布了有关科技资源共享建设的纲要，于是，各个省、市都在紧锣密鼓地推进具有科技资源共享功能的平台的建设工作，有的地方也开始对科技资源进行战略重组，甚至优化科技体系。这些工作都拓展了各类平台的功能，使得每个平台能够突出地表现地方或区域的经济特色，平台的功能定位也更加符合社会发展需要。在很多经济发达的省份，重点建设了一批技术创新平台，资金来源也是多渠道的，有的地区由地方政府出资，也有的鼓励有实力的企业自建技术平台，对于企业自己出资建设的平台如果能够为地区提供相关的服务，也是可以参与后评估的，也能够获得国家的后补助资金。只要是通过了国家平台的合格认定，就能够作为一个节点加入国家平台的网站门户上，扩大自己的影响，为更多的主体提供科技创新方面的支持。所以，科技资源共享平台体系的建设，最终还是依靠政府的力量来完成，因为面向科技创新这种高投入活动的服务，任何一个企业都是难以承受的。另外，科技资源往往是沿着创新链进行传递的，在创新链上有很多的活动都是政府支持的，这种公益性与经济性之间的融合问题，就必须由企业、地方政府和中央政府来共同推动。因此，科技资源共享平台可以认为是基础性创新和技术创新的交接环节，也称为两种创新的接口。科技资源在整体创新链中的有序流动必须要有一定的动力才能加快，也只有加快流动，国家的科技创新实力才能增强。为了促进科技资源的流动，无论地方政府还是中央政府都会拨付专项资金来支持，这些资金有的是定期拨付的有的是不定期拨付的，总之，都是用来滚动支持平台的。只要有了稳定的资金支持，科技资源共享平台体系才能够通过加盟奖励的方式获得有价值的科技资源，只要有政府的稳定支持，平台就能够以政府购买的形式获得企业或者个体创新者的科技资源，在这种多种机制联动的作用下，才能在更大范围、更多地集聚科技资源。有的平台还设置了咨询热线来征集需求，也有的平台直接提供科技专家服务来扩大影响，还有的平台开通了中小企业绿色通道，调动他们的积极性。以上的各种做法都能够提供一些准公益性服务，只要有政府的支持，他们的服务成本就能够补偿回来。同时，有了政府的财政支持，平台也可以直接发放财政补贴给这些创新主体，使之积极介入，有时也可以发放创新券来激励和约束他们将财政的补贴真真切切地用在科技资源的购买上，这些措施都是吸引既有创新能力的企业接入平台并形成对平台的依赖，李长云（2012c）称为客户黏性。这种做法可以扩大平台的服务范围，以财政资金作为一种政策导向，就可以引导平台紧密地与国家的战略布局保持一致，成为实现国家科技战略的有效途径，财政补贴也是提高平台服务能级的最根本动力来源。

从技术层面上看，科技资源共享平台需要信息、网络技术的支撑，在科技资源共享的过程中，必须依赖信息、网络技术才能够扩大科技资源等相关信息的传播范围，进而加深科技资源信息的深度应用。回顾信息化的历程，首先就是计算机的发明与普及应用，将人类带入了自动化技术发展阶段，因为计算机能够自动处理人们交给它的任务，信息与自动控制技术的融合极大地促进了管理模式的变革；然后是网络技术的发展，突破了人们对于信息的获取、传播、应用等在空间和时间上的物理制约。特别是最近几年来，随着移动云计算技术、人工智能和大数据等新一代信息技术的出现，信息的价值空间不断地被拓宽。于是，能够正确而高效地获取和使用信息，已经成为几乎所有行业竞争优势的来源。新一代信息技术与各类业务的深度融合，在本质上也是一个再信息化的过程。当以云计算技术为代表的新一代信息技术能够成熟应用时，能够促进平台的服务创新，无线传输技术与互联网技术的有机结合，可以将信息传输到最末端的设备和人那里，这就是信息传输的"最后一公里"。由于云计算具有超强的弹性，它就是一个资源池，可以为人们提供随时随地的服务，并且这些服务还能够提供具有不同特征的个性化的服务。

云计算还能够提供一些智能化的服务,这种服务可以让知识的共享和整体解决方案的形成成为可能，这种高端的具有智慧特征的服务可以促进跨学科、跨行业的集成创新，这就能够有效地规避在信息化初期出现的"IT黑洞"问题。云计算技术天然地就是与大数据技术相伴而生的，因为云计算技术超强的计算能力，能够有效地解决大数据的存、管、用型的复杂的技术问题；有了云计算技术，对于大数据的分析就是关联关系的分析，而不像传统的管理决策那样，主要是基于经验和直觉的因果关系的探讨。所以，人们总结出一条结论即数据就是业务，将这种理念借用到平台的科技资源共享服务方面，就可以依赖平台的大数据来提供科技服务，这是一种新的服务创新的思路。目前，随着无线网络技术的发展，"云"和"端"之间能够全天候、跨地域地连接，而大数据使得人们的决策行为能够基于数据分析，而不是基于经验和直觉。在大数据时代，数据就是业务，这种理念也为区域科技资源共享平台服务模式创新提供了一种新的服务创新思路。

地方平台也可以理解成区域平台，它设置的主要目的就是促进科技资源的扩散，称为外溢性，科技资源的扩散越广、速度越快，就越能够实现其潜在价值。由于地方平台主要是面向企业创新提供服务的，所以它的主要任务就是将科技资源送到能够实现其价值的区域末端。

随着新一代信息技术逐步运用到应用系统，各个地方平台就可以思考如何依赖新一代信息技术提升自己的服务能力，只有服务能力提升了才能够满足科技创新的需求，进而适应新业态的形成，这些问题都是中央政府和地方政府十分重视的问题。同时，也是具有科技创新能力的或创新性科技企业家所关注的焦点问题，也是各个学科的学者研究的主要问题。

科技资源共享平台体系的特点就是它一定是依赖 ICT 技术才能够建立起来的，因为它是一个信息平台，是科技资源管理信息系统在平台上运行的结果。这个平台的建设需要搭建 IT 基础设施，这部分工作是由地方政府或者企业出资建设的，后期中央政府也可能经过评估后给予支持。所以地方平台具有区域特征，它是面向区域的科技创新活动提供服务的一个具有准公益特征的服务机构，它的建立就是为了融合市场机制，使得市场与政府联动来整合区域内的科技资源。同时，也是重点支持区域内的科技创新活动，这些活动可能来自特色产业，也可能来自中小企业，最终目标就是要促进地方产业的转型和经济社会的发展。

目前已经建成并运行的科技资源共享平台，如上海的研发平台、浙江省的科技创新服务平台、深圳市的公共技术服务平台、黑龙江省的科技创新创业共享服务平台等，都在科技基础条件资源的共享方面取得了长足的进步。然而，已经开展的服务，由于是单纯地进行资源对接的服务模式，不能够满足新时期区域科技创新的需求；另外，科技资源共享平台的低效率，也是区域科技资源进行二次配置的薄弱环节，这些都导致科技资源共享平台的发展进入了迷茫期。为此，探索科技资源共享平台系统内部的协同演化规律，实现包括互联网、物联网、大数据、移动互联网等新一代信息技术与平台其他要素的协同作用，已经成为理论界亟待解决的问题，这也是平台服务模式创新实践的核心、关键问题。在探索过程中，自组织理论和演化思想为科技资源共享平台的发展路径提供了新的研究视角。为此，本书拟从自组织理论出发，以序参量的形成、役使原理为主线，构建科技资源共享平台系统的协同演化模型，揭示平台系统演化规律，寻找其创新发展的路径；然后，基于系统演化的各阶段特征，进行服务模式创新，为科技资源共享平台的转型发展提供清晰的思路，也为科技资源共享平台的日常运作奠定理论基础，并给出实际的参考和借鉴。

2.2.2　科技资源共享平台的价值形成

我国科技资源共享平台体系塑造了全新的科技资源共享模式，打破了原有的、单一的沿着创新链直线式的科技资源流动方式，是通过信息技术搭建起一个虚拟的信息交换平台，使得所有的创新主体都可以围绕这个平台来开展自己的创新活动。由于科技资源共享平台在长期的服务过程中会积累下一个较为丰富的科技资源池，各个创新主体寄生在科技资源共享平台上可以进行便捷的交流，因此原有的开环的、单向的创新链被弯曲了，形成了以科技资源共享平台为中心节点的、闭环的信息传输网络。在这个网络中，需求信息、资源信息交织在一起，形成了多重的价值循环，最终演变成为一个复杂的生态圈。这时，科技资源共享平台就具备了以下几点特殊性。

（1）关系网络的增值性。科技资源共享平台系统的最大特点就是借由加入平台的各种主体关系，依赖各种业务往来建立多重的价值循环回路。这些回路的动态流动就体现出了网络价值的增值性。这种溢价的现象，被很多学者称为网络的外部性，也有的称为平台的网络效应。网络外部性的理论基础是与传统消费现象进行比较而产生的，在传统的经济现象中，人们在消费时，其所获得的价值都被视为一种与他人无关的个人行为，在科技资源共享领域，传统的共享行为主要是发生在科技资源的供给和需求主体间，科技资源的共享本质上是一种市场交易行为，也与其他的主体没有关系；然而，当人们建立了一个三方平台，围绕着这个平台就存在一种特殊的情形，这种现象就是当使用者越来越多时，作为个体的用户所感知的价值就会呈现快速的、跳跃式的增长，也就是说平台的消费主体越多，新进入的个体的信任度和依赖感就会增加。总结起来就是，平台一边人数的增加就会吸引更多的人进入，这种循环的单边主体数量的增加称为网络的单边效应，而一边主体的增加带动了另一边主体的增加，这种双向的主体数量的循环增加称为网络的双边效应。这种现象在科技资源共享平台上也会出现，假如只有一家创新企业、院所、高校等创新主体接入平台，平台知识提供了基本的信息服务，其价值没有突显出来，而越来越多的创新主体接入平台后，平台的运行环境就会发生微妙的变化。因为这些创新主体之间是可以相互交流的，这种交流不仅能够增加他们对平台的信息和依赖，也能够促使他们互通有无。创新主体开展创新活动，一方面需要外部的科技资源作为支撑，另一方面还需要将自己的创新成果转让出去，这时每一个创新主体就是双重身份，既是科技资源的需求方，也可能是科技资源的供给方。由于创新活动的特殊性，当众多的创新主体接入平台时，还能够进行思维的碰撞，进而激发出更多的创新需求，这就是知识的外溢性的一种表现；借助科技资源共享平台的服务，各个创新主体就逐渐扮演了供方和需方的双重角色，这时，平台就不仅作为一个沟通的主要渠道，促进双方交易的达成，而且这个平台作为中心节点，在为双方提供服务的过程中会积累大量的科技资源信息和客户的大数据资源，这些积累下来的资源越丰富，需求方就会感觉平台越有价值，这种感知就会在需求方的主体之间相互沟通，形成一种共同的正向的价值认知，这样就会有更多的需求主体积极接入平台，这种现象称为平台的单边效应；接入平台的需求主体数量越多也会吸引更多的供给主体积极接入平台，他们的接入会使得平台的资源更加丰富，形成一个巨大的资源池，这个资源池就会吸引更多的需求主体的接入，这种现象就是平台的双边效应；在平台的两种效应交织循环作用下，平台关系网络逐渐丰富，价值激增，逐渐形成引力"场"效应。

　　关于平台的网络效应问题，早在 20 世纪初就有学者提出了，而近些年随着互联网的广泛应用，有更多的经济学家来探讨此问题。因此，网络效应已经成为出现频率较高、学术界比较通用的术语了。网络效应在科技资源共享平台中也发挥着重要的作用。科技资源共享平台运行之初，主要是由政府来主推，依靠行政力量推动大学、科研院所、实验基地等科技资源的拥有者，或者科技资源的管理者接入平台，人为地、刻意地汇聚科技资源，以期形成资源池；之后，政府又设计了激励机制，如通过发放创新券等方式，来吸引科技资源的需求方接入平台，让这些接入主体形成习惯，以便激发平台的双边效应。Li 和 Zhang（2016）认为科技资源共享平台的服务模式创新，就是利用网络效应来持续提升平台的价值和竞争力的，最终形成竞争优势。网络效应是形成平台生态圈的基础理论，人们所说的平台生态圈，就是指任何一个平台在运行和发展的过程中都会有不同的主体接入平台，他们分别扮演不同的角色，借助平台实现相互的价值依存关系。主体的角色越多、数量越多，价值回路才能越多，平台才能形成稳固的生态循环。所以，科技资源共享平台必须要集聚创新型企业、高校、科研院所、科技中介、政府等有关机构，分别担任科技资源共享业务的不同角色，并通过有效的管理策略促进这些群体（也就是网络的"边"）之间发生多重关系，这种多重关系的叠加就形成了网络效应，在每一重价值循环中都会形成不同的"力"，这些"力"相互影响就不断地将科技资源共享平台推向一个巨大增值的"场"，再吸引更多的主体接入，循环往复，平台就会不断向着高级阶段发展。

　　（2）科技资源共享平台的共享服务需要不断创新。科技资源共享平台是科技资源管理信息系统平台化的具体表现，平台的建设和运行突破了传统的科技资源共享的思维框架。首先，该平台摒弃了传统的遵循创新链布局服务链的模式，这种服务链具有单向的、垂直流动的特征，供、需各方只是利用平台的便捷性和广泛性，没有深度的关联，因而对平台的发展贡献是有限的。引入了科技资源共享平台的服务模式之后，情形就不一样了，这时平台必须能够同时吸引供、需双方的主体（科技资源需求者与科技资源提供者），以使平台具有可维持发展性。如果基于平台的视角，所有接入平台的相关的主体都是平台的用户，那么平台实质上不仅是多方沟通的渠道，更是多方主体共享的资源池，还应该是多方主体的治理者。因此，平台的角色就演变成为一个服务提供者，它必须通过服务模式的创新来促进平台的健康发展。

（3）科技资源共享平台需要挖掘潜在的网络效应。科技资源共享平台体系不仅为科技资源的供给方和需求方提供沟通的渠道，或者是提供多方交易的促进者，它的核心要义就是要建立一个完善的生态系统，让各方主体都能在这个平台上找到自己的栖息地，实现各自的价值诉求，最终实现平台的战略价值的飞跃。

2.3　科技资源共享平台的生态特征

2.3.1　科技资源共享平台生态化内涵

平台生态化发展就是指在平台长期的健康发展过程中，逐渐形成了多重的网络正效应，这样的正效应不仅能够壮大平台自身的实力，也能够抵御外部干扰和不利的影响，使系统的健壮性增强。在探讨科技资源共享平台生态化的内涵之前，首先梳理生态系统与生态化的有关研究成果。

（1）科技资源共享平台体系生态化。生态化是生态学科的一个常见的术语，生态学是一门研究生物体与其周围生物、非生物，或者生物体与环境之间相互关系的科学，最早是在 1866 年，由德国生物学家海克尔（Haeckel）在《生物的普通形态学》中提及。目前，随着科技大发展与社会的进步，各个领域的问题也越来越复杂。于是，人们就开始借鉴生态学理论来研究复杂系统的功能和结构，于是生态化的状态就被引用来表征复杂系统发展的最高级的状态。借用生态学中生物种群的概念，来描述复杂系统中的要素也都需要与环境进行物资、信息与能量交换，进而形成一个统一整体，这就是生态化的内涵。因此，它具有复杂性、动态性、开放性与自组织性等重要的特性。如今，生态化的概念已经与系统科学、生态系统、生态平衡、生态适应与系统演化等理论融合在一起，用来描述事物与环境间的动态平衡，以及协同进化而展现的某种状态与过程，生态化既能够对系统的演化进行很好的刻画，也能够高度地描述人们所研究对象的系统性、和谐性、动态性与协调性等。

（2）科技资源共享平台体系可持续发展。可持续发展和生态化是一脉相承的，系统的可持续发展是指人类基于对生物圈的管理，使其不仅能满足当代人的生存需求，还能保障后代人的生存及永续发展。科技资源共享平台体系可持续发展涉及的领域十分广泛，包括自然系统、科技系统、经济系统等多个领域。由此可知，生态化发展原本是指在保护环境的基础上，以可持续的宗旨来利用环境与自然资源，并将人类对于发展的影响控制在生态系统所能承载的能力范围内。总之，科技资源共享平台体系可持续发展的内涵，就是指平台体系内部的各个要素之间一定要相互协同、融合发展并在生态承载能力范围内实现自身的目标。

（3）科技资源共享平台体系的价值网络。实现生态化的本质含义，就是要形成多重的价值循环网络，只有存在稳定的价值网络，平台体系才具有自我修复的能力，也就能够在市场环境下自我发展。科技资源共享平台的生态化也离不开价值网络，科技资源共享平台的价值网络是围绕着创新网络而形成的，是为创新网络提供服务的。同样，创新网络也是实现系统性创新的一种制度安排，它使得各个创新主体之间形成创新协作关系，以及各种联结机制，共同构成了创新网络的整体架构。

关于创新网络的理论研究成果也很多，有学者将之归纳为经济学视角、过程视角和主体视角。其中，经济学视角下的创新网络，是从创新主体之间的价值创造关系来进行划分的。例如，人们常见的产、学、研合作模式，就是将企业、高等院校和科研院所这些主体作为节点构成的一个创新系统，他们的合作关系可以是正式的也可以是非正式的，这样的创新网络最终是为企业提供创新资源的。过程视角下的创新网络就是指各种不同的节点形成直接或间接、互惠与灵活的各种联结关系，这些关系可能是科学的、技术的或者是市场的链接。过程视角重点描述这些创新主体是如何参与到特定产品的概念设计、研究开发、加工生产，以及市场销售等过程中的。主体视角下的创新网络主要是指网络主体，这些网络主体可以包括官、产、学、研、金、介等多方资源供给的主体，具体描述就是政府、企业、高等院校、科研院所、金融机构、科技中介等多种科技创新的参与者所构成的创新网络的节点，其重点在于阐述网络节点及其关系。总之，各个领域的学者从自身研究的目标出发来分析创新网络的特性，一个宗旨就是要有利于创新要素在各种类型的创新主体之间的扩散、转移创新与增值。同时，也有利于降低创新主体的交易成本、增强其核心竞争力。

综上所述，本书所提出的科技资源共享平台生态化的内涵，旨在指导科技资源共享平台体系内的各种协同关系，包括国家科技基础条件平台、地方创新平台、地市子平台间的各种类、各层次的合作，他们是围绕创新活动，让科技资源在各个主体之间的流动与共享，这种生态化的过程能够极大地促进科技资源共享平台生态圈的形成，从微观层面上平台可以通过协同服务来支持科技创新的过程。由此可见，科技资源共享平台的生态化，本质上就是以系统观来探讨平台可持续发展的过程，是一种高效集聚科技资源、避免科技资源的闲置、重复建设，目的在于实现科技资源的有效循环和有序再生，所以生态化是科技资源共享平台发展的最高级状态。

2.3.2 科技资源共享平台生态化特征

在清楚地界定了生态化的内涵后，科技资源共享平台生态化就是平台体系生态系统形成的过程，或者称为平台的健康、可持续发展的过程。因此，生态化视角研究科技资源共享平台的发展问题，就希望科技资源共享平台具有以下几个重要的特征。

（1）科技资源共享平台体系整体的稳定性。科技资源共享平台体系生态化发展的前提就是要集聚大量的、异质性的科技资源，形成体量非常大、种类十分丰富的科技资源池，这个资源池才能够吸引各种类型的创新主体以群落的方式栖息于此。科技资源共享平台体系的生态化发展，需要国家科技基础条件平台、区域科技资源共享平台和各类地方性的科技创新平台等若干个、不同功能的平台持续合作，不断推出各具特色的服务创新机制，来吸引各种类型的创新主体和创新服务者接入平台，他们围绕创新活动展开协作，在协作中形成稳定发展的过程。科技资源共享平台运行的终极目标就是实现生态化，而生态化的标志就是形成了一个高度协同的有机整体。所以，从系统发展的角度看，科技资源共享平台体系首先要确立平台体系中各个成员之间的任务和目标，然后找出他们之间的重要协作关系，规范协作过程，创新协作机制，使平台体系内部的各类、各个层次的成员高度协同，在服务的过程中不断地将系统推向理想的高级发展阶段。科技资源共享平台体系的各个组成部分相互协同，才能为科技创新活动提出整体解决方案。所以，该体系就呈现出了网络化的结构。从政府管理的角度看，科技资源共享平台体系是政府决策的信息来源。所以，平台的管理者设定为政府下属的事业单位，事业单位是一类公益性的服务组织，可以发挥宏观统筹的作用，政府可以通过体制、机制建设，来统筹协调各级、各类子平台间的协作关系；基于平台主体视角，科技资源共享平台体系内的各级、各类平台都是围绕科技创新活动提供服务的，因为科技创新需要各个创新主体之间进行科技资源的流动，这就需要相互之间的充分交流，使之形成相互合作、相互依赖、持久稳定的协作关系，进而使平台体系逐渐形成具有适应性结构的有机整体，该有机整体可以与科技创新体系协同进化。因此，科技资源共享平台体系生态化，就意味着各种类型创新主体和创新要素间形成价值循环，由他们通过协作共同来决定科技资源共享平台的服务能力。同时，科技资源共享平台生态化的演进，是具有稳定性的，它是平台在发展过程中的自我组织、自我调控的过程，这种演化也呈现出了阶段性。所以，从全生命周期的角度看，科技资源共享平台体系的可持续发展，是要保证平台在每一个阶段都具备相对稳定的状态。

（2）科技资源共享平台体系的动态演化性。科技资源共享平台是一个人造物，它的产生、发展的过程需要一个复杂的、非线性的运动过程。这个平台体系是具有准公共产品属性的一个开放平台，其生态化发展是衡量平台能否发挥对科技创新和经济发展支撑作用的重要前提与根本保障。在该平台体系的内部，所有的活动都以多种、多源、多数量的科技资源为核心，科技资源共享平台体系内由国家科技基础条件平台（截至 2011 年 11 月，已经通过认证的 23 个国家级的行业平台）、地方科技创新平台、地方行业技术平台、地方创业平台等各类平台组成。其中，地方平台也称为科技资源共享平台，有的科技资源共享平台又分出各个地市的子平台，尽管这些平台在管理上存在层级关系，但是在功能和服务方面，他们是以条块的方式各自在不同的领域提供服务的。所以管理是层次化的，而服务则是扁平化的。因为每一个平台都在自己服务的覆盖区域，每一个平台在给众多的加入主体提供服务的过程中不断进化，平台的管理体系是自上而下的层级结构，平台管理主体可以通过体制机制建设来推动平台体系向生态化方向动态演进。

随着时间的推移，科技资源共享平台体系的生态化发展经历了由简单到复杂的进化过程。在这个进化过程中，平台体系内部的各子平台、接入主体，以及在提供共享服务过程中所聚集的科技资源的数量、种类与使用范围等也处在动态变化之中，平台体系需要不断地调整内部的结构，以适应外部的动态需求，科技资源共享平台体系在发展过程中，需要与外部环境不断地进行物质、能量和信息的交换，在这种持续、动态的适应过程中，就逐步地将平台推向高级发展阶段，这就是科技资源共享平台的动态演化特性。

（3）科技资源共享平台体系的生态多样性。科技资源共享平台体系在运行过程中，必须保证接入平台的多边主体，在互动的过程中形成稳定的共生关系，才能保证平台科技资源池的不断积累，并且发挥基础性、战略性价值，这是科技资源共享平台体系生态化发展的基本前提。

在科技资源共享平台体系中，存在各级、各类的子平台，他们在为创新活动提供包括技术、人才、知识等创新科技资源的过程中，更需要与接入平台的各类主体进行交互，了解他们的需求，搭建错综复杂的价值网络。在提供科技资源共享服务的竞合过程中，形成创新生态网络，实现价值共创。科技资源共享平台的生态多样性是指接入平台的主体，在围绕科技资源共享来实现价值共创的过程中，主要体现出多种主体的协同共生关系。科技资源共享平台的共生性，意味着接入平台的众多创新主体（也称为种群）需要与平台进行持续的交互，进而才能够有效地共享科技资源，平台具备了种群多样性特征，就可以围绕着平台形成多种价值体系，当平台与外部创新环境之间进行有效交互时，多样化的种群就能够使科技资源共享平台构筑复杂的价值网络，在价值实现的过程中，吸收、集聚更加丰富的科技资源，形成富饶的种群栖息地，这些多样化的种群通过共生推动平台向高级的生态化方向发展。

（4）科技资源共享平台体系具有耗散特性。科技资源共享平台体系是一个开放的、自组织系统。在发展的过程中，由于内部各个要素的相互作用，在没有外力的作用下平台就会逐渐趋于无序的状态，在协同学领域中就称为熵增，这种现象也称耗散。为了让系统向着既定的方向发展，需要平台不断地与外部环境进行物质、能量和信息的交换，这些物质、能量和信息就会沿着熵增的反方向对系统发挥作用。科技资源共享平台生态化发展的过程，就是在与外部环境进行物质、能量、信息传递与交换的过程，这些物质、能量和信息就会沿着系统耗散的反方向去抑制系统的恶化，使系统处于逐渐形成整体协同、有序提升的过程。所以，科技资源共享平台的生态化发展，务必在开放的环境下进行，当外部的创新主体接入平台时，各类的创新要素就会源源不断地聚集在平台中，在创新主体间的竞合协同作用下，使科技资源共享平台在时间轴上间断地处于涨落的状态，这种涨落是从非平衡、混沌无序的状态，向系统整体稳定、有序的状态转变。此外，科技资源共享平台自身又是一个复杂的价值网络系统，该平台的生态化发展，需要平台体系内部各个主体（种群）间的相互协同，以确保为各创新主体提供有效的供需匹配服务，最终实现科技资源的高效利用和有序再生。因此，科技资源共享平台生态化具有耗散协同的特征。

经过上述规范性分析，我们发现科技资源共享平台生态化发展的实质，就是各个创新主体（种群）围绕着平台这个栖息地形成多样化的共生模式，使得平台能够通过耗散协同来自我调控、自我修复，以适应外部环境的变化，这样，科技资源共享平台在总体上就呈现了健康发展的态势。

2.3.3 科技资源共享平台生态圈的形成机制

科技资源共享平台生态化的具体表现，就是形成一个稳定的生态圈。而生态圈的形成是有前提条件的，它是需要各种机制的共同作用才能达成目标，具体机制如下。

（1）多边市场机制。在科技资源共享平台运行之初，平台通过政府的推动作用连接了科技资源供、需两种群体，这是一种简单的价值循环。随着科技资源共享平台资源池的逐渐形成，规模也逐渐扩大就会不断有主体进入，使得原来的价值链演化成为价值体系，最终连接成一张价值网络。这种稳定的价值网络的形成，称为平台的生态圈。所以，在设计科技资源共享平台的服务模式时，首先就需要定义双边（或多边）群体，因为这些种群之间的关系，它不再是简单的一边提供成本，而另一边等待收入；也不再是单向流动的价值链。构建科技资源共享平台的生态系统，就是要形成价值网络，价值网络又是由一个价值链耦合形成的，一旦形成了价值网络，双边或多边都可以同时代表收入和成本，并可以等待对方首先报告。因此，共享科学和技术资源的平台需要制定能够融入多边社会的战略，才能真正有效地发展起来，这就需要科技资源共享平台有一种机制来定义多边市场，这样才能有效搭建生态圈，支撑科技创新活动。

任何一个多边群体关系网的搭建，都是从双边关系叠加而成的，也就是说，生态圈内的价值循环都是由多重的双边关系的价值链组合而成的，建设并运行科技资源共享平台首先需要识别不同的接入主体的属性和需求，也就是要确定这些主体在平台上的角色与功能，并且挖掘他们的原始需求。当科技资源共享平台对某一类种群采取开放机制时，这类种群就成为生态圈中一个独立的边，反之，与之对应的就是另一个边，只有双边稳定，才能够形成多边关系。

（2）激发网络正效应的机制。科技资源共享平台的服务模式创新，主要是为了激发网络的正效应。因此，科技资源共享平台的管理者务必理解各类种群的价值主张及其核心需求，在服务模式创新的过程中，才能够理清他们的价值关系，然后通过机制设计，有效吸引某一特定的新的种群接入平台，在服务与被服务的过程中，培养他们使用平台的习惯，增强他们对平台的黏性，再利用同边网络效应和双边网络效应的交错，形成正向的价值循环，降低或消除负向价值抑制，这就是网络的正效应，在网络正效应的驱使下，最终形成稳定的生态圈。

（3）抑制负向网络效应机制。科技资源是国家的战略资源，它对于科技创新的推动具有重要的作用。虽然科技资源具有时效性、易失性、外溢性，但是最重要的还是战略性。因此，科技资源共享平台要对接入的主体进行身份的验证，这是保证科技资源安全的第一道屏障，虽然这种过滤机制能够保障科技资源的安全性，但是，它在一定程度上也会给共享带来不便，如果没有特定的机制来避免这些接入主体的正确认识，就会带来负面情绪，进而影响这些主体的兴趣，形成阻碍，将体现出负向网络效应。

（4）科学设定补贴机制。在平台运行过程中，人们经常会通过设计一个付费方和被补贴方的方法来吸引更多的种群接入，尤其在平台运行之初，需要从国家或区域发展战略的角度，考虑好应该补贴给谁，谁来付费的问题。例如，在科技资源共享平台的实践中，通常的做法就是补贴某个领域或者某个具体的科技资源的需求方，具体的做法就是通过发放创新券来吸引这些创新主体接入平台，当形成单边效应时，再通过这些创新企业的需求来吸引科技资源的提供方接入平台，形成双边效应，进而形成平台的正向的网络效应。

（5）平台的盈利模式。虽然科技资源共享平台在连接了两边或多边的共享主体之后，平台的管理主体就会通过机制创新，激发平台的同边或多边网络效应，在这个网络效应的作用下，最终促进平台生态圈的壮大和生态圈中各方主体的良性互动。同时，应该注意的问题就是促进平台生态圈的形成与壮大的根本目的是要盈利，因为只有盈利平台才可以脱离政府而成长，给平台的发展注入新的能量，由于科技资源共享平台是准公共品，所以其盈利模式的设计是一种极具挑战性的创新工作。

科技资源共享平台的生态化发展，要求平台的服务模式要始终处于不断的创新之中。因此，平台的盈利模式也不会是单一的、固定的，一定是多元化的收益组合。也就是说，在每一种服务模式中都要找到"付费方"，即使是由政府来最后买单的这些种群，政府所付出的补贴资金也会成为平台收入的来源之一，只要有了收入平台就能够补贴另一边的种群，并使其壮大。同时，这样的自我资金循环，是平台运行和发展的新的动力。因此，一般情况下，付费方都是那些对价格不太敏感的一方，它们对价格弹性反应较弱，因此可以作为科技资源共享平台获得收入的主要来源。

然而，在实际的平台运行过程中盈利模式的设计并不是简单的事情。全球科技竞争、发达国家的打压，使得外部环境瞬息万变，所以科技资源共享平台必须具有做出动态战略调整的能力，适度优化各种补贴机制在恰当的时候可以进行角色的反转，如使原来的被补贴方担负起付费的责任。这都是需要在服务模式创新中重点考虑和评估的。

2.4　本章小结

本章重点分析了科技资源共享平台建设和运行所需的理论基础。首先，分析信息系统与科技资源共享平台方面的研究成果，分析信息平台研究的最新方向和最新的研究方法的运用，主要包括系统理论的研究成果、IT价值方面的研究成果和服务模式方面的研究成果，并将这三个领域的研究成果整合到一个框架下，从信息化发展的路径和融合的特征分析，信息技术的价值分为本原的价值、拓展的价值和战略价值，为本书的研究确定了一个创新的方向；然后，从科技资源共享平台建设的背景、建设的方式和运行的方式，阐述科技资源共享平台是如何进行价值重塑的，为后面的平台生态化演化机理研究奠定基础；最后，从生态学视角，研究科技资源共享平台生态化的内涵、特征，以及生态圈的形成机理，为后面的研究奠定理论基础。

第3章 科技资源共享平台生态化发展机理分析

  科技资源共享平台的建设与运行是优化我国国家科技创新体系的重要举措。我国长期在行政上采取地域管辖的模式，因此我国的科技资源共享平台的管理体系也采用树形结构，根节点就是国家科技基础条件平台，分支节点的建设和运行也和地域是分不开的。其中，作为根节点的国家科技基础条件平台，其特点是覆盖全国范围，在功能上是按照行业来划分管辖区域的，主要分为国家层面的高等院校、科研院所和大型企业等。科技基础条件平台是面向全国范围内的行业创新提供服务的，而区域的科技资源共享平台则是作为国家平台的分支节点，在功能上则是按照政府行政管辖的地域或者物理空间来划分的。由于这两级平台功能划分的维度不同，所以在平台运行过程中，国家科技基础条件平台具有双重身份，它除了直接为相关行业提供科技资源共享服务，还肩负着指导地方平台的建设和运行服务的任务。同时，它借助地方平台以工作站的方式向跨地域的国家层面的机构提供服务。如果从科技创新这个维度上看科技资源共享平台就突出地表现在科技资源的内聚性和共享政策的地方性两大特征。一般情况下，地方科技资源共享平台主要是指行政区划所构成的地方区域，也有的是从国家层面、从经济发展的模式角度所划分出的地域，如上海、重庆这样的直辖市等；也有的是从全球视角来描述经济与科技发展的地域特征的平台。本书主要从科技创新政策视角出发，按照国家平台的总体发展要求，在国家层面按照行业来划分，在地方层面按照行政区布局的特征作为研究的假设前提，并以此来探讨科技资源共享平台的生态化发展问题。

  科技资源共享平台的生态化演进过程，实质上就是让平台更加健康、可持续发展，并且能够始终发挥其战略支撑和引领作用。科技资源共享平台从建设、运行，以至于最终达到能够充分发挥综合统筹、整体优化、引领科技发展，它的生态化发展是一个复杂的过程，也是一个动态的、长期的进化过程。这个动态演化过程不仅需要关注我国整体的经济发展模式、各个行政区域的经济特色、各区域的科技优势及特色产业布局等方面的问题，还需要深入研究政府相关科技政策的支撑效应问题。因此，本书借鉴生态学理论以及进化理论，从科技资源共享平台接入的主体（作为种群）特征入手，深入剖析各个种群围绕着科技资源共享发生的共生行为的模式，深入分析科技资源共享平台生态化演进的前提条件和激发机制，挖掘其生态化发展的动力机制，科学地揭示科技资源共享平台生态化演进规律，为科技资源共享平台服务模式创新，进而能够持续、高效地支撑和引领科技创新奠定理论基础。

3.1 科技资源共享平台的内涵

科技资源共享平台是一个完整的平台体系，并不专门指向某一种业务平台。在我国科技资源共享平台建设规划过程中，首先建设并运行起来的是国家科技基础条件平台，当在国家层面基本完成科技基础条件平台建设并有序运行任务时，针对国家平台对地方经济支撑服务力度不足这一严峻问题，为了从总体上进一步完善这个平台体系，拟定在国家科技基础条件平台的统一部署下，开始有序布局各个行政区、自治区内的平台建设与并网运行方案，分别鼓励上海、重庆、江苏、黑龙江等建设区域性的综合科技服务平台，建设的方式基本上是采用省、部共建的模式。同时，也会根据各个省、市的科技创新水平与基础，以及产业发展的模式，分别指导地方平台部署自己区域内的科技创新服务的重点方向。但是，无论以哪个方向作为平台工作的重点，这个科技资源共享平台都必须具备科技资源的汇聚、共享这一项最为基础的功能。因此，在平台命名方面，就有很大的不同，有的直接命名为科技资源共享平台，有的命名为创新平台，有的命名为产业发展平台等，无论他们的名称与定位有什么差别，作用都是国家技术创新工程的实施载体之一。

3.1.1 科技资源共享平台定位

科技资源共享平台体系主要包括国家科技基础条件平台和具有各个地区特色的区域性的科技平台，有些省的科技资源共享平台还分化出一些地市的子平台。但是，无论以哪个方向作为平台工作的重点，科技资源共享平台都必须具备科技资源的汇聚、共享这一项最为基础的功能，因此，在平台命名方面，就有很大的不同，有的直接命名为科技资源共享平台，有的命名为创新平台，有的命名为产业发展平台等，无论他们的名称与定位有什么差别，都是国家技术创新工程的实施载体之一。

（1）科技资源共享平台的定位。在借鉴了欧洲制造技术平台和荷兰创新平台的建设模式之后，我国的技术创新平台体系也采用了大平台战略协调、小平台具体落实的分工协作模式，在组织管理上，可以分为国家和区域两个层面，当然，在有的区域内部还可以进一步布局地市的子平台层次。其中，国家科技基础条件平台主要负责宏观指导、统筹协调，在运作方面也常常构建相关激励机制来激发各科技资源共享平台的建设、服务创新和业务拓展;而科技资源共享平台则本着"根植区域、激活末端"的理念,服务于地方经济发展。这样就形成了国家科技基础条件平台和科技资源共享平台两级互动、协调的科技资源共享平台体系。科技资源共享平台其所处的位置直接与经济系统对接,所以,一方面它要承接国家科技基础条件平台的工作任务,在大型科学仪器、科技文献和科学数据三个领域内进行综合管理,作为国家平台的工作站,进一步延伸国家平台的服务功能,实现国家科技基础条件共享平台科技资源传递最后一公里的交付任务。目前,有的已经建成的科技资源共享平台已经形成了一网两库的建设成果。另一方面,《国家技术创新工程实施总体方案》逐渐明确了科技资源共享平台支撑技术创新的要求,科技资源共享平台除了能够提供科技基础条件资源的接力共享,其主要职能还是聚焦在共性技术研发、科技成果转化、创业孵化以及人才培养等方面。

2014 年,在黑龙江省科技创新创业共享服务平台中心召开了国家科技基础条件平台推介会,国家科技基础条件平台中心领导明确给出了科技资源共享平台的定位,也就是:面向区域范围内特色优势产业和战略性新兴产业发展的重大需求,整合优质科技资源,为企业以及全社会提供高水平、专业化的公共科技服务,推进区域范围内科技资源开放共享和高效利用,有力支撑产业创新和区域发展的机构或组织。由此可见,科技资源共享平台的定位是面向区域内的创新链和产业链的,能够提供全覆盖、多层次的科技资源共享服务及其他的科技服务。

(2)科技资源共享平台与国家科技基础条件平台的关系。根据国家科技基础条件平台的总体部署,科技资源共享平台与国家科技资源共享网、国家科技资源推送系统、国家科技资源信息管理系统等联合提供科技资源共享的开放服务,既承担着科技资源的汇聚及深度挖掘工作,也提供具有区域特色的专题服务。

这样,国家科技基础条件平台和科技资源共享平台之间就形成了一种具有层级特征的"树"型网络结构,即科技资源共享平台在接入国家科技基础条件平台的同时,还可以向下关联下一级别的各种类型的技术创新平台、创业平台,以及重点产业领域的技术平台,其下一级的各类子平台与科技资源共享平台之间可以依托科技资源共享服务来保持相对稳定的联盟合作关系。因此,战略性、综合性、网络性、根植性以及服务性都是区域科技创新服务平台具有的核心特征。科技资源共享平台体系结构如图 3-1 所示。

其中,国家科技基础条件平台处于平台体系的最顶部,它具有统筹、协调、监控其他科技资源共享平台的作用,同时,也面向各个行业开展科技资源的共享服务;科技资源共享平台在平台体系中居于枢纽位置,它主要履行以下几项重要的功能。

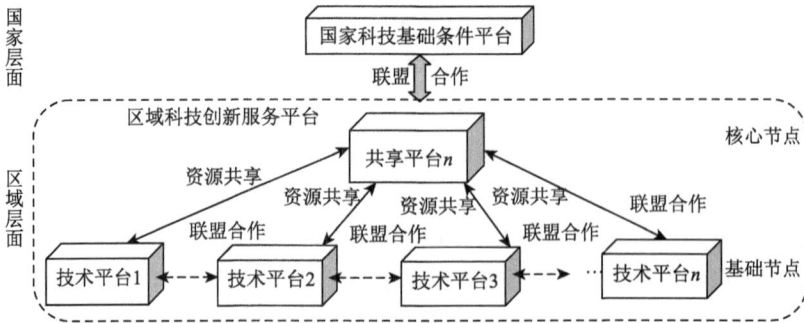

图 3-1 科技资源共享平台体系结构

（1）发挥支撑与保障作用。科技资源共享平台一方面承接国家平台的共享任务，另一方面还需要管理其下属的各个子平台。因此，它具有沟通协调、上传下达的重要使命。科技资源共享平台主要针对区域科技发展的趋势和区域科技战略规划的需求，制定相关的标准、法规、规范等，并营造区域科技服务的政策环境；同时，它也可以根据科技资源共享平台的发展状况和区域科技发展战略需求，进行各种运行机制的建设，努力提高"科技人才"在科技服务中的主观能动作用，进而支撑和保障科技资源共享平台能够平稳、健康的发展。

（2）发挥整合与集成作用。科技资源共享平台建设的初衷就是要发挥大平台的网络效应，促进科技资源的开放共享。而网络的集聚效应就是触发网络效应的关键点，由于科技资源共享平台是在信息、通信技术支撑下的一种共享平台。因此，它也必然是一个数字平台，这种科技资源的集聚是一种在信息层面的虚拟集聚，并不是把资源真正地集中起来，而是把科技资源的相关信息汇聚到一起，通过分类、筛选，然后再以服务的方式组织共享。所以，它是信息引领资源共享的一种服务模式。具体的业务过程是将来自国家科技基础条件平台、各个地市子平台，以及本区域内汇总上来的多源、多种科技资源信息集中到平台上。所以，整合集成是科技资源共享平台的最基础的功能。

（3）数据分析和挖掘功能。科技资源共享平台不仅仅作为科技资源信息的集散地，还应该对已经汇聚上来的科技资源大数据进行深度挖掘，进一步探索隐藏在科技资源背后的知识与规律，以便能够实现精准共享的服务，并且能够适时地引领科技创新活动，进而创造出更多的新科技资源。

（4）开放共享服务。科技资源共享平台的使命就是提供科技资源的共享服务。由于科技资源共享服务的前提就是要处理好科技资源共享平台与各类相关主体（种群）之间的界面问题，科技资源的共享服务，最终会以共享服务包的形式交付给客户。鉴于科技资源共享平台的功能与定位，目前，科技资源共享平台所提供的开放服务包括专题服务、国家科技资源信息服务、中国科技资源共享服务以及参与国家科技资源推送等服务项目。这些服务项目只是当前服务阶段所推出的服务项目，然而，随着我国科技创新体系的发展，以及科技资源共享平台生态化演进的过程，该平台从服务的组织方式、服务流程、盈利模式等各方面都会发生深刻变化，这就需要对科技资源共享平台的服务项目进行动态调整，未来的科技资源共享平台会向更加综合、更加专业的两个不同方向继续分化。因此，研究科技资源共享平台的生态演化，是具有十分重要的现实意义的。具体情况如图 3-2 所示。

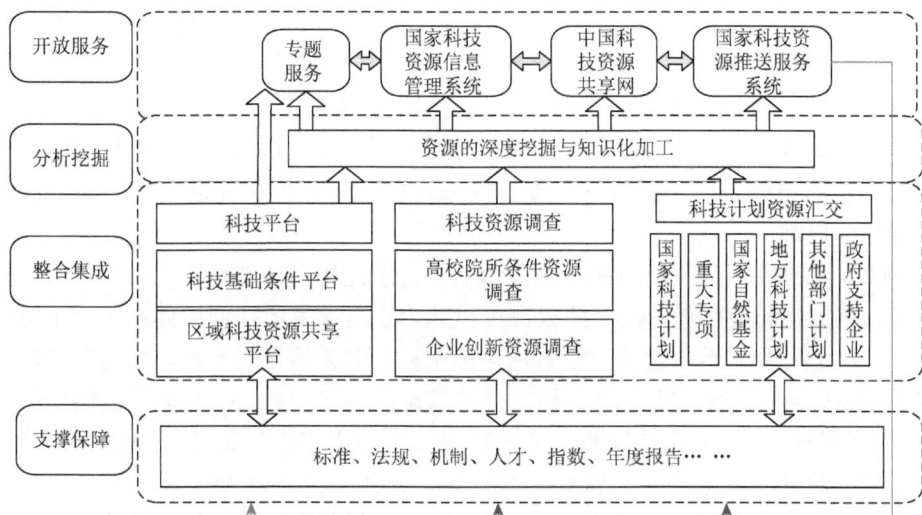

图 3-2　科技资源共享平台在国家平台体系中的定位

科技资源共享平台体系，是由国家科技基础条件平台作为根节点，由各个地方的科技资源共享平台作为中间节点，由各级下属地市平台作为叶子节点。主节点是由国家相关部委联合筹建的，区域科技资源共享平台是由地方政府主导建设的，也可以是中央和地方共同建设，并依托省（市）相关事业单位对平台进行管理，无论哪一级政府建设的，最终都要互通互联形成一体化的科技资源共享服务体系。

3.1.2　科技资源共享平台的基本特点

在科技资源共享平台体系中，处于重要位置的科技资源共享平台的核心任务就是根据区域的科技发展战略以及区域内科技创新活动的现实需求，通过对科技资源的识别、汇聚，共享应用，最终服务于战略性新兴产业的关键技术创新，满足传统产业的转型升级需要等方面的服务。因此，科技资源共享平台的具体特点如下。

（1）战略性。科技资源共享平台体系是为了完善国家科技创新体系而建设并运行的一个组织，其根本目的就是要发挥科技引领经济发展的战略任务。其中，国家科技基础条件平台重点支持科学研究和行业共性技术的创新，而区域科技资源共享服务平台的功能主要是支持技术创新，所以多样化。因为科技资源共享平台是在国家科技基础条件平台总体目标要求下，为了促进区域经济发展而建设的一个机构。它的作用，一方面体现在要紧密结合区域科技发展的水平和经济发展的特色；另一方面还要综合考虑和评估区域内科技资源相关的管理基础和资源禀赋等条件，无论怎样，科技资源共享平台体系必须协同工作，才能发挥其支撑科技强国战略的作用。而从区域科技资源共享平台的功能出发，其根本任务就是面向区域提供服务，如支撑科技创新、区域内的特色产业培育和传统产业的转型升级，所以它是提升区域科技创新能力和促进区域经济发展的重要基础设施。

（2）综合性。科技资源共享平台体系是为了优化科技创新环境而建立的一个体系，它支持科技创新活动。所以，可以认为它是国家科技创新体系的一个组成部分。这个平台体系的建设，能够弥补国家科技创新体系的不足，如现有的创新体系条块分割、沟通不畅等阻碍科技强国战略的现实问题，在国家科技创新的有关部委的统一部署下，搭建的一个贯通国家和地方多个行政管理级次、覆盖国民经济发展各个领域的、完整的平台体系。从管理的视角看，区域科技资源共享平台的建设和提供共享服务，都是在国家科技基础条件平台的指导、引导下由各个地方政府主导的，根据本地区科技发展水平与整体科技发展态势的比较分析，确定区域科技发展的目标，然后进行规划和建设的面向区域的支撑科技创新的基础设施。这种基础设施的特点就是面向本区域内的创新活动，能够提供以科技创新所需的信息服务，由于该信息系统已经平台化，所以称为信息平台。该平台的建设与运行，旨在实现优化配置区域内的闲置科技资源、有效对接区域外的稀缺科技资源，进而促进区域内的科技创新能力大为提升，以及实施区域经济发展战略的有效举措。因此，资源的集聚性和科技服务的综合性就是平台最突出的两个特性。为了更有效地发挥综合科技服务的保障作用，平台会进行服务模式的创新来吸引各个科技创新主体接入平台，使之围绕平台进行自身的价值定位，在这些主体的竞争与合作过程中，实现相互交织的价值联结方式，这种方式就可以激发出平台的单边正向效应或双边正向效应，形成科技资源共享平台的生态圈，并且最终形成有效的价值循环和价值增长，这就是科技资源共享平台发展的最为核心的要务。

（3）网络性。根据科技资源共享平台的简介可知，国家科技基础条件平台是建设最早的一类平台，并且从管理层次上看，它也是处于最高层级，而区域科技资源共享服务平台处于国家平台体系中承接与集散节点位置，当它面向国家平台时，发挥着科技资源传递的主渠道作用，是国家科技基础条件平台提供服务的重要渠道；在面向地市子平台时它又是各个子平台的汇聚点，在指导各个子平台管理工作的同时还可以实现在区域范围内，将海量、多源、多形态的科技资源信息聚集起来。科技资源共享平台在提供科技资源的共享服务的过程中，发挥重要作用的是与科技创新活动密切相关的各类主体，如果借助生态学的理论，这些主体就称为种群。这些种群在围绕着科技资源共享而展开协同工作的过程中，就会通过生态机制的调整，激发平台形成网络的单边效应或双边效应。于是，科技资源共享平台就具备了网络外部性。正是这种网络外部性，使得科技资源共享平台不断地进行生态位的迁移，最终形成了复杂、交错的价值网络。另外，由于科技资源共享平台是一个人造系统，它与自然界的生态系统最大的不同点就是，科技资源共享平台的生态环境也可以有"人"的因素。所以，在这个网络化的体系结构中，一定会存在一个最高层级的管理主体，这个管理主体发挥治理的作用。因此，它会根据科技资源共享平台的战略定位及发展态势，及时地对平台进行各种治理，如安全治理、组织治理等，正是因为有了这种治理机制，才使得科技资源共享平台能够朝着既定的方向进化，最终到达高级有序的阶段。这个过程就是网络化的核心要素，也是科技资源共享平台与外部其他种群能够进行网络扩张的内在机理。

（4）根植性。根据国家科技基础条件平台的总体部署，科技资源共享平台的定位就是"根植区域，激活末梢"，促进区域科技、经济的快速发展。科技资源共享平台在承接了国家科技基础条件平台的任务后，最为基础和最为核心的工作就是聚焦本地区内的特色产业的专业技术，以及战略性新兴产业的关键的共性技术，从高新技术企业、高等院校、科研院所等创新主体那里集聚相关的科技资源，通过科技资源的开放共享，将来自创新链上游的科技资源，如研发成果等转化到经济领域，以实现科技创新引领区域经济健康发展的战略目标。因此，根植性是科技资源共享平台建设的初衷，也是其发展的宗旨。正因为具有根植性，科技资源共享平台就成为区域科技创新的重要的基础设施，这个基础设施能够将众多的创新主体以联盟的方式组织起来，发挥知识的外溢效应，提供更加深层次的、多样化的科技服务。这种综合性的科技服务网络，在发展的过程中，一方面需要符合国家科技创新战略的总体要求；另一方面，又必须结合本区域的科技与经济发展的规划，着眼于科技与区域经济有效融合的长期发展目标，在科技资源整合的各个环节，本着开放共享的思想，在科技服务方面则要聚焦于本区域内的拟重点发展的领域，努力打造本区域的经济增长极。

基于以上原因，科技资源共享平台就是面向本区域的科技创新与经济发展的现实需求，以开放共享的理念，在更广泛的时间和空间范围内，整合优质的科技资源，然后以公共服务、专题服务的形式，甚至也可以用有偿服务的形式，为科技创新活动提供基础性的科技资源共享服务，在高级阶段也可以提供专业化、一体化的科技协同创新服务，这是平台建设和运行的基本出发点与最终落脚点。

（5）服务性。科技资源共享平台本质上是一个信息平台，是在信息网络技术支撑下建设的一个新型的具有特定使命的系统，如果用生态学的术语来描述，它的建设就是在科技创新体系中重新打造一个新的栖息地，而区域科技资源共享服务平台就是这个栖息地的一个重要组成部分。从功能上说，科技资源共享平台是连接科技资源需求种群与供给种群之间的媒介和渠道，通过这个平台这两个种群可以进行共生合作，同时它也是这个提供科技服务业的基础设施，因为随着平台向高级阶段发展，就会有更多的种群参与进来，如科技金融、科技中介等，他们的接入就会形成多级的价值循环，最终形成以科技资源共享平台为载体的生态圈。科技资源共享平台在提供科技服务的过程中，最突出的和最基本的功能就是进行科技资源的汇聚与集成，只有通过集成形成科技资源的资源池，才能为科技创新活动提供包括资源共享和衍生服务等方面的支持；另外，科技资源共享平台也是中央及各级政府营造科技创新环境的最有利抓手，政府可以通过平台了解国家、区域的科技资源的禀赋和科技创新的优势领域，进行科技创新环境的治理，例如，政府可以针对国家或区域产业发展的多样化、复杂化的创新需求，适时地制定相应的科技激励的相关政策与法规，尤其在战略制定方面，通过平台的数据支撑，就能够比较客观、科学地确定重点扶持的领域和对象。因而，科技资源共享平台是连接政府和产业的桥梁与纽带，一方面能够面向政府提供科技创新的大数据服务，另一方面也可以为创新主体提供科技资源共享方面的服务。因此，科技资源共享服务平台的生态化发展，是需要在这两类服务中进行平衡的。

根据以上分析，本书拟从服务对象、服务的技术支撑条件两个维度进一步分析科技资源共享平台体系的系统特征。

（1）科技资源共享是服务于科技创新、创新主体的。科技资源由于其自身特别的科学价值、社会价值和经济价值，实现共享尤为重要，而开放则是实现其共享的前提。虽然科学没有国界，但是科技创新是有基础的，技术创新成果也是有权属性的，科技资源的价值创造是需要高投入的，并且它的价值可以提升国家、区域或者企业的竞争优势。所以，科技资源绝对不能无条件地开放共享，因为科技资源获取的成本总是要有途径进行补偿。根据前面所述，科技资源共享平台体系的核心功能就是要促进科技资源在国家、区域内进行合理的流动，而开放共享就是促进流动的最有效的方式；其次，科技资源的共享也绝对不是无偿的，无论是公共的科技资源还是专有的科技资源，他们的获得都是一个艰难的创新过程，需要耗费巨大的资源，其中主要包括财力资源、人力资源以及物力资源的消耗，有时甚至需要他们之间的相互组合和融合，因而为了保证科技创新的持续性，科技资源的价值就务必能够以某种方式进行发挥，在发挥其价值的过程中，科技资源的成本也一定会有补偿的。虽然科技资源共享平台具有准公共品的属性，但是科技资源这种准公共品是非常特殊的，因为它会影响一个国家、一个地区或者一个企业的核心竞争力，从国家的视角看，兼具社会和经济（也就是经济价值）两种属性的科技资源的这种准公共物品的共享就必然会导致其管理权、所有权和使用权的变更问题。因此，科技资源的共享有免费开放共享和收费开放共享两种方式，在后面的科技资源共享平台服务模式设计的时候也会关注这两个层面。一般来说，公益性的科技资源共享服务应该是在政府主导下进行的，因为这类科技资源的获得通常是在政府的资助下完成的，共享过程所需的成本也会由政府以某种方式进行补偿，但是有一点需要注意，那就是这种公益性共享服务必须要符合国家发展的宏观战略和区域发展的总体规划。因此，科技资源共享平台服务模式的创新主旨也必须符合社会发展方向和国家经济发展战略。由此可见，科技资源共享平台对于国家或者区域而言，一定是一个责任与义务的统一体，它是社会发展和经济繁荣的重要推动力。科技资源共享平台效用的发挥，不仅可以为社会和国家提供科技资源共享服务，更为各种各样的创新活动供应了源源不断的科技资源，通过服务模式创新，能够有效地避免科技资源的闲置、重复建设等方式的浪费，实现了科技资源的二次配置。另外，在平台运行的过程中会积累下来相当可观的大数据资源，通过对大数据资源的挖掘，可以有效地支持政府的决策，在政策的指引下引导科技创新，还能够创造出更多的新型科技资源。

（2）科技资源共享平台是以 ICT 作为主要支撑的信息平台。由于我国科技体制的条块分割现象比较严重，科技资源的创造者可能是高校、科研院所、创新型企业或者是他们的联盟机构，这些组织分别由不同层次的国家部委或者地方政府来管辖，在地理位置上又分散在各处。在管理维度上看，国家部委的管理是按照行业来划分的，而区域的管辖又是按照地域来划分的，这两个维度的交织，致使科技资源的管理比较分散，各个创新主体在开展创新活动过程中所形成的科技资源会由不同的部门来管理，甚至有的会有多头领导的问题；又由于这些科技资源可能是创新主体在科技创新活动过程中所遗留下来的过程资产，他们会有残余价值，有的过程资产在位置上很难移动，致使共享比较困难；知识和技术是另一类科技创新资源代表，它们是各种各样创新主体所做创新活动的最终成果表达，因为这种特性，它们的所属权会有所区别。正是由于以上原因，浪费财力、人力和物力资源的现象时有发生，如我国科技资源经常出现闲置不用和重复建设等问题，这些问题主要是由资源的过度储藏、放置不集中和遗漏丢失等导致的，更严重的是，这还阻碍了我国及区域的创新发展。科技资源共享平台体系的建设，就是想在更大的范围内建立一个统一的科技资源管理信息系统，旨在依靠技术和管理的双重约束来打破科技体系的条块分割，破除科技体制机制的障碍，明确科技资源的各种权属关系，最终实现科技资源价值的最大化利用。所以，对科技资源实施共享的配置模式，并不是转移别人的创新成果所属权，其本质是在法律和制度允许的范围内，让不同的创新主体都可以无条件使用科技资源，具体地说就是这些共享的创新主体在享受创新收益的同时，也要承担共享这些科技资源可能带来的风险和成本。实现科技资源在信息层面的流通，是建设和运行科技资源共享平台的最终目的，为了促成科技资源数据仓库、资源池的功能，需要完成实体科技资源的共享，而这一前提就是信息资源达成共享，进而最终将科技资源共享平台打造成为科技服务的中心体和集散地。

计算机及网络技术的发展，使得科技资源的管理提升了很大的层次，而新一代信息技术的广泛应用，又使得科技资源在信息层面的搜集、存储、加工、利用的效率大为提升，因为网络技术的应用突破了人们对科技资源相关信息的获取、传播、应用的时空限制，无线网络、虚拟现实等技术的运用，又使得科技资源能够在更大的范围、更多的场景、更真实的互动过程中进行有效的传递。网络云和数据集技术，不仅帮助科技资源共享平台突破了计算机行业能力和资源的边界，还能采集更多的创新资源信息，并通过更多的智能技术实时监测实物资源的当前状态以及未来趋势变化，进而形成实时共享、智能协同的工作环境，以提供给社会多种多样、随机变化的个性化服务。大数据技术的应用发展，不仅使科技资源共享平台可以整合全网数据集中进行分析处理，还可以增强科技资源对创新的引领作用，进一步增强创新的可视化程度。尤其是云计算和大数据技术的采纳，使得科技资源共享平台不仅减轻了 IT 资源及能力的约束，能够对海量科技资源信息进行挖掘，还可以通过移动通信技术、无线传感技术，将各种实物科技资源的状态及状态变化的趋势关联在一起，形成智能共享与协同工作环境，为科技创新活动提供无处不在、随时随地的个性化服务。大数据技术的发展，使得科技资源共享平台能够将那些结构化、半结构化、非结构化的数据整合起来，通过对海量数据的交换、整合和分析，增强科技资源对创新的引领作用，进一步增强创新的可视化程度，有利于迭代地发现新需求、定制解决方案、支持智能决策，进行服务模式创新。

3.1.3 科技资源共享平台的作用

无论国家科技基础条件平台还是科技资源共享平台，都支撑了科技创新，科技资源共享平台体系的建立是国家创新的基础性工程，它们分别发挥着支撑国家创新，支撑区域产业转型，推动地方经济发展的重要使命。因此，科技资源共享平台体系可以在宏观层面和微观层面同时发挥作用。

1. 科技资源共享平台的准公共属性

科技资源共享平台体系是一个典型的人为设计的系统，它具有战略性、公共性的重要基本属性。因此，从面向公共服务的角度看，科技资源共享平台体系是国家创新体系建设中的一项重要基础性工程，同时也是改善国家和地方科技创新环境的重要支撑。科技资源共享平台体系也是国家科技体制改革的着力点，因此科技资源共享平台所发挥的作用应该包括：①科技资源共享平台要完成科学知识和技术扩散的重要任务。科技资源共享平台承担着改善国家科技研发环境的重要任务，在科技资源共享的实践过程中，国家和地方科技管理部门要借助平台不断地建立和完善科技资源共享的法律、法规以及相关的管理制度。同时，还要在提供科技资源共享服务的过程中，培养一批高素质的科技服务人才，这不仅有利于实现科技资源在不同行业、不同创新环节之间的高速流通和高效配置，更能够促进科学普及知识和创新技术的创造、传播以及应用，有效地实现科技创新环节与市场经济的无缝对接；②科技资源共享平台可以对科技计划制订发挥决策支持作用。科技计划是各级政府支持所管辖区域科技创新的最有效手段之一，但是每一年科技计划所支持的方向和支持的强度都直接引领科技创新的方向，也关乎科技创新的效率和效果。但是，政府对于科技计划的制订一定要依据国际、国家或者地区科技与经济发展的现状，对于这些现状的了解就需要有大量的数据做支撑，而科技资源共享平台在提供科技服务的过程中，就会集聚大量的科技资源，所以关于科技资源的种类、数量、增量与存量等相关数据，以及科技资源的流动性等方面的数据，在这个平台上都能够完整地保留下来，有了科技资源共享平台上所积累的大数据，国家就能够准确评估自身相对的创新能力，以及当前创新的活跃度。同时，科技资源共享平台所积累的大数据，推动科技计划的协同管理，将原来各自独立的科技计划整合起来，共同支撑一个战略任务，这样就能够有效完善科技计划管理工作，避免国家重复支持，减少科技创新方面的资源浪费。

科技资源共享平台体系能够提供如科技文献、大型仪器设备、知识产权、科技咨询、科技金融等科技创新活动所需的配套型服务，这些辅助性的科技服务也有利于整合政府所管辖内的科技资源，并全面服务于科技创新，在科技资源共享平台体系持续运行过程中，管理者可以通过不断地完善平台的服务创新体系、营造良好的科技资源共享环境，有效地服务于创新、创业活动，这些活动是国家或地方发展的重要基础，也是平台的重要贡献之一。

（1）科技文献查询与传送服务。科技文献是一种非常重要的可以激发科技创新工作者头脑思维的科技知识资源，它可以很好地指导研发工作者和创新队伍进行科技方面的创新工作，科技资源共享平台可以借助 ICT，通过组织间的合作链接并集成各个重要的高校、科研院所、公共图书馆等多种文献信息系统，进而对国内外期刊、会议、科技创新成果、学位论文、技术规范等横跨多学科、多品种的科技文献实行重组、序化，并对大量数据进行挖掘，针对那些有个性化要求的潜在客户，适时推送那些相对超前、全面、多维度的科技文献，并对创新主体提供检索、定题跟踪、全文传递、文献分析等公共文献信息方面的服务支持，以提供精准的科技文献服务，扩大文献服务的范围，提升文献服务能力，为各个创新主体的科技创新活动的开展提供相关的文献参考和创新思想的启迪。

（2）大型仪器设备共享服务。大型仪器设备，尤其是那些具有很强的专业性、技术性的设备和仪器，通常是制约一个组织或者国家科技发展的重要基础设备。大型仪器设备资源是创新主体从事科技创新活动的极其重要的科技基础条件资源。在科技创新活动过程中，关于创新产品质量标准的检验、检测等这些精密的科学计量工作都需要大型科学仪器的支撑。大型的基础设施装备，通常用于技术研发和科技创新的主要过程。它是一个国家开展科技创新活动、营造科技创新环境首要的和必备的基础设施。我国国家科技基础条件平台建设的宗旨，就是为了实现科技资源的高效利用与整合共享。其中，大型科学仪器的共享，在平台建设之初占科技资源共享的比重非常大，其原因主要是高等院校、科研院所、实验基地等这些拥有大型仪器设备的主体通常是国家财政拨款的单位，这些仪器的获得也大多数是通过国家支持的重大科研项目，在其研发过程中积累下来的过程资产，由于是政府资助的项目，这些仪器的管理比较方便，因此政府就可以通过行政手段来推动大型科学仪器设备的共享工作。所以，不同的创新主体在各个创新过程中对于装备的需求不同，科技资源共享平台可以对其进行重组、集聚，将分析仪器、计量设备、特种探测设备、工艺试验设备等大、中型的科学仪器及其相关设备资源的信息，按照服务对象、服务领域、大型仪器本身的属性和类别等特征，进行集聚、分类，形成大型科学仪器设备资源数据库，便于为各种类型创新主体提供大型仪器的信息搜索、线上使用预约、大型仪器再现模拟性能等专项服务，最终实现大型科学仪器、实验设备、设施的供给和需求的高效对接，通过整合和共享服务来进一步促进大型科学仪器设备的高效利用，这样的共享服务也为科技资源共享平台激发单边网络效应和双边网络效应提供了有力的保障，是科技资源共享平台可持续、健康发展的重要业务之一。

（3）知识产权交易服务。知识产权代表的是一种成果，这种成果包含创造性、时效性和无形性，对知识产权进行保护其实是更好地为科技创新活动储存知识资源。认可创新主体的辛勤付出，他们的努力和付出将通过知识产权的交易得以补偿。科技资源共享平台能够为企业、高校等创新主体提供相关的知识产权交易，平台就是促进这个交易的重要渠道。这些创新主体的创新成果或者专利等方面的成果，一旦集中到科技资源共享平台上，就能够为知识产权的需求主体提供方便，他们可以进行相关成果的比对、筛选，极大地促进保护与共享这个双重目标的实现。在知识产权交易方面，科技资源共享平台可以通过信任机制建立专利数据库等方式，提供包括专利检索、专利咨询、风险评估、交易对接、战略规划与部署等一条龙式的知识产权交易服务，极大地推动科技创新成果的扩散，也激发科技创新促进经济发展的主动性。

（4）科技咨询服务。科技创新是一项复杂的探究性的科研活动，它特别需要专家的智慧和领域的实战经验。因此，科技资源共享平台在科技资源集聚的过程中，就应该特别地建立起科技专家数据库，来汇聚不同研究领域、不同创新层次的，具有丰富实践经验和广泛赞誉的专家或者研究团队，针对不同的科技创新需求，平台能够提供包括项目前期论证、科技风险评估、技术攻关、产品评估、决策支持、战略规划等有关的科技咨询服务，还可以围绕创新主体的科技创新活动，整合特约专家，开展集成化或者定制化的整体解决方案的论证。

（5）科技金融服务。科技创新是一项高风险、高收益的活动，因此特别需要大量资金的支持，通常情况下，大型的科学创新活动主要由政府的财政支持，大型的共性技术的创新，政府一般会通过各种项目立项审批的方式来支持。随着科技的进步，企业的应用技术创新是其获得竞争优势的核心资源，大型企业每年投入一定比例的资金来支持基础创新是有可能的，但是广大的中、小、微型企业的创新是很难获得资金支持的，因为自有资金有限，融资又面临偿还能力的不足，很难有金融机构愿意承担这样的风险。所以，科技资源共享平台利用自身的信誉和地位，就可以针对科技型中、小、微企业的创新资金需求，将一些商业性的银行、担保公司、风投公司、小额贷款公司、天使投资人等多种类型的金融服务机构接入平台，平台的信誉资源可以作为担保，由科技金融机构为创新主体提供支持。这样就能够通过引入社会资本，为科技创新活动和组织注入新的血液，进而极大地促进科技成果转化，有效地推动科技型中、小、微型企业的发展壮大。

2. 科技资源共享平台的专业化服务

科技资源共享平台，除了能够提供常规的科技资源共享服务，还重点提供专业化的科技服务。专业化服务就是指以科技专家为核心的相关科技资源的优化组合服务。这个服务可以覆盖科技创新的全链条，针对不同的目标提供个性化的、全方位的科技服务。科技资源共享平台所提供的共享服务,不仅指科技资源的共享,更重要的是指这种服务能够面向科技创新的全链条。因此,科技资源共享平台的服务具有全面覆盖、各类综合的特点。科技资源共享平台本身就是由多层次、多地区、多领域的各类平台集成起来的,通过协同服务而形成的一个复杂的网络化的平台体系,以科技资源的开发与共享作为核心的内在驱动力,并围绕各类组织、单位及个人的科技创新需求,汇聚并整合科技资源,形成科技资源池。资源池中的科技资源,既包括那些已经被闲置、散落的科技资源,如科研成果、科技基础设施、科技服务机构、科技中介、科技人才资源,也包括那些在平台支持下新创造的科技资源,平台在整合这些科技资源之后,就可以在信息层面对其进行分类、挖掘,用知识推动实体科技资源的集聚与优化配置,进而加强科技资源与创新主体之间的供需匹配,通过推出能够覆盖科技创新全链条的科技资源共享服务,有效地支持与参与各类科技创新活动。由于科技资源共享平台包含的节点很多,他们的类别和功能也有区别。这些平台既有国家层面的、面向各个行业的科技基础条件平台,也有面向区域的科技资源共享平台,还有面向各个行业的各类技术创新平台等,这些平台共同组成了一个平台体系,这个平台体系是一个具有多层次、多功能、跨领域的服务系统,各级平台服务的覆盖范围、特色定位以及服务模式创新方面存在一定的差异,本书主要依据信息技术对科技资源共享平台的服务模式的创新为切入点,以科技创新链为中心来探讨科技资源共享平台服务模式的创新问题。具体内容如图3-3所示。

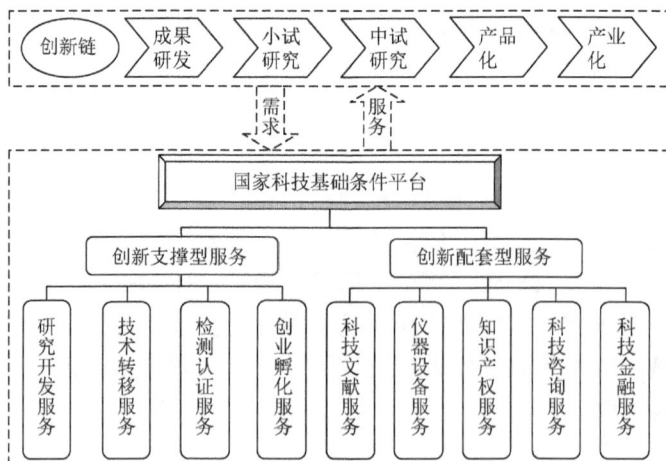

图3-3 科技资源共享平台服务

科技资源共享服务是科技创新服务支撑体系中的核心内容,在科技创新的全链条中,每一个环节都需要科技资源的共享服务,换句话说就是科技资源共享服务连接着科技创新链的重要的关键节点，它贯穿了成果研发、实验设计、成果产业化等重要活动的全过程，在每一个阶段都会有关于科技资源的不同需求。因此，科技资源共享平台就是针对这些创新需求而提供全方位的科技服务的。

（1）成果研发阶段的科技资源共享服务。刘盟盟等（2020）认为科技研发活动是科技创新的最原始的活动，是科技创新链的源头，也是科技资源共享服务的起点。一般情况下，成果研发分为科学研究与技术研发两大类，在这一阶段科技资源共享平台所能够提供的服务主要包括成果研发所需要的科技文献、市场情报、专利知识、技术市场交易情况等方面的服务。科技资源共享平台就可以针对这一阶段的科技服务需求，通过整合高校、科研院所、试验基地、企业实验室等研发机构的已有的科技资源，为成果研发团队提供包括研发所需要的大型科学仪器、战略性新兴产业的共性技术、R&D（research and development，科学研究与试验发展）人员等宝贵的科技资源的共享服务，来共同推进项目方案设计、科技研究、试验开发等活动，具体的服务方式包括联合重点实验室、工程中心、检测中心、研发基地等科研机构。

通过科技资源共享服务平台体系，一方面可以有效地解决创新主体自身独自很难解决的技术方面的创新难题；另一方面能够大大降低成果研发的成本和研发风险等级。总之，科技资源共享平台所提供的包括科技资源共享在内的全方位的科技服务，不仅能够极大地提升创新主体的成果研发能力，缩短研发周期，还能够有效地帮助创新主体抓住创新的时间窗口。

（2）技术转移方面的科技资源共享服务。技术转移活动在科技创新全链条的各个阶段交汇的点上都会出现这一类的活动，技术转移是科技资源流动的主要方向，它通常都是从创新链的源头向创新链的下游方向流动。这一类的活动一般是将那些已经研发并通过评估检验的创新技术成果，由该技术的所有者向该技术的使用者转移的过程，这个过程是一个动态的过程，这个过程最大的贡献在于它将研发成果有效地转化为科技产品，这些科技产品能够直接贡献于下游的创新活动，或者直接产生经济效益。在这类服务过程中，科技资源共享平台首先要面向技术转移的下游主体的需求，通过整合、集聚那些已经培育成熟的研发成果，面向各种类型的创新主体，进行全流程的、跨领域的技术推广、成果对接的过程，这个过程主要包括成果传递服务，传递的渠道既可以借用原有的科技成果转化中心、技术转移中心、成果推广中心等服务机构，也可以依靠科技资源共享平台自建渠道，以促进那些关键的、共性的技术，进行快速的转移与在更大范围的扩散与应用。

（3）检验、检测、认证等方面的服务。检验、检测和认证服务，在科技创新的全链条中都广泛存在，因为在科技创新过程中，创新质量关乎创新的成效以及创新的价值的实现。检测、检验活动就是指对已经成型的研发成果，对其某一项或某几项技术指标进行测量、测试等方面的检验，在检验之后，由权威的机构给出相应的结论；认证是指通过权威机构专业的评估，评判这些已经研发出来的成果是否符合相关的技术标准，或者是否符合国际规范或者行业规范的一类活动。科技资源共享平台在提供这类服务的过程中，首先将分布在各大高校、科研院所、大型企业创新部门的检测实验室、行业的质量认证中心、某类产品的校准中心、分析检测中心等机构集成起来，将其检验、检测能力和认证服务特色等整合到检验、检测、认证服务数据库中；然后，根据创新主体的创新活动目标与需求，为其对接权威机构提供公正的、科学的、跨领域的质量检验与质量保证方面的科技服务，为完善科技创新的质量体系发挥重要作用。

（4）产业孵化方面的科技资源共享服务。科技资源共享平台在提供科技服务的同时，也汇聚了大量的科技信息资源。同时，平台也搜集科技政策等方面的科技信息。因此，科技资源共享平台就可以发挥平台本身的技术优势，集聚与整合大学科技园区的创客空间、创业园等多种机构，实现科技资源与创新环境的共享，通过对接解决科技型中、小、微型的企业在创新、创业过程中所遇到的问题，有效地降低风险和成本，进一步提高他们创业的成功率，同时，科技资源共享平台是在国家有关部委的推动下，在国家平台中心的总体战略部署下面向具体行业的可持续研究，以及各个区域内的创新需求，这些需求来自特色产业、优势产业和战略性新兴产业等。借助信息技术，通过集聚、整合优质的科技资源信息，为高校、科研院所以及技术型企业的科技资源。其服务的宗旨就是支撑重点领域的科技创新以及区域经济的有序发展。

总之，科技资源共享平台是在国家有关部委的推动下，在国家平台中心的总体战略部署下，面向具体行业的可持续研究，以及各个区域内的特色产业、优势产业和战略性新兴产业的创新需求，借助信息技术，通过集聚、整合优质的科技资源信息，为高校、科研院所以及技术型企业，或者其他创新主体提供高水平、专业化科技资源共享服务。其根本目的在于支撑重点产业的有序发展，区域的经济发展。具体的作用如下：①科技资源共享平台所提供的服务一定是覆盖整个创新链条和产业链条的。科技创新是一项极具挑战性、创新性、探索性的活动，同时它也是高风险的。因此，科技创新活动需要相当长时间、相当多的知识积累、相当丰富的科技成果的支撑，也就是说科技创新活动需要大量的知识积累和必要的物质条件。尤其是随着现代高新技术的发展，科技创新活动越来越依赖现代化的科研装备、实验仪器和实验手段，也就是科技创新活动高度依赖科技战略资源的储备、科技基础数据的支撑和科学知识的积累。科技资源共享平台的建设就是为了实现各个相关主体之间的沟通交流，使得那些分散在各个行业、各个地区和各个创新主体内部的科技资源，能够在信息层面进行整合，以信息驱动共享，最终使得科技资源能够在产品研发设计、技术转移、人才培训和科技金融全过程、提供全方位的服务支持。②科技资源共享平台成为政府进行科普和提供公共服务的主渠道。科技资源共享平台是科学研究和技术创新所需的智慧的大脑，也是创新主体之间知识的交汇点，该平台利用了新一代信息技术，将最新的科技创新成果的相关信息汇聚到平台上，通过加工、传播、共享、利用实现科技资源的价值。在某种程度上，科技资源具有准公共产品的属性，因为科技资源的积累需要长期、持续不断的大量投入，它需要官、产、学、研四个方面的协同创新才能获得，而科技资源的管理和维护则是科技资源保值和增值的关键一环，因此，只有通过集中管理、分散共享的方式才能极大地促进科技知识在创新体系内的扩散、吸收和应用。由此可见，科技资源共享平台重新塑造了一个政府推动科技资源扩散的渠道，通过这个平台体系，就可以实现以信息引领实体科技资源流动的新模式。③科技资源共享平台成为科技创新的资源库。由于我国科技体系条块分割现象比较严重，科技资源共享平台可以突破管理上的壁垒，将散落、积压、滞留的大量科技资源信息集成到平台上，借助 ICT，将科技资源进行集中管理，避免重复建设和闲置贬值等浪费现象。④科技资源共享平台成为科技创新的监控中心，能够实现政府决策的科学化。由于科技资源共享平台集聚了大量的科技资源信息，在对这些信息资源进行挖掘之后，就可以得到科技创新领域的许多知识，这些知识是随着创新需求不断被挖掘出来的，因此它可以充当科技创新的知识库。在科技资源共享平台中，存储了大量的创新资产信息、创新成果信息以及创新过程中所积累下来的经验数据，这些数据作为创新过程的资产，可以对未来的科技创新活动，在进行趋势预测、风险评估、行为监督和具体技术方案的优化等方面给予科学的指导，这样就能够方便、快速地平衡科技资源的保护与开放共享的关系。同时，科技资源共享平台所集聚的这些数据，还可以反映出一个国家或一个地区科技创新的水平以及科技创新的优势，这些判断都能够为政府进行科技决策提供数据支持。⑤科技资源共享平台可以成为创新体系的优化中心，有利于实现科技资源管理规范化。新一代信息技术在科技资源共享平台的广泛应用，促使平台可以获得更为全面、更加翔实的科技信息资源，进而将科技资源完整地展现在创新主体面前，加强了创新主体对科技资源价值的认知，这就使得那些最新的科技成果能够在短时间、在更大范围内传播，从而加速了科技资源的价值创造和科技知识的循环创造过程。另外，科技资源共享平台的建设和运行，使得大型科学仪器和科研设施等创新的过程资产能够得到充分共享，同时，这个平台也能够协助人们充分利用自然科技资源。这时，科技资源共享平台已经成为改进科技创新过程的优化器，在这个优化过程中，还能够推出一批成熟的技术标准、管理规范和法律法规，这些管理成果都能够规范创新组织去加速科技创新。

3.1.4　科技资源共享平台相关概念的界定

科技资源共享平台是一个新生事物，是对国家科技创新体系不断优化的产物。关于科技资源共享平台的定义，目前还没有一个统一的观点，本书从国家科技资源共享平台中心的推介会，以及各级部门在工作推进过程中的表述，总结出科技资源共享平台的相关概念。

（1）科技资源共享平台的内涵。关于平台这个词汇，人们在不同的场景下有许多的定义，其所蕴含的内涵也很丰富。平台这个词汇，最初仅是指为了操作的方便而设置的一个工作台，当计算机技术兴起时，平台在计算机领域中，又用来指由计算机硬件、软件、网络设备等搭建起来的，能够实现特定功能的信息系统，在这个信息系统之上，人们就可以实现各种业务的处理。由于信息系统是将管理思想、管理模式、运作过程固化在一个软件中，这个信息系统，从狭义的计算机领域来说，就是一个具有专门用途的软件包，李长云（2007）认为从应用领域来说，它就是针对具体业务而开发的专门用于信息管理的一个系统，由于业务范围的广泛性，这个信息系统通常要覆盖较广的地理范围，因此，人们就必须借助网络平台来完成信息系统的使命，这也是信息系统平台化的一种体现。结合科技资源共享平台的战略定位，本书认为科技资源共享平台的定义是：在信息、网络等技术支撑下，将研究实验基地、大型科学设施和仪器设备、科学数据信息、自然科技资源信息等汇聚到一个信息系统中，通过共享制度和共享流程实现科技资源的二次配置，为行业的科学研究、区域范围内特色产业或者创新型企业的科技创新活动提供数字化、网络化、智能化的科技资源共享服务的基础性支撑系统。

（2）服务模式的内涵。目前我们所处的时代是知识经济时代，服务就是这个时代整个社会运行的重要基础，在知识经济时代，服务所涉及的领域越来越广泛，而服务的含义也越来越深化。比较有代表性的表述就是现代营销学之父菲利普·科特勒（Philip Kotler）给出的定义：服务是一方提供给另一方的不可感知且不能导致任何所有权转移的活动或利益。由于服务具有无形性的特征，一般情况下，它要求在供方和客户接触面上来完成一项特定的活动，这类活动能够为客户带来某种利益或者满足感。由此可见，企业的服务就是以盈利为目标的，服务的目的就在于为提高客户满意度，服务的效果就是进行了产品的延伸。相比之下，科技资源共享平台作为国家科技创新体系的重要组成部分，由于政府主导，所以它所提供的科技资源共享服务，就具有公益性、基础性和战略性等比较突出的特征。因此，科技资源共享平台的服务模式就具有自身的特殊性，本书的定义是：在新一代信息技术、创新环境、科技管理的体制机制等多因素共同作用下，针对政府的管理决策需求、战略性新兴产业发展的需求和其他科技型中小企业、高等院校、科研院所、集群或联盟等创新主体在研发或产业化等各个创新环节，以及创业孵化过程中的特定需求，科技资源共享平台通过整合科技资源的相关信息，主动、适时、准确地为创新主体提供科技资源共享的整体解决方案，这个方案是全员化、全过程、全方位的新型服务系统。

（3）服务创新路径的内涵。通常意义上，服务创新是指服务型组织为获得商业的和社会的利益，向目标客户提供更高效、更完备、更准确、更满意的服务包，并以增强客户满意度与忠诚度为目的的过程和结果。服务创新的表述有很多语境，服务创新的类型也很多。从现有的研究成果来看，最典型的服务创新是从创新对象来划分的，如可以分为产品创新、过程创新、组织创新、市场创新和技术创新，这些创新对象之间并不是相互孤立存在的，而是具有某种内在的联系，本书所描述的服务创新路径，具体是指在科技资源共享平台中引入了以云计算为代表的新一代信息技术所引发的科技资源共享服务系统内各个要素发生变化的过程与步骤，以及对外展现的阶段性特征，这些不同的阶段组合，就形成了科技资源共享平台服务创新的发展路径。

（4）服务模式的实现机制的内涵。服务模式的实现机制是指在科技资源共享平台系统内，管理者依据其发展的战略目标，选择某种特定的服务模式之后，为了推进服务模式各种要素之间的协同配合，使其发挥协同效应的具体运行方式。服务模式的实现机制主要解决通过什么方式来促进一种新型服务模式的实施过程。这些实现机制可能设置在许多不同的层面上，但从科技资源共享平台系统演化的内在逻辑和现实的需求出发，实现机制可以粗略地划分为运行机制和保障机制，其中，运行机制与科技资源共享的业务密切相关，保障机制侧重科技资源共享平台的运行环境和文化建设。

3.2　科技资源共享平台的系统特征

3.2.1　科技资源共享平台的服务流程

从实践领域可知，任何服务的提供都起源于某种独特的需求，而服务的提供过程又是依赖具体的流程来完成的。科技资源共享平台的服务流程也不例外，它是面向科技创新的现实需求，或者战略性新兴产业发展的未来需求，因此，在服务提供之前需要识别、分析这些创新主体的需求特征，并将这些需求按照某种属性进行分类，然后，按照需求类别的特征来配置专家资源、大型仪器设备资源、资金、知识与技术等科技资源，将这些资源优化组合形成一个个的服务包，最终实现科技资源的供需匹配。

区域科技资源共享平台体系的作用可以体现在不同的层次上。从宏观层面看，科技资源共享平台体系是科技创新体系中的新成员，为创新体系提供支撑，同时区域科技资源共享平台的建设和运营也是国家科技体制改革的重要组成部分。国家创新体系的建设目标是促进知识和技术的扩散与应用。区域科技资源共享平台和国家平台共同组成的科技基础条件平台，旨在优化国家科技创新条件，平台体系通过建立和完善相应的法律法规，建立一套相适宜的管理制度，以信息共享服务带动区域或国家范围内的科技资源充分共享，实现科技资源在不同领域、不同区域、不同创新环节间的高效配置，最终提高国家创新效率和创新能力。

从科技资源共享服务平台运行实践角度，来系统分析并进行其要素的分解。根据目前各个平台所提供的科技服务流程可知，科技资源共享平台系统中的要素主要包括科技资源、相关主体，以及维持平台运行的保障要素。从科技资源共享服务提供的过程来看，科技资源共享的过程就是管理主体以某种策略或者规则与具有需求的创新主体进行协商，而后将已经获得的科技资源基本信息及相应的使用状态信息传递给他们的过程。这里的主体要素，既可以是科技资源的管理者，也可以是科技资源的供应者或者需求者；客体要素则是指科技资源共享平台集成后被共享的各类科技资源；运行要素包括科技资源共享活动中的各类技术要素、过程管理要素以及业务规则要素等。因此从服务提供的视角进行分解，科技资源共享平台系统就是由主体要素、客体要素和运行要素组成的三元组结构。

（1）科技资源共享平台的主体要素。主体要素一定是一个主动的实体，这里指的是科技资源的供给方或者需求方，或者是平台的管理者，从服务的角度看，他们就是科技资源的提供者、使用者、服务提供者，记为 E。

（2）科技资源共享平台的客体要素。客体要素一定是一个被动的实体，是为了满足主体需要而被访问的对象，这里就特指科技资源，记为 R。

（3）科技资源共享平台的运行要素。运行要素就是指主体对客体的操作行为的集合，主要包括技术支撑行为、业务管理行为、整体规范行为等，记为 O。

由此可见，科技资源共享平台的服务模式就是一个三元变量组成的函数，记为：$M = f(E, R, O)$，例如，当需求侧的主体 E_1 产生了共享需求时，管理主体 E_2 就在既定的制度框架下，借助新一代信息技术，选择适宜的规则集合 O（策略）来整合来自 E_3 的科技资源 R，并将科技资源交付给实体 E_1，从而实现科技资源的共享。

综上，科技资源共享平台的具体服务流程可以用以下过程来具体描述。

（1）科技资源共享服务方案制定。在服务方案制定之前，科技资源共享服务的需求方首先要接入科技资源共享平台，成为平台的一个客户。在接受服务之前要在平台上提交需求申请，这时平台的管理者就会对已经提交的需求进行分析，具体的分析过程就是根据平台所掌握的科技资源的相关信息（这些信息可能是平台直接整合进来的科技资源信息，也可能是从其他加盟平台上整合进来的信息），根据这些科技资源的功能和属性来初步判断是否能够满足需求方所提出来的共享需求；如果经过初步判断能够满足需求，那么平台的管理者就会继续分解用户的需求，查询平台现有的服务包，经过对服务包的重组和再封装，最终提供满足需求方需要的科技服务解决方案。

（2）科技资源共享服务的交付。当服务解决方案已经制定完成时，在服务交付之前，平台就会协调科技资源的所有者，安排科技资源所能提供的时间、成本、约定方式等具体问题，完成服务需求方与资源供给方的匹配对接，在这个过程中，需要根据具体情况动态地调整共享服务的解决方案，这是一个循环迭代优化的过程。

（3）科技资源共享服务的评价。在平台提供共享服务后，需要科技资源的供需双方对共享服务进行评价，以便促进科技资源共享平台积累服务经验，持续地改善在服务过程中遇到的具体问题，通过持续改进来提高科技资源共享平台的服务能力和水平。

3.2.2　科技资源共享平台的种群特征

通过以上分析可知，从科技资源共享服务的组织过程出发，科技资源共享平台在提供服务的过程中，有三类非常重要的主体关系。一是科技资源供给者，二是科技资源需求者，三是科技资源共享平台管理者。他们的关系如图 3-4 所示。

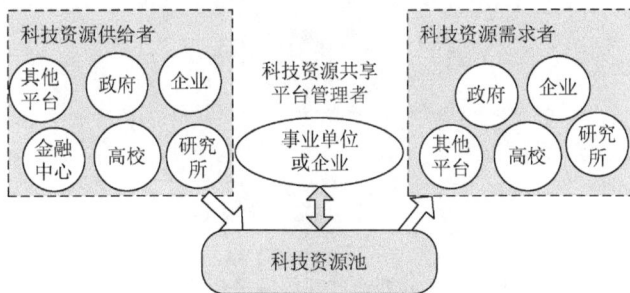

图 3-4　科技资源共享平台的主体关系

如图 3-4 所示，这些主体关系，如果从生态学视角看，他们都是栖息在科技资源共享平台上的若干个种群。种群是生态学领域的一个概念，在自然界的生态系统中，种群是生态系统最基本的构成要素。在生态系统中，由于不同的物种所占据的资源不同，于是，就存在了物种之间生态位的差异，这样不同物种之间基于不同生态位的作用关系，就形成了物种之间的动态平衡系统——生态系统，科技资源共享平台的建设目标就是能够形成一个生态系统，来稳定地支撑科技创新活动，促进我国科技创新体系的健康发展。

在生态系统中，各个种群为了自身的生存，必然要和其他种群之间进行物资、能量和信息的交换，以形成多重有机的价值循环，他们之间经过长时间的循环优化，就会逐渐形成基于共同栖息地的小生境。在这个小生境中，通过生态位的迁移，不断地拓展自身的价值空间。

科技资源共享平台是国家科技创新体系的重要基础设施，也是科技资源共享相关主体的重要栖息地。根据科技资源共享平台的定位和作用，它一定具备生态系统的基本特性，只不过它是一个有"人"参与的社会系统，所以在其生态化发展过程中，人为设计的机制会发挥更显著的自组织的作用。

在科技资源共享生态系统逐步完善的过程中，种群关系出现在不同主体的相互关系中，他们使用着共享平台也在为共享平台的发现贡献自己的价值，不同种群都有各自的定位。以科技资源共享的角度结合支撑其创新发展的服务流程，可以分为六大类别：高校、科研院所、中介、企业、金融机构和政府。如图 3-5 所示，由于在共享平台系统中的定位不同，科技资源可以获得稳定且有价值的循环。

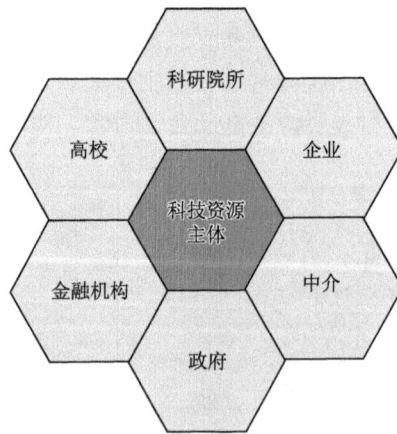

图 3-5　科技资源共享服务平台种群类型

种群在科技资源共享平台上的含义有所区别，从个人到组织，从资源的产生到应用。本质上是使用权的过渡，在这个过程中避免不了主体的参与，包括持有、所有、使用以及管理。其中共享平台种群中的核心是搭建环境以及负责管理的部分。客体种群指的是不属于平台种群但是与之有重要联系的种群，如高校。

（1）高校种群。高校是开展科学研究活动的重要参与主体，也是创新人才培养的重要基地。国家的一些重点实验室和工程中心都会设立在高校中，国家每年会通过项目的方式投入大量的资金用于高校的科学研究和实验室建设，大多数的985 和 211 院校都拥有国家级的研究中心，也吸引了众多突出的科研人员。由于国家的项目资助，研究中心的设备也得到了很大的发展。这对不同学科的交融以及科研难题的攻克有重要意义。对于高校种群，一般作为技术的供给方，涉及各大研究领域，拥有最顶尖的人才、设备以及环境，是科技资源源源不断的根本，所以在其提供可共享资源的同时也有着自身的需要，是活跃度很高的种群。

（2）科研院所种群。科研院所是国家设置的、专门研究的科研单位，指为了解决某方面的科学问题以及某个领域实践应用问题而设立的机构。从研究层次上划分，又可分为基础研究、应用研究和应用开发等科研单位。所以他们所拥有的都是国家的战略资源。

（3）企业种群。企业种群是技术创新的主体，通常对市场的需求最为敏感，针对这种现实的需求，他们是相关技术的推广者、研究者。企业种群是科技资源共享平台的需求主体，其更贴近市场，他们对市场需求的感知、相关领域产品走势和相关技术创新的方向都特别敏感，对技术市场的态势了解也相对充分，并且他们还拥有一批贴近市场实际需求的研发人员。很多时候，企业的种群可作为科技资源共享平台科技资源的供给方，因为他们是在技术市场上较为活跃的一类种群。在企业的种群中，有些大型企业拥有独立的研发中心，其研发的技术一般更能贴合市场的实际需要、企业发展的方向和产业共性技术发展的态势。因此，科技资源共享平台可为企业新产品的研发，从概念阶段到产业化的全部创新过程提供科技资源的共享服务，用来满足企业多样化的科技创新需求，同时科技资源共享平台在提供服务的过程中，还可以整合企业的创新成果，形成一个闭环的、有价值的循环。

（4）政府种群。政府种群是倡导者，也是研发所需部分资金的提供者，更是科技创新环境的营造者。政府种群主要由国家各部委或者某个地方政府及相关科技管理部门组成，在某种程度上可以认为政府是科技资源配置的发起人。科技资源共享平台作为提供准公共品的一类组织，其主要是由政府资助或者政府主导的企业建设。因此，政府种群在科技资源共享平台进行生态化发展过程中主要提供政策支持，同时对生态化进程起到引导和推动作用。首先，在科技创新的进程中，政府的主要功能是建立制度要素，通过规则、信念、组织等要素来营造一种鼓励科技创新和重视知识产权的制度环境；其次，政府作为科技创新决策中的重要主体，在创新方向和创新领域的选择方面，都具有一定的引导作用。一方面，政府在一些比较重要的创新项目中能够及时地给予一定的财政支持，通过一些政策性的调整等方式来表示对某个领域或者特殊方向的科技创新的支持；另一方面，政府还需掌握现有科技资源的状况，并对当前科技资源的利用水平进行评估和调研，针对重要科技资源，如科学家、工程师等重要的人才资源进行重点培养，同时对一些其他科技资源的有关数据进行统筹、分析，以掌握我国科技创新的现状与遇到的瓶颈问题。

科技资源共享平台体系是实施科技创新的宏观调控、资金支持，以及完善共享的法律法规和制度的有效渠道。通过科技资源共享平台，政府可以建立相应的规章制度来规范科技资源的开放共享行为；同时政府还可以拨付专项资金来推动平台产生网络效应；在政府的推动下，将原来的孵化器、科技园、科技金融服务中心等传统渠道整合到平台上来，进一步促进科技型企业、高校、科研院所、金融机构等各类组织的协同创新。由此可见，政府种群居于核心生态位，是科技资源共享平台中发挥主导作用的种群。

（5）中介种群。中介种群是科技资源共享平台运行后期才接入的新种群。它主要能够为科技资源共享平台的需求主体提供评估、决策和一些咨询，同时中介种群的主要作用是为其他主体进行代理类服务，如为其他机构进行专利申请代理、项目申报代理等服务。这些主体包括进行科技成果认定的机构、项目审核机构、知识产权评估机构等。中介种群由于在平台运行后期才接入，因此主要是利用科技资源共享平台的资源共享和信息沟通能力，来发挥创新主体和平台科技资源的连通器的作用，主要集中在知识流动等环节。中介种群是科技创新资源平台主体进行资源交互以及知识吸收的重要桥梁和紧密纽带，可以有效地降低创新主体的科技研发成本、一定程度上规避创新风险、显著提高科技创新效率，并在平台的科技成果转化过程中起到不可或缺的作用。

（6）金融机构种群。目前，我国的中小企业共同面对的问题便是创新资金筹资难和筹资贵的问题。面对这种情况，我国推出了一系列政策，鼓励和支持中小企业进行创新。国家通过建立健全财政性创新投入机制，促使银行、信托、保险和证券等金融机构加大与中小企业的合作力度，通过市场调节的作用来充分鼓舞中小企业进行科技创新的积极性，并积极引导中小企业创新方向，建立金融体系对中小企业创新的长期有效的支持体系，引导市场和资本流向创新领域。

由于科技创新具有高风险、高投入的特征，所以科技创新活动需要大量资金的投入。科技创新的高风险使得传统的金融企业没有强烈的意愿支持科技创新。因此，科技资源共享平台生态化过程中，就是通过培养各类种群栖息在平台上，吸引大量的金融机构种群入住，极大地丰富了我国中小企业等创新主体的融资方式，拓宽了融资渠道，有效地缓解了中小企业等科技创新企业筹资难、筹资贵的问题，能够很好地满足创新主体对创新资金的连续性需求。金融机构种群中，证券公司、信托机构等通过很低的门槛为那些担保额度小的科技公司提供贷款担保和金融支持，以及丰富的金融配套服务，如资金的规划与运营等。金融机构种群

的引入，很大程度上促进了平台上创新主体的科研速度，加快了科技成果转化的
步伐，有效推动了科技类产业的发展。

3.2.3　科技资源共享平台的核心资源

科技资源共享平台最为核心的资源就是科技信息资源，它是平台所共享的客
体，也是实现平台战略价值的根本保障。目前，科技资源共享平台还没有统一的
科技资源分类标准，这在一定程度上妨碍了各个种群之间的交流，也为平台服务
模式创新带来了一定的困难。关于科技资源的分类，鉴于研究问题的需要，目前
有很多的标准。周寄中（1999）从科技活动投入要素的角度对科技资源进行了分
类；陈宏愚（2003）在研究科技创新资源的概念时，认为技术创新体现科技经济
一体化的思想，因此技术创新资源应该既包括科技要素也包括经济要素，科技资
源是科技创新资源的重要组成部分；钟荣丙（2006）考虑了制度政策和人文环境
两大因素，给出了科技资源的分类，应该有广义、狭义两种；吴贵生（2007）从
技术创新活动产生经济及社会价值的视角对技术创新资源进行了分类；陈健
（2005）认为区域创新资源应该包括经济要素、制度要素和社会要素。目前已有的
关于科技资源的分类大多数是从科技资源的自然形态、经济价值属性、社会价值
属性三个方面进行的，具有一定的合理性。纵观各种分类发现，分类的标准不一
致、分类的逻辑相对混乱、分类的概念不周延等问题，极容易导致对科技资源进
行无穷尽的分类，最终导致科技资源内涵不清晰、外延不收敛，不利于形成科技
资源共享平台的语境，影响了平台运作效率和效果。

1. 科技资源的分析框架

科学指学问、知识等，是人类揭示自然发展客观规律的知识体系；技术一般
指人类认识自然和改造自然的过程中积累起来的经验及技能。技术是物化了的科
学，是现实的生产力，而科学决定了技术发展的方向。资源从字面意思上讲，资
代表一种价值，源代表一种来源。Wernerfelt（1984）提出资源基础理论，依据这
个理论认为科技资源是企业能够获得竞争优势的战略性资源，它反映出特定时期
人类科技进步的水平，同时又是下一个发展时期科技进步的基础条件。

由于人们从事科技创新活动的时间、地点和方式不同，他们对科技资源的需
求也不同，因此科技资源的内涵不断发生变化。从科技创新产出物即创新成果的
视角，人们将创新本身看作一个独立的系统，即科技活动所需要的各种投入要素
及其次一级要素相互作用的系统，该系统所投入的核心要素就是科技资源。这种
分类方式借鉴了生产系统的要素分类范式，能够普遍被人们所接受。但是，在实
践应用过程中，还是存在着许多的不适应。首先，作为生产系统，它具有非常明

确和清晰的法律边界，是一个输入—转换—输出的自反馈系统，在周而复始的、持续的、重复的生产经营活动过程中，不断地进行知识的积累，形成了组织过程资产，即特定的资源库。由于生产系统具有明确的产出物即产品，所以，在生产要素管理方面侧重硬性资源的管理，如人、财、物，都是其最为核心的资源，也是企业持续经营的基本前提。关于信息资源，至今没有明确的内涵和外延，人们比较习惯凭借自己经验和感觉进行理解。反观科技资源，广义上讲，人们认为一般能够支持科技创新的所有资源都属于科技资源；而从狭义上，科技资源特指那些可以从组织中分离出来，能够进行跨组织流动的、投入到科技创新活动中的特殊资源，由于科技创新活动具有开放性、突发性、风险性以及产出物的多样性等特点，广义的科技资源外延不收敛，因此本书只从狭义视角上理解科技资源的内涵，即分别从科技资源的内容（what）、权属（who）、来源（where）、价值（why）、时效（when）以及用途（how）等方面进行分析，具体分析框架如图3-6所示。

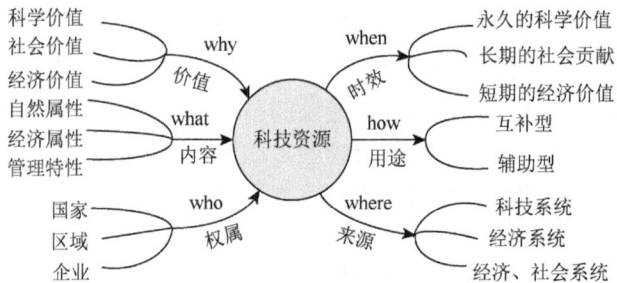

图3-6　科技资源的分析框架

2. 科技资源的内容（what）

如果从知识层面理解，科技资源是指那些包含了知识要素在内的特殊资源，科技资源含有知识的成分，决定了其与其他类型资源的区别。同农业时代的土地、工业时代的能源一样，当今的科技资源是各个国家获得和保持持久竞争优势的第一资源。基于流动性决定价值的观点，本书的科技资源特指创新活动的投入要素，在科技资源的共享管理过程中，最需要关注的是其自身的自然特性、经济特性以及管理特性。

（1）从科技资源的衍生视角分析。在科技资源的价值实现过程中，不仅要关注科技资源的自然属性，还需要关注科技资源生成的衍生资源。由于注重加强科技资源的流动性和实现科技资源充分共享的需要，实体的科技资源首先要被数据化，随着数据化工作的不断深化，早期学者定义的信息资源，已经由单纯地描述科技资源的自然属性，逐步延展到用来描述其价值属性和关系属性上，且在对科技资源进行共享服务的实践过程中，衍生出的科技资源，更多的是关于客户知识、市场知识、运作知识等标度能力的相关资源。三者的关系如图 3-7 所示。

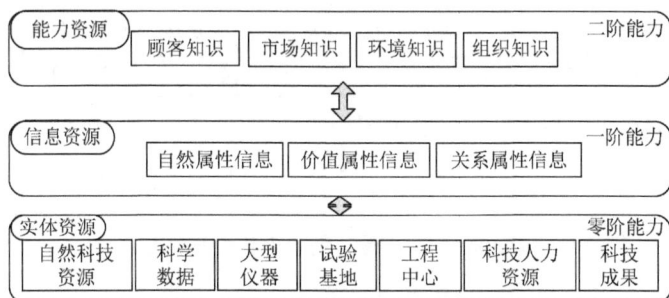

图 3-7　科技资源的衍生资源形成过程

按照管理学中的能力阶层理论，实体的科技资源是科技资源共享平台的客体，也是提供共享服务的前提和基础，但是，实体科技资源一般都是静态资源，这一特性通常会阻碍共享服务。本书认为，科技资源共享平台仅仅是通过信息的引领提供实体科技资源，其服务能力属于零阶的服务能力；当科技资源共享平台集成了大量的科技资源信息，并且能够清晰、合理地标度出科技资源的自然属性、价值属性和关系属性时，以信息集成为核心的科技资源共享服务能级就提升到一阶服务能力；进一步，以知识为核心的科技资源共享服务属于二阶服务能力，它具有高级的战略洞察能力。因为衍生资源越多，所处的层次越高，其对服务能力的贡献度就越大。三阶服务能力的培养，完全依赖科技资源共享平台持续的科技资源的积累。三层资源的比较如表 3-1 所示。

表 3-1　科技资源及其衍生资源的特征

比较项目	实体资源	信息资源	能力资源
管理主体	所有者、使用者、代理者	共享平台	多主体协调管理
载体	创新组织	共享平台	多载体
管理重点	保护、利用	充分共享	开发利用

（2）从科技资源投入的性质分类。科技资源只有投入到创新活动中才能实现其价值，依照创新活动的关联过程，将分别投入科技人力资源、自然科技资源、科技金融资源、大型科学仪器、试验基地、科学数据、专利、文献等多种科技资源，如图 3-8 所示。

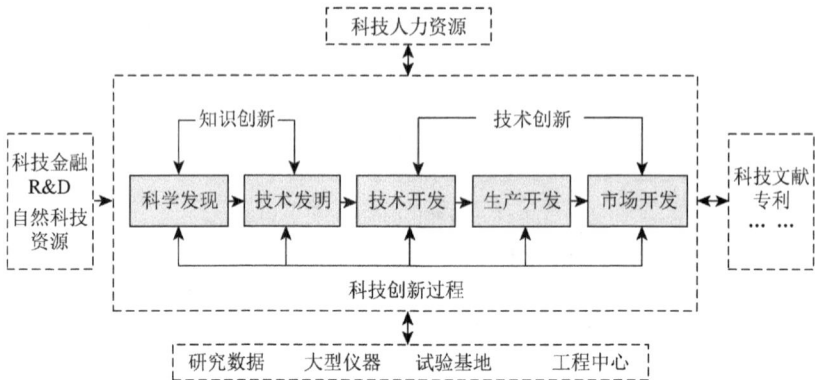

图 3-8　科技资源与创新活动的关系图

　　按照科技资源价值转移的特点，科技资源可以分为原始投入要素类、过程资产要素类和创新成果类三类。①原始投入要素类，是指已经投入的科技资源的价值在一次投入后将其全部的价值都转移到创新成果中，这类科技资源具有消耗性和一次投入的特点。如科技金融、R&D投入和自然科技资源的投入，这类科技资源通常都是来自经济系统或者社会系统，基本不在科技创新系统内循环，因此，需要科技系统、经济系统、社会系统之间的协调运作才能够获得并使用该类科技资源。②过程资产要素类，是指在创新过程中，由原始投入的资源价值沉淀所形成的，能够在多轮的创新过程中提供支撑的科技基础条件资源，如大型科学仪器、试验基地、工程中心、科学数据和科技人力资源。这些科技资源具有运行性创造价值的特点，对它的共享，就是让科技资源能够多次参与创新活动，且在每一轮次的创新循环中分批实现其价值的转移。其中，大型仪器、试验基地、工程中心都属于逐渐消耗型的过程资产，科技人力资源是最具有智慧性、能动性并且是可以再生的科技资源，其多次投入的属性能够最大化地拓展创新活动的价值空间；科学数据资源属于一种非消耗性的科技资源，数字本身的特点是无损耗，科技资源本身具有一定的时效性，存在技术进步所带来的贬值现象。这些科技资源的产生是在上一轮次的创新活动中积累下来的，并且其价值是随着科技创新活动逐步转移到产出物中的，因而，这类科技资源具有很明显的继承性。③创新成果类，是指各类科技创新活动的直接产出物，它标志着人类社会科技进步的水平，有的资源可以世代传承、循环利用、滚动再生，如科技文献、发明与专利、科技报告、工艺方案、市场策划案等科技资源。其中，科技文献资源凝聚了广大科学家和技术人员的心血，代表着当前科学发展的前沿水平，也能够反映出当前技术创新的活跃程度；发明与专利类的科技资源则是人们将科学知识用于技术创新实践的典范，发明与专利资源的数量标志着一个地区乃至一个国家的技术创新实力，同时也是衡量一个地区或者一个企业的发展潜力的重要标志；科技报告类的科技资源，主要反映一个特定领域的非常专业的问题，是一类具有问题导向的科研绩效的总结；公益方案资源，则是一个企业竞争的核心机密，这类科技资源是全人类智慧的结晶，与其他的消耗性科技资源不同，创新成果类的科技资源一般是可持续利用或者可以用于迭代改建的、不断增值的、具有发展性的科技资源，可以认为是取之不尽、用之不竭的科技资源，并且由于智力因素的影响使其具有独特的增值性。三类科技资源比较如表 3-2 所示。

表 3-2　三类科技资源的比较

比较项目	原始投入要素类	过程资产要素类	创新成果类
内容	自然科技资源、R&D、科技金融	科学数据、大型仪器、试验基地、工程中心	科技文献、研究报告、专利
作用	一次性投入	多次投入	无限次数投入
共享重点	基于宏观决策的保护与利用	面向需求的价值最大化利用	扩大共享范围、实现价值倍增

3. 科技资源的权属关系（who）

科技创新是一种具有探索性的、挑战人类智慧极限的活动，所以科技创新活动风险非常大。因此，一些重大的科技创新活动通常都是由政府主导和支持的，尤其是科学研究类的创新，周期长、耗资巨大、失败的风险也大，所以一般的企业是无力承担的。国家会通过一些指令性的科技计划，如 863 计划、973 计划、国家自然科学基金计划、攻关软科学计划等指令性计划。同时，为了充分调动一些企业的科技创新积极性，政府也会适时地推出一些指导性的计划，如政府通过制定政策来调整项目投资的比例，以政府资金带动企业资金来开展科技创新活动。很多的地方政府，也通过省级自然科学基金项目、软科学项目、试验发展与科技创新等多层次、多种类项目的形式来支持高校、科研院所和企业的科技创新活动。有一些较大型企业，也开始以与政府联合或独立投资的方式来立项支持科技创新活动。综上，政府或企业通过各级、各类项目来支持科技创新活动，其目标就是推动经济的发展，但是，有一个重要的前提就是事先需要在制度上做出合理的安排，如明晰了科技资源的产权所属关系等。通过以上分析可知，科技创新活动所需的资金来源不同，导致这些科技创新活动所累积下来的科技资源有不同的权属关系。科技资源的权属关系与科技资源本身的竞争性、排他性等重要的经济属性密切相关，在科技资源共享平台的运行过程中，通过各种力量整合进来的科技资源，并不一定受到地域的限制，然而，这些科技资源的权属关系可能属于某一地区范围内的高校、科研院所、工程中心、孵化器以及企业，这在一定程度上就阻碍了通过行政手段来整合科技资源。按照国家投入的情况来看，政府通过制度建设来促进科技资源的整合工作，是通过制度环境建设来促进科技资源的聚集整合，而且跨越行政区域的科技资源的整合，只有在明确了科技资源权属特性，运用市场机制才能够有利于汇聚、整合科技资源，以商业化运作的共享来激发科技创新活力，进一步驱动经济的快速发展，形成国家或者区域的竞争优势。

4. 科技资源的价值属性（why）

价值创造是科技资源共享的根本出发点，若想发挥好科技资源共享的作用，首先要明确科技资源的价值表现形式，以及其价值的实现方式。根据马克思的劳动是价值的唯一源泉的论述，科技资源的价值实现必须要通过共享于科技创新活动才能实现。根据科技资源向科技创新活动投入方式的不同，科技资源的价值主要表现在科学价值、社会价值和经济价值三个方面。其中，科技资源的科学价值，是普惠全人类的，主要是通过衡量科技资源对科技发展和人类进步的总体贡献程度来体现；科技资源的社会价值，主要表现在科技资源最终以商品的方式满足人们物质、生活以及精神需求的程度；而科技资源的经济价值则是以货币为单位来衡量科技资源对不同经济实体的贡献度。以上分析的科技资源的三种价值之间是有一定的关联性的，同时，这三种价值在特定的环境下还可以相互转换。即经济价值在特定条件下可以转换为社会价值，科学价值最终只有能够换成经济价值或者社会价值，这种科技资源才是具有科学价值的。科技资源共享平台促进价值实现路径如图 3-9 所示。

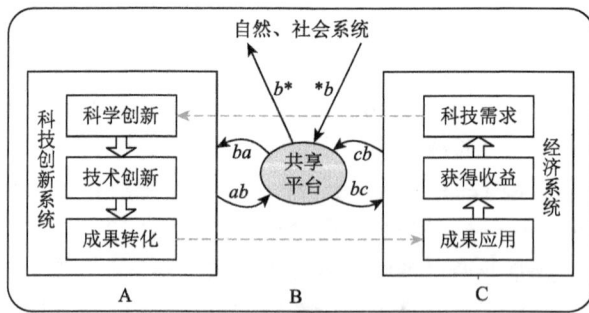

图 3-9　科技资源的价值实现途径

如图 3-9 所示，科技资源只有在流动过程中，才能实现其价值。科技资源经由 ab-ba、cb-ba、*b-ba 这三条路径的流动完成了科学价值的实现，经由 ab-bc、*b-bc、cb-bc 这三条路径完成经济价值的实现，经由 ab-b*、cb-b*这两条路径完成社会价值的实现。

至于科技资源如何实现，取决于科技资源本身所具有的知识属性，因为科技资源承载了潜在的科学知识和技术能力两大知识属性。其中，偏科学类型的科技资源通常是能够在系统层面揭示某一事物的内在机理和一般规律，它属于公共经济学中所定义的公共品，Forey（2004）认为公共品具有非常明显的非排他性、非竞争性和累积性三大特征，非排他性是指科技资源本身具有非常强的流动性、可移植性以及溢出效应性，在科技资源共享使用的过程中，科技资源的需求主体可以以非常小的代价或者免费就能获得所需要的公共科技资源。因此，在实现科技资源的科学价值和社会价值的过程中，科技资源自然就进入了公共领域；而偏技术类的科技资源，它的产出通常是来自某个专业领域内的技术创新成果，这个成果一方面承接了科技创新活动，另一方面也面向了经济领域的市场需求，因此，它是科技与经济体系的桥梁和纽带，具有复杂性以及功能的差异性。由于竞争来源于科技资源的外部性的内在化过程，所以首先需要通过对科技资源相关产权的界定，明晰各个创新主体边界，并在科技资源交易的过程中，以知识产权让渡的方式来促进科技资源的流动和再配置，才能有效地实现其经济价值。由于单独的科技资源很难独自实现其经济价值，因此，科技资源共享平台会基于创新需求来整合互补、匹配的科技资源，使之相互协同、相互补充，才能最终实现其经济价值，这也是科技资源共享平台存在的价值和意义。

5. 科技资源的来源（where）

科技资源的来源十分广泛，有的是来自自然界的有科技价值的自然科技资源；有的是来自社会系统，人们为了某种创新目标而投入的 R&D 等的专项财力资源；有的是在科技系统和经济系统中的，如各种大型仪器、试验基地、工程中心等；还有来自科技系统的如科学数据、科技文献、专利等科技成果类的科技资源。因此，科技资源共享平台主要是从这三类系统中汇聚科技资源，然后再循环到科技系统和社会系统去实现其价值。

6. 科技资源的时效（when）

由于科技资源是自然界的造化物，或者人类智慧的结晶，在人类对自然资源的消耗中，以及科技进步的不断发展过程中，知识的更新和技术的换代是必然会出现的一种常规现象，在旧知识的淘汰和新旧技术的更迭过程中，会导致科技资源价值的贬值。因此，技术创新的成果，就要以最快的速度转化到经济领域，使得企业以技术领先来获得持久的竞争优势。所以，对于偏技术类的科技资源的充分利用，可以迅速地提升国家来自区域的整体科技水平；对于偏科学类的科技资源，它将不断地积累、沉淀，成为人类科技进步的阶梯和整个人类的瑰宝。科技资源共享平台的建设和运营，就是通过提供共享服务，来解决科技资源的时效问题，以最为合理的方式、最高的效率实现科技资源的二次配置，最终实现科技资源综合价值的最大化利用。

7. 科技资源的用途（how）

科技资源是人类开展智力创新活动的最核心的投入要素，科技资源本身承载了许多的知识，需要与其他资源协同才能创造并实现其价值。科技资源共享平台所提供的共享服务就是将资源（主要是它本身所携带的潜在的知识）转移到创新主体的创新活动中。科技资源共享服务过程中的互动逻辑就是关于知识的协同与匹配的过程，通过沟通、协调，找出适应双方之间所开展的科技创新活动与科技资源的分配或使用，也就是说，各个科技创新主体向科技资源共享平台购买服务的目的就是获得相关科技资源的过程。判断科技创新主体的资源需求，关键在于科技资源共享平台所提供的科技资源与创新主体自己原来拥有的资源是否存在差异性，这种科技资源的差异对于科技创新活动来说，是稀缺的和独特的，因而，科技创新主体就会将共享协调过来的新的科技资源与其组织内部原有的资源相互关联，以改变自身所拥有或可用资源的特征，分析这些科技资源之间的关系，通过消化、吸收新的外部科技资源，就能够激发企业资源的重组。按照经济学与企业管理领域中所提出的互补的概念，互补本质上是表示一种变量边际收益的增加是由于另外一种变量的变化，人们增加每一个资源后所得到的收益都要大于分散的资源增加所得收益之和，因此，科技资源共享平台的互补共享，重点在于专注创新主体的需求，以及平台与创新主体间的深度协作，因此，从科技创新收益中获得科技资源的价值就会出现倍增效益。当科技创新主体内部的科技资源十分充沛时，这些科技资源所承载的知识与创新主体已经拥有的相关专业知识就会出现部分的重合，也就是说会出现知识的冗余现象。但是，通过共享协调将来的科技资源及其所潜藏的知识，在共享后可以通过替代、融合更新，以增强创新主体内部资源的专业化程度，最终科技资源必将实现规模经济，出现降低成本、提高收益的结果。或者，将共享来的科技资源，通过优化组合，使得外部科技资源与组织内部的资源形成高效率的协同关系，一般来说，这类科技资源称为辅助型科技资源。辅助型科技资源是创新活动的催化剂，可以降低创新成本、提高创新速度。因此，在科技资源共享平台提供共享服务的过程中，其管理的重点就应该是着眼于拓展科技资源的市场开拓，扩大科技资源共享的地域范围，以规模经济和范围经济来实现科技资源价值的累积倍增效应。

3.3 科技资源共享平台的种群价值循环模型

前面已经对科技资源共享平台的种群进行了划分，本节将详细剖析各个种群之间的价值循环过程。在科技资源共享平台提供共享服务的过程中，其需求都来自创新链，为了更好地服务于创新活动，科技资源共享平台就需要围绕着创新链与服务链协同的视角，来探究种群之间的共生行为，进而构建平台的生态化模型。

3.3.1　科技资源共享平台种群互动关系

科技资源共享平台的生态化过程，就是科技资源共享平台的各种主体之间围绕着科技资源的流动而形成的有效的价值循环的过程。栖息在科技资源共享平台上的种群的分布，从空间维度上看是由不同区域内的高校种群、科研院所种群、企业种群等所构成的，他们之间通过共享服务的相关规则链接在一起，伴随着共享服务而进行信息、能量与物质的交换，同时这些种群也不断地与外部环境进行信息、物质和能量的交换，在这种持续的互动过程中，找到一种动态的平衡，系统就进入了一个相对稳定的状态，就在这种打破平衡→建立稳定状态的不断循环中，科技资源共享平台就持续地向着高级阶段演化。

在科技资源共享平台生态化演进的过程中，从功能的角度划分，栖息在平台上的各类种群的互动关系可以分为两个层次。第一层次是科技创新的主要参与者所组成的核心层，包括高校种群、科研院所种群和企业种群。他们的主要循环的价值就是科技资源的直接流动，因为这几类种群都是科技资源的直接提供者和使用者；第二层次是为科技创新活动提供支持的辅助种群，主要包括提供政策环境的政府种群，提供信息的中介种群和提供科技创新资金支持的金融机构种群，他们的核心作用就是促进科技资源共享服务的顺利交付。

在科技资源共享平台上，不同种类的种群之间互动的目的不同，互动的方式也不同。从微观到宏观的逻辑来分析，科技资源共享平台的种群互动可以有三种类型。一是核心层内部种群之间的互动，他们主要是为了共享科技资源；二是核心层与辅助层间的互动，目的在于为科技资源的共享营造良好的政策条件；三是平台与环境之间的互动，旨在使平台更好地适应环境的变化，能够更加充分地发挥平台的战略价值。

1. 核心层内部种群的互动模式

科技资源共享平台的核心层的种群接入平台主要是为了获取科技资源，或者提供科技资源，他们以加盟的方式与平台进行长期的合作。具体合作方式如下。

（1）高校种群与科研院所种群之间的互动模式。科技资源共享平台上的高校种群与科研院所种群是实现科技资源共享服务的最关键的两类主体。这两类主体具有双重身份，既是科技资源的提供者；又是科技资源的使用者。因为他们在开展科技创新活动中，也必然需要整合协调外部的科技资源，以推动自身的科技创新活动。这种双重身份就使得他们在局部范围内形成了一种价值循环。高校种群和科研院所种群具有很大的相似性，因为大部分的高校和科研院所都拥有相对宝贵的研发知识、新型技术、先进设备和专业化的实验基地，最为重要的是他们都拥有顶尖的科技人才，这些资源禀赋本身就是科技创新的先决条件。所以，高校和科研院所之间的互动关系主要是由于分别与科技资源共享平台建立了加盟合作关系，加盟使得他们接入了平台，创新的需求使得他们更容易进行工作上的协同，更有利于促进科学技术、科技人才、专业知识与科技信息的共享与交流。另外，高校种群与科研院所种群也有不同，高校以培养人才为核心要务，而科研院所则以科学研究为主要任务，他们之间具有资源和禀赋的互补性，这就使得他们之间的互利合作顺理成章，有利于实现在科技创新活动中的最新科技成果，以及先进技术的研发。高效种群和科研院所种群之间的频繁、有效的互动，使得科技资源共享平台能够聚集数量更多、领域更广、信息更完整的科技资源，他们共同为其他创新主体提供包括专业人才、科技信息、科技成果与先进技术等方面的成果。

高校种群与科研院所种群之间的良性互动，可以将二者自身的理论水平与技术优势充分发挥出来，这是提高国家、地区的科技创新能力的重要过程，也是建立和丰富科技资源共享平台资源池的基本保证。

（2）高校种群与企业种群的互动。企业种群是科技资源的使用者，也是发挥科技资源价值的重要环节，还是科技资源共享平台中最重要的需求主体，虽然也有大型企业在进行基础研究，但是大部分的科技企业还是以技术研发为主。企业种群是被科技资源共享平台的资源池所吸引，在这个平台上他们可以寻找到所需要的科技资源，这些资源大多数是由高校种群在研究开发和技术转移活动能够创造科技资源。高校种群在自身长期的科学探索和技术研发实践中，能够积累下来大量的、种类丰富的科技资源。首先，高校凭借其自身的学科优势和高水平的研究团队，一方面会形成大量的研究成果为企业种群所共享，另一方面所拥有的研发团队可以与创新型企业进行技术合作，为科技创新企业的创新活动提供智力方面的支持；其次，科技创新企业在自身开展科研创新过程中也急需大量、多种类的科技资源，这些资源凭借自身的能力是无法创造的，所以可以与高校进行共享。目前，大部分的科技创新企业种群都缺乏自主创新能力，相反高校种群具有自身的研发优势和丰富的成果，但是他们对技术市场需求了解不充分，导致在研发过程中所产生的科技成果有先天的缺陷，阻碍了市场转化，也很难创造经济价值，高校和创新型企业之间的互补就很好地解决了上述难题。因此，借由科技资源共享平台，企业种群与高校种群可以形成紧密的协作关系，通过有效互动，如协同创新、联合开发、技术入股等方式的合作，都能够实现科技资源在创新链全链条上的价值实现。最后，高校种群借由自身所拥有的人才优势，以及良好的科技基础条件，可以为企业种群提供优质的科技资源。高校种群与企业种群的高效协同，可以降低创新成本，同时也能够提高科技创新的效率和效果。高校的大型仪器设备、科技成果等都能够找到市场，高校的科研专业人才也有施展才能的空间。

（3）企业种群与科研院所种群间的价值互动。如前所述，科研院所种群主要是指专门从事科学研究、技术开发的创新主体。它拥有相当有实力的众多科研人员、高精尖的大型科学仪器和深厚的研究成果。科研院所的创新性的工作，既包括自主研发的项目，也包括承接来自高校种群的不太成熟的一些科研成果，完成成果在市场转化过程中，实现对其进行工程化研究的相关任务。有些科研院所种群，能够实现技术研发以及产品工程化的重要任务，所以它就是科技成果转化的重要载体。在成果转化过程中它就需要科技资源共享平台的共享服务来提供战略性新兴产业的共性技术以及企业种群所需要的创新性的产品。由于企业种群在通常情况下是居于创新链的末端的主体，所以他们所从事的工作更多的是实施已有科技创新产品的生产、销售等方面的工作。因此，在大多数情况下，企业种群都是作为科技资源的需求方出现的，主要是依赖科技资源共享平台来获得更加多样化的、高品质的科技资源。在这个共享资源的过程中，企业种群、科研院所种群就可以实现相互的交流与合作。

2. 核心层与辅助层种群互动关系

在科技资源共享平台上，辅助层的种群主要包括政府种群、中介种群、金融机构种群，他们都是辅助科技创新活动并为其提供服务的重要主体。政府种群可以营造良好的科技创新环境，中介种群提供信息服务和其他的代理服务，金融种群提供创新资金。由于他们各自的独特优势，其互动关系表现在以下几个方面。

（1）政府种群与核心层的互动。政府种群是一个比较特殊的种群，它不直接参与科技创新，也不直接提供资源，但是却是这个平台的主要推动者和整个生态的治理者。政府与高校和科研院所关系密切，平台运行初期所整合的科技资源，大多数都是高校、科研院所种群所拥有的，或者虽然没有所有权但是却有管理权，高校和科研院所拥有许多领域的大型科学仪器设备、重要的实验基地，还有大学科技园区等。同时，这些种群还有非常宝贵的科技人才资源、专利技术资源等。这些资源的获得可能是采购，也可能是自己培育出来的。另外，高校和科研院所种群自身也都具有雄厚的科研实力，他们能够为平台的需求用户及时提供那些技术领先和经济适用的产品，这些产品的开发都需要互补的科技资源和科技咨询等方面的服务，这些服务的获取，是依赖政府方面的帮助的，正是因为政府营造环境，满足了这些创新主体在科技创新方面的需求，才能最终实现提升区域科技创新能力、促进区域科技与经济发展的宏观目标。

（2）政府种群与企业种群的互动。依靠科技创新驱动经济发展，是国家的重要战略方向。政府是一只看得见的手，而企业被称为市场上看不见的手，这二者之间的良性互动，才能共同推动市场经济的发展，创新驱动发展战略的实施也离不开这两种合力的作用。政府部门对企业创新活动的支持方式很多，项目支持以及财税政策的支持都可以给企业注入活力。建成了科技资源共享平台体系，政府就多了一条多企业的支持途径，也就是依托平台来支持企业的科技创新。政府的作用过程是，结合企业所在的区域科技发展战略及总体规划，制定并出台一系列促进科技创新发展的相关法规与执行的政策，旨在为科技创新企业种群的相关科技创新活动的开展来营造一个健康、有序的市场环境和用于创新的科技氛围。

（3）辅助种群与核心种群间的互动关系。中介种群和金融机构种群属于服务类的种群，他们往往是科技创新服务平台汇集人才、资金、信息、法律法规等科技资源的重要提供者。中介种群、金融机构种群可以借助科技创新服务平台来实现与企业、高校及科研院所种群间的合作交流与资源共享，包括常规的检验检测认证、科技金融支持、创业孵化、技术转移与知识产权等方面的科技服务，他们的加入将加速推动科技资源的传播及创新技术的扩散，同时，各类种群间的交流与互动加快了科技创新与地方经济的协调发展。企业种群、高校种群及科研院所种群所产生的科技创新需求，是中介种群与金融机构种群自身发展的主要动力来源。中介种群主要通过挖掘企业种群、高校种群及科研院所种群在创新需求方面的变化信息，不断地开辟新的服务模块，推出新型的科技业务；同时，金融机构种群也可以针对这些新的需求来创新自己的投融资方式，为企业种群、高校种群及科研院所种群在科技创新活动中提供新型的服务。另外需要注意的是，中介种群、金融机构种群的服务效率与服务质量会直接影响科技创新服务平台的发展，以及科技创新驱动经济发展的实际效果。因此，中介种群、金融机构种群在科技创新服务平台以及科技创新活动过程中发挥着重要的服务支撑作用。

3. 核心层、辅助层与环境的互动

科技资源服务平台是由内部的核心种群、辅助种群组成的，而这些种群的互动一定需要从外部环境中获得物质、信息和能量，才能维持这个生态系统的健康发展。科技资源共享服务平台的内部要素，是由高校种群、企业种群和科研院所种群所构成的创新核心层，以及由政府种群、中介种群和金融机构种群所构成的创新辅助层，这两个层次的种群都需要与科技资源共享平台的外部环

境进行互动交流，才能够维持自身的存在和长期的进化，最终建立起各个种群相互协调、相互影响的稳定互动关系。科技资源共享平台的创新生态环境层主要包括技术环境、政策环境、资源条件、人文环境、经济环境等一些宏观环境因素。其中，技术环境指的是企业种群、高校种群和科研院所种群在开展科技创新活动中所用到的关键技术、共性技术等一些创新性技术条件和创新水平等方面所构成的外部环境，它是由区域战略性新兴产业的发展、科技成果的转化以及科技创新创业效能等方面的状况所营造出的对技术创新需求满足的条件和氛围的总称；政策环境指的是在中央各个重要的部委领导下，以及国家科技基础条件平台统一部署下，各个地方政府都会结合自身区域的发展水平、产业特色、自身战略规划等情况，所制定的较为完善的政策法规和财政支持政策，这个环境可以通过科技资源共享平台在技术方面的支持，对加盟平台的高校种群、企业种群等的科技创新活动给予相应的政策扶持；科技资源环境指的是科技资源共享平台的建设及发展所需要的重要的前提条件，科技资源环境主要由栖息在科技资源共享平台上的六类创新种群所提供的科技专家、科技成果、科技资金和科技信息等所构成的科技资源，科技资源共享服务平台主要就是依靠集成大量的、多样化的科技资源实现平台的运转和发展的，因为平台为用户所提供的科技创新服务也都是以科技资源作为重要的载体实现对科技创新活动的有效支持。因此，科技资源共享服务平台的发展与服务模式的创新都离不开良好的科技资源环境；人文环境是指社会对科技资源共享平台生态化的认知，优质的人文环境是科技资源共享服务平台生态化发展的重要基础，也是平台内部各类种群实现合作供应与协同创新的基本保障；此外，科技资源共享服务平台的发展，高校种群、科研院所种群、企业种群的科技创新，以及中介种群、金融机构种群的服务创新，都需要经济环境的支持。在市场机制的作用下，科技资源共享服务平台的内部各要素的自身属性，以及平台服务模式的创新都需要充分考虑区域的经济因素，只有良好的经济环境才能实现平台市场化运行的创新。总之，科技资源共享服务平台的创新生态环境层对创新辅助层和创新核心层具有重要的调控作用，能调控其内部及种群之间的能量、信息与物质的交换。同时，科技资源共享服务平台的各类种群也需要借助这些条件来进行自我调控，一旦外部的创新环境发生变化，平台就能够维持其自身相对平衡的状态，这就是生态系统的内涵。因此，科技资源共享平台内部的各类种群，根据对科技创新的贡献，可以划分为创新核心层、创新辅助层和创新生态环境层，这种由核心向外围的分析过程，有助于理解各个种群之间的互动与依赖关系。科技资源共享平台系统种群划分如图 3-10 所示。

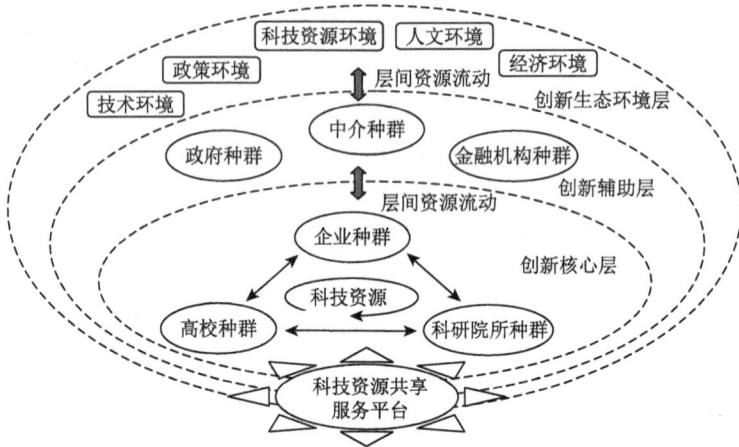

图 3-10　种群间互动及环境互动模式

3.3.2　基于创新链与服务链协同的种群共生行为分析

服务链是指科技资源共享平台在面向科技创新全链条的所有活动所提供的服务的集合，由于创新活动呈现出了一种从上游到下游的创新链条，科技服务就沿着这个创新链条来提供服务，李长云和田世海（2009）认为，就如同供应链一样，服务链是自然产生的一个专门提供服务的链条，这个服务链具有系统性、增值性和有序性的特征，虽然称为服务链，李长云等（2008）认为它实际上会形成多链条交叉的网络结构。服务链并不是指在全过程提供单一的线性服务，而是在其链条上的每个环节都层层深入、相互作用、循环往复，最终实现更高层次的价值。

共生的概念使用的频度越来越高，目前已经被引入管理领域。共生是描述种群互动关系的一个概念，主要是指那些共同生活在一个区域内的种群，在长期进化中所形成的依存关系。科技资源共享平台体系内部也有很多的可以用种群来描述的主体集合，若想让平台实现生态化，这些种群就必须产生协同效应，相互依存。接入到平台的这些种群，主要特指那些已经加盟到平台上的各种类型的创新主体，他们是平台生态形成的最重要的参与者，因为只要他们能够有效互动，就意味着科技资源共享平台体系在提供科技资源的共享服务，或者是其他方面的科技支撑服务。另外，在各个主体之间协同创新过程中，能够实现科技资源的创新和优化配置，其结果就是实现了科技资源的循环利用和高效配置，这样的良性互动最终会将科技资源共享平台体系推向健康的和可持续发展的生态化方向。科技资源共享平台的发展事关众多的创新主体以及各类的共享平台与技术平台的发展，生态化发展理念的提出旨在对科技资源共享服务平台最优化发展状态的一种理论探索，而基于创新链、服务链的分析视角，能够很好地分析平台内部各类种群的共生行为，最终通过内部的服务模式的创新来实现其生态化发展目标。

面向科技创新以及战略性新兴产业发展过程中的科技创新需求，科技资源共享服务平台内的各种类型的共享平台，都会不断地完善与创新自身的服务模式，力求满足创新过程中的线性需求和隐性需求，于是随着科技资源共享平台体系的承载作用不断凸显，为了更好地发挥平台体系内的多样性和专业性，在很多区域内，就会面向重点产业或者特色产业来建设具有自身特征的各种技术平台。在云计算、大数据和下一代互联网等新一代信息技术的支撑下，各具特色的平台不断涌现，不但丰富了科技资源共享平台体系的类型，使得平台体系的结构会随需而变，而且会扩大科技资源共享平台体系的服务范围，不断地形成规模效应，极大地促发了平台的单边网络效应和双边网络效应；随着平台体系内种群数量和多样性的不断丰富，需求也越来越多样化和具体化，这样就会形成种群之间的互动关系的多样化和互动频率的不断提升，这样频繁的互动带来的直接效果就是会不断地丰富科技资源池，催生各个种群之间的深度合作。由此可见，科技资源共享平台体系在这样不断的演变过程中就会形成一种复杂的网络结构，这种结构的演变，一方面会促使科技资源共享平台体系的不断完善，也就是会出现越来越多的各具特色的平台，就会吸引更多的种群加入，这些种群借助自身的平台还可以与其他类型的互补平台进行战略合作，形成更为复杂的种群互动模式，最终形成具有多种共生关系交织而成的复杂的价值网络。李长云和王艳芳（2020）认为在科技资源共享平台体系中，栖息在各种各类子平台内部的种群的集聚，就构成了平台网络中的各个节点，这些节点之间可以以平等的关系互通互联，将原本简单的共生关系或者小生境进行拓展，扩大了每一个种群的生态空间。另一方面，科技资源共享平台体系内各种各类平台的互通互联，增加了科技资源的异质性，这种异质性就会更进一步强化各个种群之间的协作与科技资源的共享，这样就有利于每一个种群的发展与壮大，从外部视角看，此时的科技资源共享平台体系就具有强大科技资源汇聚能力、科技支撑服务能力以及科技风险的应对能力。

在科技资源共享服务平台生态化发展的过程中，就一定会形成共生网络。由于单一的子平台能够集聚与整合的科技资源是有限的，无论深度还是广度的整合，都受到一些外部因素的限制，又由于各个平台的定位有差别，所管辖的行政区域发展的水平和支持的重点产业也是有很大区别的，因此，网络中的各节点之间的关系也比较容易受到科技资源本身的稀缺性、政治因素、经济因素等创新生态环境变化的影响。为了描述这些复杂的共生关系，Logistic 模型能够发挥一定的作用，因为它是一种用于描述在环境资源有限的情况下生态圈内种群增长变化规律的数学模型。本书为了更加详细地研究复杂问题，将多重的、复杂的共生关系分解成为供需之间简单的每两类种群之间的共生关系，为了清晰起见，借用 Logistic 模型来分析供需两类种群之间相互增长的影响，具体如公式（3-1）所示：

$$
\begin{cases}
\dfrac{\mathrm{d}X_t}{\mathrm{d}t} = r_1 X_t \left(1 - \dfrac{X_t}{K_1} \pm \alpha \dfrac{Y_t}{K_2}\right) \\
\dfrac{\mathrm{d}Y_t}{\mathrm{d}t} = r_2 Y_t \left(1 - \dfrac{Y_t}{K_2} \pm \beta \dfrac{X_t}{K_1}\right)
\end{cases}
\quad (\alpha, \beta > 0)
\tag{3-1}
$$

其中，X_t、Y_t 分别为科技资源共享平台的两类种群 X 和 Y 在 t 时刻的数量规模；r_1、r_2 分别为种群 X 和 Y 的增长率；K_1、K_2 分别为种群 X 和 Y 在平台生态化过程中增长的最大限度；α 为种群 Y 对种群 X 的作用；β 为种群 X 对种群 Y 的作用。

基于创新链与服务链协同的科技资源共享服务平台的种群共生行为，依据各类种群的自身属性及其在科技创新活动中的作用，可划分为以下四种共生形式，如图 3-11 所示。

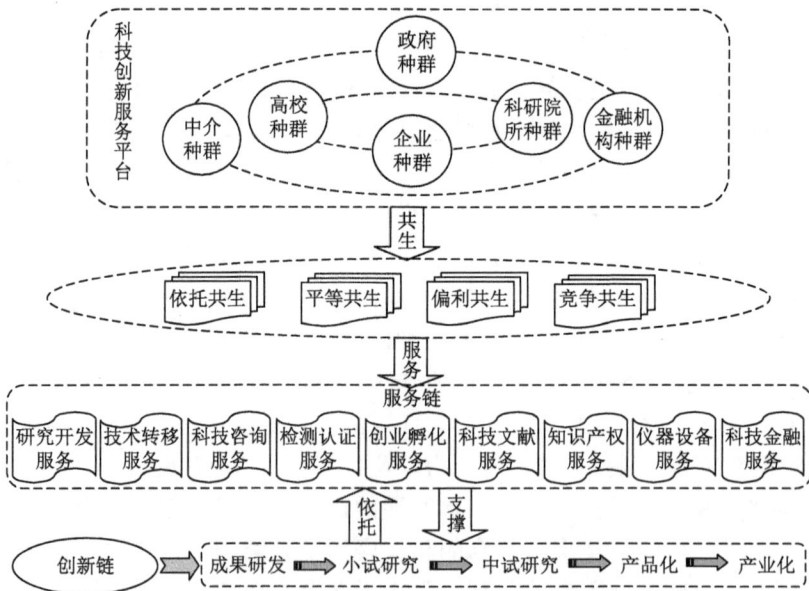

图 3-11　创新链与服务链双链协同的种群共生模式

3.3.3　科技资源共享服务平台的生态循环

科技资源共享平台体系的生态化发展，是遵循着科技资源的生命周期而形成的一种复杂的网络结构。因此，为了进一步探索科技资源共享服务平台中各类种群的有序进化行为，构建科技资源共享服务平台的生态循环模型就十分重要。如果从生态循环的视角来看科技资源共享平台体系的发展，就要从创新需求入手，通过科技资源共享平台体系的服务，实现科技资源的高效配置，在配置的过程中实现其价值的传递，最终推动平台生态化发展。

超循环理论也常用来形容一个生态系统的状态。目前超循环理论通常用于研究非平衡态的、复杂的系统。它是自组织理论大家族中的一员。超循环理论强调的是一个复杂系统在内部和外部环境的共同作用下，系统内部存在某种机制，可以实现自我创生、自我复制，这种自身的调节与适应能力就会推动系统向着高级有序的状态进化。用超循环理论刻画这种进化过程，是分层次递进的，超循环理论认为系统的进化是从低级向高级进化，在进化的过程中都会出现具有不同特征的反应循环，如从低级到高级的转化反应循环→催化反应循环→超循环，只有这三级循环形成耦合效应系统才能够进化到高级阶段。按照超循环的逻辑，复杂系统内部存在不同等级的循环，在这个过程中，每一个系统要素在实现内层循环复制的过程中，还必须为下一级的循环提供催化元素，这就促发了跨越层次之间的各种互动，这种层与层之间的非线性互动就会发挥系统的自组织作用，这种作用关系可以推动系统向高级阶段演进。

在科技资源共享平台体系的发展过程中，也存在类似转化循环、催化循环和超循环的现象。因此借鉴超循环理论来研究科技资源共享平台体系的演化发展，能够给平台的管理和智力带来有益的借鉴。

3.4　科技资源共享平台的反馈特性分析

3.4.1　科技资源共享平台的运行要素

科技资源共享服务平台的实现是依赖 ICT 的，这些技术所包含的软件、硬件系统以及与之配套的管理要素是平台不可或缺的基本要素。科技资源共享平台的生态化发展就是强调一体化的科技资源整合思想，根据这个思想，首先要将复杂的系统进行分解，然后再进行综合，最终建立一套有效的执行体系。因此，可以把科技资源共享平台的生态系统看成是一种具有多层次、多功能的复杂结构。首先，自下而上进行分解，每一层次均会成为构筑其上一层次的基础，而自上而下看，其每一层次的功能又都是依赖其下一层次所提供的服务来实现的。假如从最底层的支撑要素看，科技资源共享平台首先需要的是 ICT 的支撑，因为众多科技资源数据的录入、清洗、存储、传输等加工处理，以及最终形成科技资源的信息资源，都需要 IT 人力资源对系统进行维护和升级；只有技术要素还不足以提供满足要求的服务，所以中间层次一定还需要平台的管理者，他们通过组织建设来培养专业化的管理人才，确保能够提供科技资源的共享服务；至于科技资源共享平台的最上层，就是制度、法规的建设，这些制度法规能够为科技资源共享平台营造一个有利于共享的环境。总之，科技资源共享平台的运行要素包括 ICT 要素、组织管理要素和战略支持要素。

1. ICT 要素

推动科技资源共享服务平台的运行，除了国家的战略驱动，还需要坚实的 ICT 技术基础，ICT 技术是科技资源共享服务平台的核心支撑要素。在平台提供科技资源共享服务的过程中，信息技术体现了多级能力，包括本原能力、扩展能力和战略能力。其中，信息技术的战略能力强调的是面向更加广阔的范围来整合社会资源，这样可以将科技资源共享服务平台的共享业务、专家资源及其他的资源整合为一种以网络化价值创造方式为主的模式，以便能够提供创新、柔性、准时的科技资源共享服务，在促进整个创新链增值的过程中，还能够形成自身的服务链，最终演化成为一个协同生态系统，这时的科技资源共享服务平台将会是一个随需应变的信息型组织。信息型组织就是特指组织与技术相结合的一种新模式，这个模式将是一种生物体的模式，而不是机械的模式。在信息组织中的信息技术可以分为计算机、通信和传感三大类，如今已经发展成为以新一代信息技术为主要特征的大家族。其中，最为核心的就是互联网和云计算，因为互联网技术能够搭建安全、高效的信息传输平台，而云计算则是在互联网平台上架构起来的大数据平台，它具有超强的数据接入、数据存储和海量的计算能力，云计算和无线通信技术的融合，可以提供泛在接入、弹性、可扩展性、按需付费的信息基础设施，它改变了人们使用 IT 资源的模式，代表着一种集约化、灵活、可控的信息化发展方向。云计算实现了 IT 基础设施的虚拟化、应用平台的专业化、应用软件的模块化，而云计算中一切 IT 资源都以服务化的方式供给，这就有效地解决了在传统信息技术应用过程中的 IT 黑洞、信息孤岛等困扰人们的重大技术难题，突破了传统信息化模式的一次性投入过高和刚性技术架构的桎梏，总之，云计算打破了局域网络的技术壁垒，能够以开放共享的方式构建更大的信息通信环境，便于人们用大数据塑造信息服务的情景，如图 3-12 所示。

2. 科技资源共享平台的管理要素

科技资源共享平台的服务管理是平台生态化发展的重要前提，其服务管理包括服务要素管理、服务运行管理和服务决策管理。其中，服务要素管理是平台的重要机制，主要包括科技资源数据的管理、平台服务人才的管理、ICT 基础设施

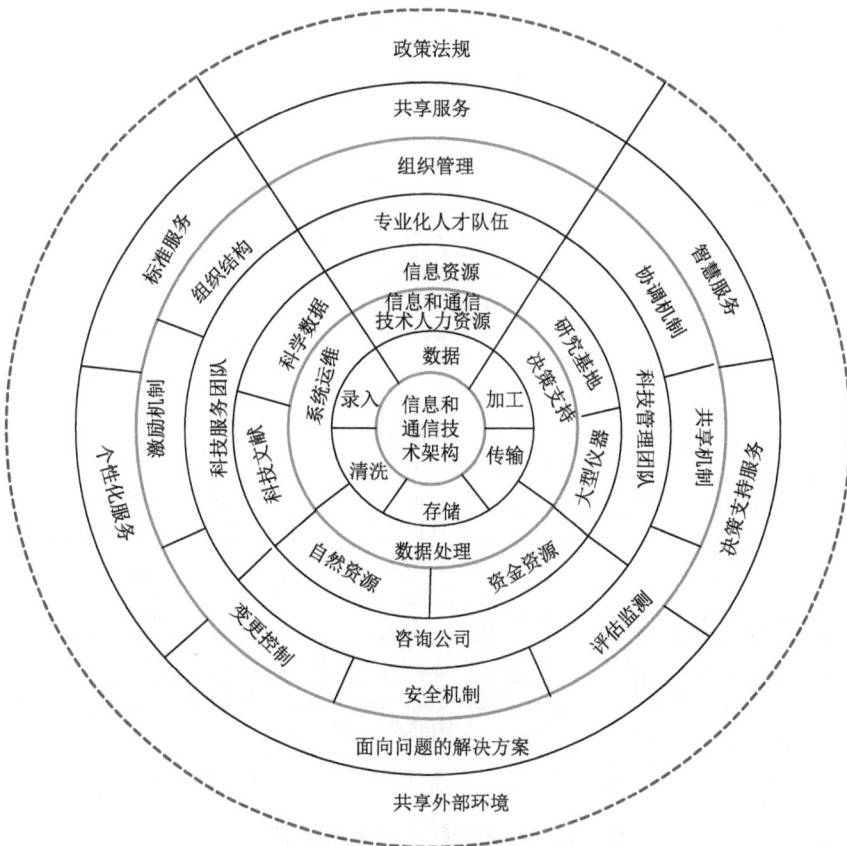

图 3-12　科技资源共享平台的层次结构

的管理和效益的管理，信息安全机制、科技资源共享协同关系，以及人力资源的管理；在对平台效益进行管理时，需要利益分配机制和政府认证机制保证平台有稳定的收益。科技资源共享平台需要服务要素进行科学的管理，只有管理好这些服务要素，才能够单独发挥作用，或者组合起来共同实现平台生态化发展的管理目标。

3. 科技资源共享平台的环境要素

科技资源共享平台的运行与发展离不开环境的影响。平台的环境要素主要包括政府和市场两方面，只有政府和市场的高度协同，才能共同营造有利于平台发展的环境。在科技资源共享平台建设和运作的前期，政府扮演着非常重要的角色，它是平台环境的主要营造者，而随着平台的不断发展，市场机制的作用逐渐凸显，所以科技资源共享平台虽然具有准公共品的属性，但是一定要引入市场机制，才能实现生态化的目标。但是，政府始终是平台发展的重要推动力量。梳理以往科技资源共享平台发展的历程可知，科技资源共享平台的运行环境重点表现为政府和市场的协同作用关系，具体作用方式如图 3-13 所示。

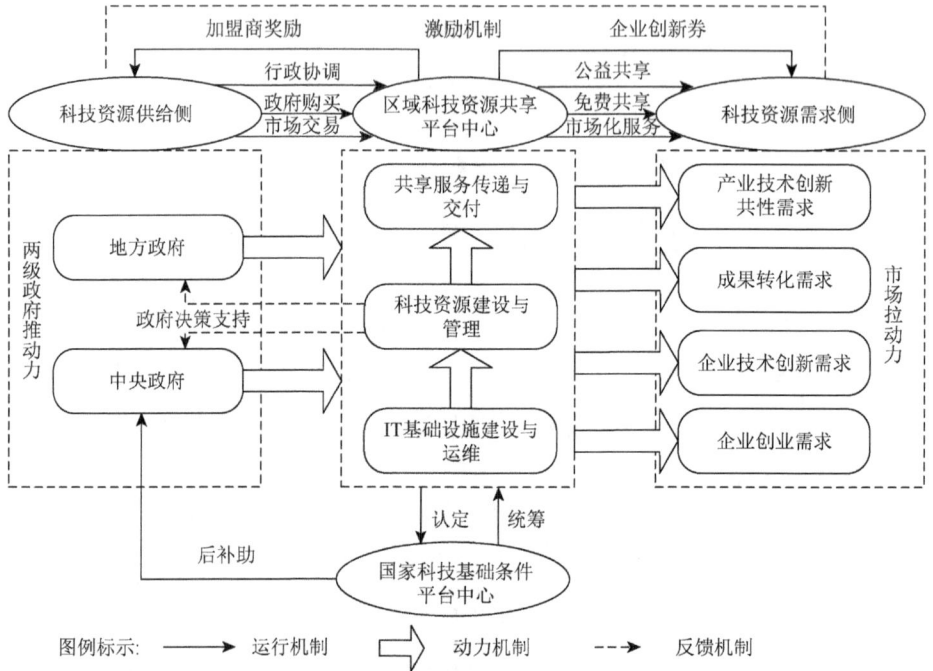

图 3-13 科技资源共享平台的外部环境

（1）政府为科技资源共享平台营造了开放共享的环境。科技资源共享平台建设之初，大部分都是非营利导向的，因此平台的建设和运行始终都蕴含着政府对科技发展的布局，以及产业发展方面的战略思考。科技资源共享平台运行的动力最早是来自中央和地方两级政府的强力推动，这两级政府的推动力主要体现在财政支持和共享的政策法规建设方面。首先，科技资源共享平台需要获得中央财政和地方财政的联合支持，他们支持的方式主要表现在项目制和补贴制，项目制资金大多数用于科技资源共享平台的建设期，也有一部分用于平台运行，针对平台在某个特殊时期的特殊任务，通过立项的方式来支持平台的发展；补贴制是指在平台发展过程中，为了推动科技资源供需双方能够积极接入平台，进而形成网络效应而推出的一种动力机制，一般情况下，具体的执行过程就是，首先让科技资源供需双方主体在市场机制下实现交易，而政府则在事后通过补贴的方式对一方，或者双方给予一定额度的资助，以激励他们继续依附平台开展科技创新活动。其次，完备的科技资源共享政策、制度，也是支撑科技资源共享平台运行的重要推动力量，因为制度创新能够解决科技资源共享过程中，相关主体行为的规范性问题。科技资源共享平台可以在遵循《中华人民共和国科技进步法》和《科技资源共享法》的前提下，建立本区域的地方性法规和条例，如在"十一五"科技计划项目课题验收过程中，要加强科技计划项目所形成的科技资源信息的加工和管理，做好数据汇交与开放共享工作，随后对科技报告的格式和关键点进行规范，便于科技报告的统一管理，提高科技报告的存取能力，这个在国家层面的科技计划资源汇交的工作规范，就能够使得平台所搜集信息的范围扩展到科学数据、论文论著、专利、标准、大型仪器设备信息以及其他相关实物科技资源，这一规定能够极大地改善科技资源的利用率，因为每年国家财政投入都会形成大量的科技资源，他们往往在项目完成后就被搁置、封存起来，改善这一状况是推动科技资源共享的重要宗旨，也是加速各类科技资源向中小企业转移和渗透的最有效途径。通过科技资源的共享来推动新一轮科学研究和技术创新活动的有效展开。对于科技资源共享平台而言，无论在其建设期还是在运行期，共享制度的建设作用都是非常明显的，尤其是那些旨在维持平台正常运行的服务制度、协调手段、激励机制等内容更是至关重要的，这些规定对于地方科技计划项目的管理也是适用的。在科技资源聚集方面的制度，最早立法的就是关于大型科学仪器的共享，如《上海市促进大型科学仪器设施共享规定》，围绕着大型科学仪器设施的新购评议、共享奖励和补贴等方面的规定，以及在相关信息公开方面的制度；《太原市科技资源开放共享条例》也明确了科技资源拥有者和使用者的相应权利与义务，并将相关的工作列入了相关年度的工作目标责任制、建立科技资源开放共享评估制度等内容，这样的规定有利于推动太原市科技资源的开放共享。总体来说，我国科技资源共享平台在信息传播和科技资源共享方面，在制度层面的推动力稍显不足。

（2）科技资源共享平台市场环境要素。在科技资源共享平台的建设和运行前期，人们还存在惯性思维，很多子平台仍然沿袭了我国传统的科技资源配置方式，这导致即使依附于科技资源共享平台，科技资源共享的效果也不理想，致使科技资源共享平台缺乏自我再生能力，无法独立运转。2006 年，中共中央、国务院发布了《国家中长期科学和技术发展规划纲要（2006—2020 年）》，首次提出要将市场机制与政府调控有机结合，为全社会科技活动创造良好的公共支撑服务，为科技资源共享平台的发展注入了新的动力。科技资源共享平台作为连接科技系统与经济系统的纽带，在国家科技基础条件平台的调研报告中可知，2012 年 5 月之前，各个地方的科技资源共享平台建设的重点还主要是围绕着科技基础条件资源来展开的，随后，一些沿海的省市才开始重视面向产业技术创新等功能的服务平台建设，这些技术平台是面向产业链的上游提供科技资源共享服务的，在他们为产业链提供科技资源共享服务的过程中，一定离不开市场机制的作用。市场机制就是本着市场的自由竞争机制来实现平台的自负盈亏，当科技资源共享平台分服务链与科技创新链高度协同时，就能够集成本地区内、外的相关科技资源，支持科技创新活动，并将其创新成果成功地转化到企业产品或生产过程中，实现科技驱动经济发展的战略目标。为了实现这个目标，科技资源共享平台的主要功能就是将平台所掌握的技术成果通过交易的方式转移到企业中，并通过提供增值服务的方式帮助企业实现工程化和产业化，这样的服务链就属于市场化的共享服务。当科技资源共享平台关注科技资源的共享、多主体的技术合作，及其协同、发展的重大问题，尤其是辅助开展技术含量高、产出效果快、发展前景广阔的研发与技术合作时，这样多重的价值循环就为平台的独立运作提供了永动力。

（3）政府与市场相互作用形成的动力要素。科技资源共享平台始终处于政府和市场两种外力作用下的平衡状态，科技资源共享平台建设之初是非利润导向的，它主要是在政府力量的主导下，以开放式的科技资源共享服务模式和运行机制为主，重点在于为企业技术创新活动提供了良好的资源环境。政府主导的科技资源共享服务具有准公益性，能够带来广泛的社会影响，使得全社会的科技资源都能够有效聚集，因此将大大促进科技资源供应方、需求方、各级平台的管理者之间的交流，但是，单一的信息对接和交易的磋商，是缺乏有机互动的协作意愿的，这就导致科技资源共享的渠道末端不通畅，科技资源扩散效率低下，直接影响科技资源共享平台的服务能力。为了使科技资源共享平台能够有效运转走向生态化发展之路，科技资源共享平台就必须引入市场机制，将平台所处的战略位置下移，以市场运营的方式直接参与到企业的科技创新活动中。在运营模式方面，科技资源共享平台可以承揽不同层面的科技创新服务，如承接科技资源共享服务的外包业务和协同创新服务，这样，平台就能够与科技资源的供应方、需求方建立起长效的合作机制。只有深度参与科技创新活动，扎根企业，激活其创新潜力，才能形成科技基础条件资源、科技人力资源、科技信息资源等重要科技资源的循环积累。只有长期的科技资源的积累，才能推动经济的高速发展。在服务效益方面，商业化运作可以通过大量的增值服务来获取超额收益或效益，科技资源共享平台在提供公益性服务的基础上，通过深度的合作开发，不断推出新型的服务产品，这样才能够提升科技资源共享平台的自我完善、自我发展的能力。李长云和张悦（2018）认为只有公益性服务和商业性服务相互形成超循环系统，其创造的价值成为平台提供持续、稳定的运行经费，就是科技资源共享平台生态化发展过程的旋动力。

3.4.2　科技资源共享平台的经济控制模型构建

科技资源共享平台建设并运营的宗旨就是为了发挥科技资源的外溢效应，通过政府规划与市场机制的双力作用整合科技资源，这是促进科技资源共享平台发挥最大效能的重要前提和基础。科技资源的整合需要一整套的相关机制，这些机制可以独立发挥作用或者组合成合力来推动科技资源的共享。科技资源整合的特征如下。

（1）科技资源的整合具有时滞性。科技资源所承载的是科技创新的成果，是一种知识产品，也兼具科学知识和技术技能两方面的属性。其中，偏科学类科技资源具有明显的公共品属性，其价值可用社会效应来衡量，而偏技术类科技资源具有非公共品的属性，它的市场化应用比较容易获得直接的经济效益。由于科技资源本身与其他类型的创新资源之间通常存在知识的耦合性，一定要与创新主体所拥有的其他资源进行互补匹配方能实现其自身的价值。由于需求者自身所拥有的资源、知识与能力的限制，只有通过整合加工和科学的评估，科技资源才能实现共享的价值，因此科技资源的供给和需求在时间轴上不太容易同时发生，科技资源共享平台系统具有时滞性的特征。

（2）科技资源的整合具有储备性。科技资源共享平台建设的宗旨就是在创新链的上游获得科技资源，然后再向下游的产业链输送这些科技资源，由于科技资源是一种知识产品，只有经过不断的累积，才能找到可以互补的科技资源，共同满足创新主体的现实需求，或者以这些科技资源的组合来激发创新主体的创新思维。所以，储备性是促进科技资源不断积累并进入持续循环递增过程的基本前提；另外，偏科学类的科技资源具有非消耗性，偏技术类的科技资源由于知识产权保护或者技术进步的原因，是具有消耗性特征的。因而，科技资源共享平台在提供共享服务的过程中，需要维持相当数量的库存，才能够满足创新主体的需求。

从科技资源共享的业务过程来看，科技资源共享平台系统是一个具有输入和输出特点的整体。在集聚与整合科技资源的初期，平台虽然是有输入的，但是没有输出，因为创新种群还没有接入平台。设平台开始输入时刻为 t，开始有输出的时刻为 $t+\tau$，时间 τ 就是系统的时滞环节；同时，科技资源的存量是实现交易的基本前提，科技资源的数量和质量也决定了科技资源共享平台的功能，平台所拥有科技资源的数量越多、信息质量越高，创新种群就会更加依赖平台，以平台为重要的栖息地来展开创新活动，这样，平台就能够持续、稳定地运行。

随着科技资源共享平台连续不断地提供共享服务，平台的供求问题就成了其生存与发展的最核心的问题。如果遵循市场规律，假设科技资源的价格取决于供给量和需求量。

首先，通常情况下，需求量是随着价格的上升而不断减少的，即

$$D = d_0 - ap \tag{3-2}$$

其中，D 为需求量；p 为价格；d_0 为需求的自主部分（与价格无关的部分）；a 为需求量对价格的导数。

其次，供给量一般情况下是随着价格的上升而持续减少的，即

$$S = S_0 + bp \qquad (3\text{-}3)$$

其中，S 为供给量；p 为价格；S_0 为供给的自主部分（与价格无关的部分）；b 为供给价格的变化率。

当供需出现平衡状态时，$S_E = D_E$。科技资源共享平台在实际运行过程中，经常会出现供需不平衡的状态。设 T 为平台的采样周期，令 $d(n)$、$S(n)$、$e(n)$ 分别为 $t = nT$ 时的需求量、供给量和供需差，则

$$e(n) = d(n) - S(n) \qquad (3\text{-}4)$$

设 $e(n)$ 是可测量的，代表科技资源存量，即 $e(t)$ 的积分是可测的，显然 $e(n)$ 中是含有价格信息的，在 $t = nT$ 时刻的现价为 $p(n)$，而 $p(n-i)$ 为第 iT 期前的相应价格，因而可用 $e(n)$ 来构造模拟价格 $\hat{p}(n)$ 的模型，该模型是张逸民（1999）提出的，即

$$\hat{p}(n) + \sum_{i=1}^{m} a_i \hat{p}(n-i) = \sum_{j=0}^{r} b_j e(n-j) \qquad (3\text{-}5)$$

设共享服务提供过程的时滞为 $\tau = \theta T$，则供给量 S 为

$$S(n+\theta) = S_0 + b\hat{p}(n) \qquad (3\text{-}6)$$

令

$$W(z) = \frac{\hat{p}(z)}{E(z)} \qquad (3\text{-}7)$$

其中，$E(z)$、$\hat{p}(z)$ 为供需差 $e(n)$ 和模拟价格 $\hat{p}(n)$ 的 z 变换。

由式（3-5）可求得

$$W(z) = \frac{\sum\limits_{j=0}^{r} b_j z^{-j}}{1 + \sum\limits_{i=1}^{m} a_i z^{-i}} \qquad (3\text{-}8)$$

由式（3-6）可求得 $S(n)$ 的 z 变换为

$$S(z) = z^{-\theta} S_0(z) + \sum_{i=0}^{\theta-1} s(i) z^{-i} + b z^{-\theta} \hat{p}(z) \qquad (3\text{-}9)$$

联合式（3-4）和式（3-9）可绘成如图 3-14 所示的系统框图。

因此，从控制理论的角度来分析科技资源共享平台，它就是一个一阶反馈闭环控制系统，比较 $1 + G(z)H(z) = 0$，可以得知，系统的前向传递函数 $W(z)$ 由式（3-8）确定，b 可理解为系统的开环放大系数，$z^{-\theta}$ 为纯时滞环节。

利用开、闭环传递函数关系可以得出以下表达式：

$$(D(z) - S(z))W(z) b z^{-\theta} + z^{-\theta} S_0(z) + \sum_{i=1}^{\theta-1} S(i) z^{-i} = S(z)$$

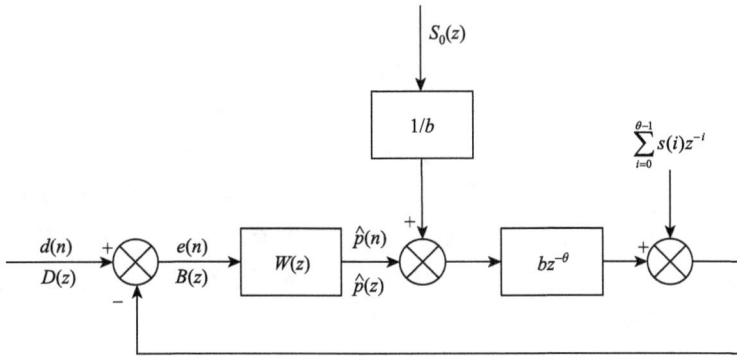

图 3-14　科技资源共享平台的系统框图

或

$$S(z) = \varphi(z)D(z) + \varphi_\varepsilon(z)z^{-\theta}S_0(z) + \phi_\varepsilon(z)\sum_{i=0}^{\theta-1}S(i)z^{-i} \qquad （3\text{-}10）$$

式中

$$\varphi(z) = \frac{bz^{-\theta}W(z)}{1 + bz^{-\theta}W(z)} \qquad （3\text{-}11）$$

$$\varphi_\varepsilon(z) = \frac{1}{1 + bz^{-\theta}W(z)} \qquad （3\text{-}12）$$

系统的特征方程为

$$1 + b\lambda^{-\theta}W(\lambda) = 0 \qquad （3\text{-}13）$$

显然，给定 b、θ 及 $W(z)$，就能确定 $\varphi_\varepsilon(z)$ 及 $\varphi(z)$。

由式（3-10）可知，系统输入量的变化可以直接影响系统的输出。供给量由三个部分组成：①需求量 $D(z)$；②系统的扰动量 $S_0(z)$；③初始条件的影响 $\sum_{i=0}^{\theta-1}S(i)z^{-i}$。

3.4.3　科技资源共享平台反馈特性分析

根据以上经济控制模型的分析，可以得知科技资源共享平台的经济控制特性如下。

（1）科技资源共享平台是一个一阶反馈闭环控制系统。从平台系统的框图可知，平台具有自反馈特性，也就是平台的输入会影响平台的输出。但是，从系统输入 $S(z) = \varphi(z)D(z) + \varphi_\varepsilon(z)z^{-\theta}S_0(z) + \phi_\varepsilon(z)\sum_{i=0}^{\theta-1}S(i)z^{-i}$ 可知，其中的第一项反映出需求对输入的控制作用，也就是当科技资源共享平台基于信息技术提供共享服务时，能够获得客户的需求信息，平台系统就能够成为一个一阶反馈控制系统。

（2）科技资源共享平台具有对科技资源价格不敏感的特性。在图 3-15 所示的模型中，没有利用科技资源价格变动的曲线进行分析，而是直接利用基于库存的供需平衡关系。从经济学意义上，可以认为科技资源共享平台的经济特性不是取决于科技资源本身的价格，而是取决于客户的价值。因此，科技资源共享平台服务模式的创新，就应该以客户价值为核心，借鉴蔺雷和吴贵生（2004）的服务价值创造过程，本书所构造的价值创造过程如图 3-15 所示。

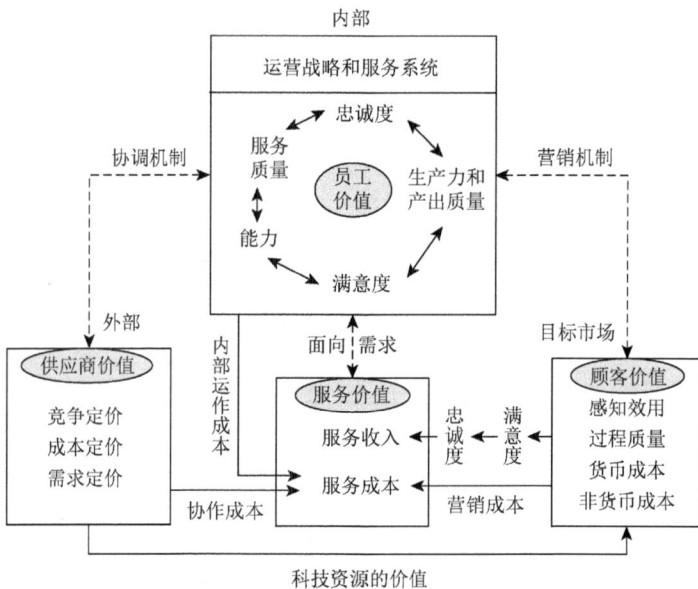

图 3-15　科技资源共享平台价值来源

（3）科技资源共享平台的科技资源供给是由需求拉动的，如图 3-16 所示。

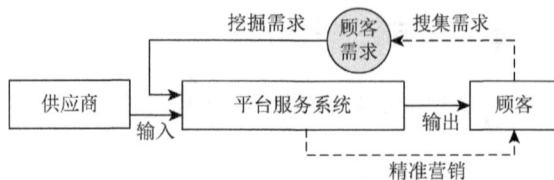

图 3-16　需求对科技资源整合的影响

在科技资源供需不平衡的条件下，平台系统的输入条件多了 $\varphi(z)D(z)$ 项，这就反映出科技资源共享平台的供给量是随着需求量的变化而变化的，这也充分说明了科技资源共享平台的运营，首先要根据客户需求来整合科技资源，李长云等（2016）认为需求是推动科技资源共享平台系统发展的主要动力因素。当需求作为系统的主要控制变量时，在提供共享服务的过程中，平台就需要分析客户特点和客户潜在需求。这样就能够在海量的客户信息中提取客户最感兴趣的内容，或者挖掘出对客户有价值的信息，通过服务模式的创新来完成科技资源共享服务，并且在提供共享服务的过程中持续地获取客户的需求信息。

（4）科技资源的整合具有路径依赖性。科技资源共享平台的共享服务，是基于之前若干个周期内关于科技资源的积累顺利开展的，如图 3-15 所示，在系统输入中的 $\sum_{i=0}^{\theta-1} S(i)z^{-i}$ 反映出平台系统的输入受到之前多个周期的科技资源累积的影响。在平台持续提供服务的过程中，科技资源共享平台中的科技资源在以前若干周期内的积累都会直接影响其本期内的科技资源整合水平。平台系统的这种累积效应，使得科技资源共享平台在任何时间、空间上的势能都是由以往若干个周期的运营共同塑造的。因此，平台的竞争力不只体现在静态的时点上，而是在平台持续发展过程中不断积累的综合效应。正是由于这种路径依赖性，科技资源共享平台的服务模式创新是必要的，也是形成绝对的竞争优势的重要途径。

（5）科技资源的整合受到一些外部因素的干扰。在如图 3-15 所示的经济模型中，输入项包含 $\varphi_\varepsilon(z)z^{-\theta}S_0(z)$，这一项可以看成是平台系统的扰动因素。科技资源的共享服务受到政府的政策法规的影响，也受产业竞争形势和创新市场的整体态势的影响。这些影响因素的综合作用结果决定了科技资源共享平台服务的绩效。科技资源共享平台系统的扰动因素如图 3-17 所示。

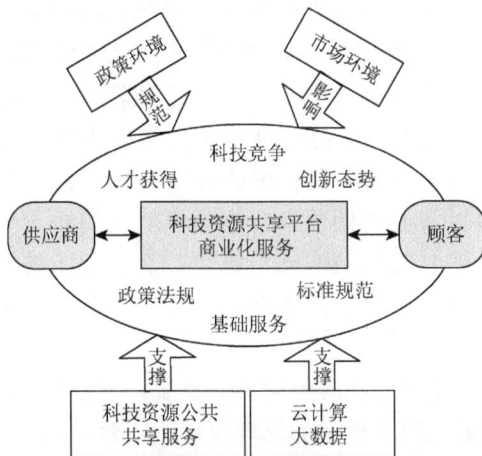

图 3-17　科技资源共享平台系统的扰动因素

3.5　科技资源共享平台的演化过程分析

3.5.1　科技资源共享平台的价值链演变

科技资源共享平台的生态化价值就来源于平台在发展过程中所形成的竞争能力。关于竞争能力的研究，首推的就是波特的价值链理论。价值链理论是在传统的工业时代背景下提出的，它着重强调了要素价值论；而在市场经济背景下，相继出现了主观消费价值论、供求稀少性价值论和均衡价格理论等；在知识经济时代，由于知识的分化，形成了独立的生产要素，出现了创新理论、信息价值论、知识价值论等。因为在知识经济时代，价值的增值越来越多地建立在信息和知识的基础上。同理，科技资源共享平台的价值增值演变，已经能够在实物增值和信息增值两个层面上交替进行。在信息时代，企业都是在两个世界中进行竞争的：一个是由实物资源所组成的物质世界，另一个是由信息资源组成的虚拟世界。Rayport 和 Sviok（1995）提出在虚拟世界中，由信息和知识所构成的价值传递路径就称为虚拟价值链，或者称为价值信息链（value information chain，VIC）。Crie（2006）认为在虚拟价值链中，信息不再只是起到辅助性的支撑作用，而是发挥了主导作用。

科技资源共享平台是由 ICT 技术搭建起来的，用于知识获取、创造、流动、运用的技术基础架构，它已经形成了标准、安全、有序的知识管理框架。在这个框架上，通过嵌入式软件、物联网、互联网与移动互联网技术、云计算等新一代信息技术，可以在更大的范围内整合科技资源，这就实现了知识工作的自动化，进而形成了用虚拟价值链整合物理价值链的高级发展状态。其中，与物理供应链子系统相融合的 ICT 技术，主要包括无线射频识别（radio frequency identification，RFID）、大规模芯片、嵌入式控制软件、应用程序（application，APP）终端、移动互联技术等，这些技术实现了服务业务过程的智能化；在虚拟价值链中，ICT 技术主要以大型应用软件的形式存在，这些软件里面固化了较多的管理知识，可以智能地处理来自物理价值链的海量信息，监测客户和市场的变化情况，支持随时随地的沟通与协作。基于智能决策改变服务逻辑，科技资源共享平台就可以在极其复杂多变的环境中，支持服务流程的动态重组，其结构如图 3-18 所示。

（1）科技资源共享平台的物理价值链子系统。平台的物理价值链是指从科技资源的获取到共享服务交付全链条的物理要素的集合。由于科技资源的共享服务在各个科技创新活动之间具有密切的搭接关系，因而物理价值链是由各项科技创新活动所需的实物资源所构成的价值创造的链条，是沿着科技创新链实现价值增值的。而在新一代信息技术作用下，远程控制芯片或嵌入式软件被嵌入到实体科技资源中，也就是实现了科技资源的数字化任务，平台系统就可以通过对这些数值化的科技资源进行有效识别，必要的时候还可以加以控制，也就可以实现实体科技资源与数字化科技资源的有效映射，为两个子价值链之间的协同奠定了技术基础。

（2）科技资源共享平台的虚拟价值链子系统。平台的虚拟价值链子系统是指贯穿于科技资源共享服务全生命周期的知识要素的集合。在虚拟价值链中，所有的知识要素都是软的、无形的，他们以数据的形式存在，包括各种关系、流程、方法、案例等，虚拟价值链中，对于知识的获取、存储、学习、共享、创新是其核心任务。虚拟价值链的运行模式是通过在知识层面上对物理价值链进行动态重构来创造价值，这种重构在虚拟价值链垂直和水平两个方向上实现。其中，垂直方向的重构则体现在供求关系、管理模式、智能决策等多层次上实现目标对接，是在协作中学习与创造知识的过程；水平方向的重构包括服务概念生产、服务流程规划、服务传递与服务交付系统等业务层面的知识重用与创新；这两个维度的重构使其能够深度理解市场的变化，并在变化中寻找恰当的解决方案，形成与物理价值链的协同，如图 3-18 所示。

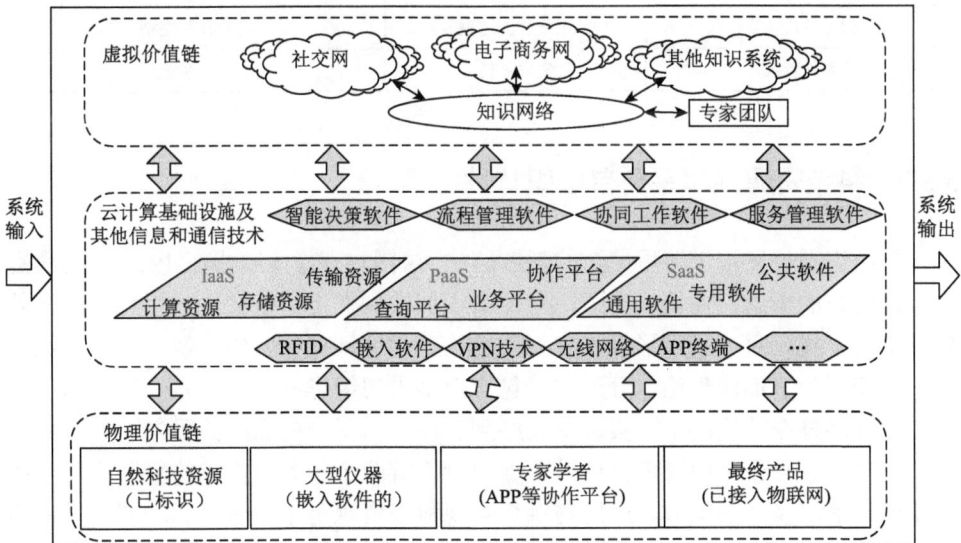

图 3-18　科技资源共享平台系统要素

李长云（2012a）认为价值链是提供服务所需的物流、信息流和知识流的综合体，有明确的输入和输出点，当利用信息系统来管理价值链中的信息资源时，信息流就从物理价值链中分离出去，对信息流的进一步处理就形成知识流。这时，科技资源共享平台价值创造的机理就发生了转变，从原来关注有形的物理价值链发展到关注无形的信息价值或者知识价值。由于信息是对有形资源自然属性的描述，以及对其控制过程的传导，而知识则是揭示了有形资源的规律属性，规律属性既包括资源的经济属性，也包括社会属性，这些属性的集合就构成了知识体系，其运行方式形成了虚拟价值链子系统。物理价值链是由一系列线性的活动构成的，是水平方向的价值增值过程，而虚拟价值链是非线性的，垂直的价值链条，是信息、知识、能力的复合体，有许多潜在的输入输出点。物理价值链是以成本/效益为主要的增值途径，称为一次增值，虚拟价值链是在挖掘和整合信息的过程中，基于外部客户需求进行内部资源优化创造价值的，称为三次增值。从经济学意义上看，物理价值链是边际收益递减的，而虚拟价值链是边际收益递增的；物理价值链是生命系统，虚拟价值链则是一个生态系统。二者的比较如表 3-3 所示。

表 3-3　物理价值链与虚拟价值链的比较

比较项目	物理价值链	虚拟价值链
管理对象	有形资源	信息、知识
着重点	价值活动安排	管理决策、业务优化
原则	成本、效率	创新效果
创造价值特点	边际收益递减	边际收益递增
系统特征	生命系统	生态系统

3.5.2　科技资源共享平台自组织特性

自组织理论发端于普里戈金的耗散结构，德国物理学家哈肯在 1976 年首次提出了自组织的概念，并认为自组织与他组织的差别在于系统变化过程是否存在外界特定的干扰。目前已经形成了集耗散结构、超循环理论、协同学、复杂系统理论、突变理论、混沌理论、分形学等包含众多思想精华的理论体系，其揭示了系统在无外部指令的情况下，实现从无序到有序、由低级向高级的反复演化过程。科技资源共享平台是由物理价值链、虚拟价值链两个子系统组成的复杂系统，通过新一代信息技术的扩散、应用与融合实现科技资源全生命周期的动态管理，其自组织特征主要表现如下。

（1）科技资源共享平台系统是连接科技与经济系统的重要纽带。开放共享是平台的主旨，时刻与科技资源的各个利益相关者之间进行物质、信息和能量的交换，是一个典型的开放系统。

（2）科技资源共享平台系统内各要素之间存在复杂的非线性作用关系。首先，以互联网、云计算、移动互联网、物联网为代表的新一代信息技术，承担着信息的采集、传输、存储、挖掘、反馈等全过程的信息保障，并且在信息采集、信息应用时，与物理价值链高度融合，在信息的传输、存储、深度挖掘方面与虚拟价值链紧密融合，这种融合作用促使科技资源共享平台各要素之间发生复杂而广泛的联系。

（3）科技资源共享平台内部存在竞争与协同。平台的核心业务是集聚科技资源的信息，以信息带动实体科技资源的共享。这些信息的聚集提高了虚拟价值链子系统的负熵，负熵使部分子系统发生耗散弛豫现象，在各子系统参量之间的竞争作用下，形成随机涨落，推动系统沿着熵增的反方向发展，形成协同效应，于是序参量形成，且随着役使作用产生，最终形成了稳定平衡态的开放系统。

（4）科技资源共享平台系统是一阶反馈控制系统。从平台系统经济特性分析可知，科技资源共享平台的输入直接影响输出，而输入又受需求的影响，在新一代信息技术的作用下，客户与科技资源共享平台交叉融合深度不断增加，平台在服务交付的过程中能够获取大量的用户需求信息，致使系统形成一阶反馈机制。当协同作用发生时，系统依靠正、负反馈机制使涨落不断放大或缩小，使系统具有新结构、新功能，从而达到新的稳定平衡态。

由此可见，科技资源共享平台系统是一个远离平衡态的开放系统，不断有物流、资金流、信息流、价值流、知识流与外界交换，促使系统内部各个要素之间发生相干效应，达到新的稳定态，因而具有显著的自组织特征。

3.5.3　科技资源共享平台系统演化模型构建

1. 系统演化朗之万方程

新一代信息技术的扩散、应用与融合，是一个典型的再信息化的过程。新一代信息技术与共享服务业务融合，促使科技资源共享平台能够以数字化、集成化、协同化、网络化、虚拟化的方式实现科技资源的共享，完成科技资源二次配置的目标。因此，科技资源共享平台系统演化的过程主要是围绕新一代信息技术在平台系统的局部应用，逐步向更多业务领域以及更高业务层面扩展，通过业务单元之间的集成形成综合应用，信息技术与平台的业务系统完全融合在一起，并在不断运行过程中积累形成了大数据，经过对大数据的进一步挖掘，形成知识系统，通过知识的自动化处理，反过来优化现有的服务系统，最终使平台系统形成一个自我成长的生态系统。以上过程的发展可以追溯到首先描述信息化发展的 Nolan 模型，Nolan 最初将信息化的过程划分为初始、扩展、控制和集成四个阶段，而后又进一步扩展为初始、扩展、控制、集成、数据和成熟六个阶段；本书从新一代信息技术应用的特征出发，认为科技资源共享平台的再信息化过程经过了扩展、集成和融合三个阶段。首先，在新一代信息技术扩展阶段，核心任务是将新一代信息技术引入、渗透、调整，信息技术的采纳过程一直受新一代信息技术基础设施的性能、技术人员的综合能力以及科技资源共享平台服务理念等综合因素的影响，当信息技术向业务领域渗透并与各个业务单元发生碰撞时，形成无规则的运动，这个过程类似于布朗运动，借鉴朗之万在研究布朗运动时的成果，认为科技资源共享平台进行再信息化的过程中，就像溶液中介质分子的运动作用力一样，也存在黏滞阻力和涨落不定的冲击力。在科技资源共享平台再信息化的初期，存在类似的两种力，一种是新一代信息技术扩散和应用所遭受的阻滞力；另一种是独立的业务单元与信息技术融合引致业务单元效率的提升，由于信息技术的渗透形成了系统的随机冲力，即涨落作用力，随着新一代信息技术的扩散、应用，这个随机冲力逐渐增加，当其足够大时，就可以推动系统向信息化高级阶段发展，在这两种作用力的竞争过程中，最终产生系统的序参量。借鉴朗之万方程描述布朗运动时的做法，将系统函数 $f(t)$ 分解为黏滞阻力 γ_i 和随机作用力 $r_i(t)$，在没有外力的作用下，系统函数的正、负取值决定了平台系统的演化方向。

设系统向高级阶段演化的临界性质由各个子系统的序参量来描述，它们构成宏观变量（未来可能成为序参量）的集合 $q = \{q_i, i = 1, 2, \cdots, n\}$，这些随机宏观变量的演化满足广义朗之万方程：

$$\frac{\mathrm{d}q_i}{\mathrm{d}t} = -\gamma_i q_i + r_i(t) \tag{3-14}$$

其中，γ_i 为系统的黏滞阻力，$r_i(t)$ 反映了一切未计入 $\{q_i\}$ 的自由度的影响。当 q_i 不是稳定模子系统变量时，γ_i 为常数，表示系统处于耗散弛豫状态。对于一般的非线性系统，通常都存在某一个序参量 q_i（i = 常数），整个系统的演化都由 q_i 决定。

上述模型阐述了科技资源共享平台系统发展演化的一般规律，当新一代信息技术在科技资源共享平台中应用并且不断扩散时，会同时发生两种效应。首先，新一代信息技术与原有的物理价值链部分融合，由于是新技术，其应用会受到平台原来资源调度模式等许多技术或管理上刚性的限制，形成对新一代信息技术的阻滞力量，与此同时，新一代信息技术的应用使得个别业务单元产生了以往所不具备的效率和效果，这种作用力催生了一些零散的新知识；当新一代信息技术的应用产生了知识时，这些新知识就被储存在知识价值链中，这些新知识与原有的旧知识发生了碰撞，新知识的应用在虚拟价值链中又形成了阻滞力量，这种碰撞带来了部分知识的更新和再生，促使更高一级的新知识诞生，被认为是知识价值链中的随机冲力。起初，这种作用力很小，不至于引起系统质的变化，当这些知识关联到一起，形成一个完整的知识体系时，就能够还原价值链的全景图，这种作用就使得原有的物理价值链系统结构让位于新的混合价值链系统结构。由于新知识的积累对系统的推动作用，弛豫很慢，称为慢变量，当他们不断积累，到达某一种临界状态，即 $\dfrac{dq_i}{dt}=0$ 时，系统处于短暂的平衡状态，随后就进入一种失稳的状态，当 $\dfrac{dq_i}{dt}>0$ 时，系统就可能发生相变，向更高级有序状态演化，使原有状态的不稳定性发生，并导致一个新的有序结构出现，这种变化会引起宏观有序的新结构。当考虑各个子系统之间的协同作用时，还需要考虑子系统协同对系统产生的推动力，下面将详细介绍。

2. 系统协同作用方程

Haken（2001）提出协同学，根据其自组织的基本原理，研究平台从开放系统的微观要素与宏观结构、微观要素之间以及系统与外部环境之间的相互作用原理，Nakano（2009）认为根据支配（役使）作用原理，系统会有少数的序参量决定系统的序，即系统从无序到有序，或者从低级有序到高级有序的演化过程中，会出现一个临界状态，这个临界状态就是序参量，序参量最终决定系统的有序状态。序参量支配系统中各个子系统之间的协同方式，使其产生一种高级稳定的秩序或者结构，这就是系统的自组织性。科技资源共享的核心动力就是实现科技资源共享平台的价值最大化，新一代信息技术为平台的知识转化与价值创造的互动融合提供了广泛的空间，系统的竞争力主要体现在知识转化为价值创造的能力上，形成了知识链与价值链融合而形成的知识价值链，知识与价值的双向循环与交替转化，促进知识与经济的协同和发展。根据 3.5.1 节的研究可知，从物理价值链视角看，平台的宏观变量应该是科技资源集成能力，用 q_2 表示，从虚拟价值链视角看，平台的宏观变量是知识驱动能力，用 q_1 表示，并假定 q_1 为系统演化的主要作用力，两者相互作用的结果是 $a\,q_1*q_2$，考虑科技资源共享平台系统只是由一个序参量和一个稳定模子系统组成的系统，代表序参量的宏观变量 q_1 与代表子系统的宏观变量 q_2，分别满足方程：

$$\frac{dq_1}{dt}=\gamma_1 q_1 - a q_1 q_2 + r_1(t) \tag{3-15}$$

$$\frac{dq_2}{dt}=-\gamma_2 q_2 + b q_1^2 + r_2(t)\,\text{且}\,|\gamma_1|<<|\gamma_2| \tag{3-16}$$

其中，γ_1 受系统外部的影响，因为新一代信息技术的能力直接影响知识的获取、生成与运用，q_1 的弛豫比 q_2 慢得多，当没有式（3-16）时，系统表现出不稳定性，从以上条件出发，认为 q_1 对 q_2 有役使作用，因此 $r_2(t)$ 可以忽略不计，按照近似绝热原理，令 $\dfrac{dq_2}{dt} \approx 0$，这样，原来的不稳定系统，经由 q_2 的稳定模的作用，变成了稳定系统，序参量 q_1 可以产生一个不等于零的稳定解。q_2 以绝热的方式跟随 q_1，系统内部就形成了物理价值链和虚拟价值链之间的协同，从而使科技资源共享平台系统显示出有序的演化过程。

将以上协同原理运用到研究科技资源共享平台知识驱动力的形成过程时，由于共享业务过程中，科技资源整合的方法，需求识别、需求集成以及运作过程中的流程优化等都属于知识，这些知识要么存在于人脑中，要么固化在信息系统软件中，随着科技资源共享平台系统的发展和外部环境的变化，不断有新知识产生，也不断有旧知识淘汰（由于过时，或知识溢出后变成通识性知识，对于创新而言已经不再具有价值），用 α 表示新知识增加率，用 γ_1 表示旧知识的淘汰率，他们都由外部的政策环境、区域科技进步的水平等因素决定，R_1 表示新一代信息技术与虚拟价值链、物理价值链融合匹配过程，对新知识增长的阻滞作用系数，所以，知识的驱动能力的变化，满足以下方程：

$$\frac{dq_1}{dt} = (\alpha - R_1)q_1 - \gamma_1 q_1 \tag{3-17}$$

在外部环境不变且没有科技资源共享平台制度约束条件下，平台的知识积累是按照指数规律增长的，即知识增长的方程是不稳定的。虽然外界科技发展水平、IT 能力水平以及平台战略等环境因素，影响了知识的产生与消亡比率，系统最终会趋于稳定，但需要的时间比较长，这不是我们所期望的。

通过以上分析可知，设 q_1 是平台系统中最具有宏观性质的变量，可以发挥序参量的作用，因为平台系统是一个自组织系统，平台的发展不会被动地任由环境变化的影响，而是要主动地通过服务模式创新，使平台积累的知识与发展目标相适应，最终以较合理的发展规模来满足技术创新需求。由于新一代信息技术与物理价值链和虚拟价值链融合，所以存在综合作用系数 $R_1 = f(q_1, q_2)$，该系数要么满足制约知识增长的某个微分方程，要么是一种影响知识积累的简单代数方程，假设本书只考虑最简单的代数关系，有 $R_1 = aq_1 + \beta q_2$，系数 a 和 β 分别由知识结构与科技资源的结构特性以及新一代信息技术能力所决定，代入式（3-4）中，同时考虑随机涨落因素的影响，可得如下方程：

$$\frac{dq_1}{dt} = (\alpha - \gamma_1)q_1 - aq_1q_2 - \beta q_1^2 + r(t) \tag{3-18}$$

在协同学的研究成果中，认为系统的协同就是系统内部自反馈的过程，这种反馈是建立在内部多个变量之间的，在科技资源共享平台内部，就是表达了知识驱动力和科技资源整合能力之间的内在协同与役使作用，在系统向高级阶段演化的每一个周期内，都会形成短暂的平台状态，这时可用 $\dfrac{dq_1}{dt}=0$ 表示演化过程的阶梯式成长。同样，科技资源整合能力的变化，一方面受自身阻滞力的影响，另一方面是来自知识驱动力的协同作用，因为有役使原理，选取式（3-3），所以 q_2 满足如下方程：

$$\frac{dq_2}{dt}=-\gamma_2 q_2 + bq_1^2 \tag{3-19}$$

3. 系统演化模型

综上可知，影响系统状态的因素有来自物理价值链的科技资源整合能力、来自虚拟价值链的知识驱动能力、来自虚拟价值链和物理价值链协同作用的随机涨落力，以及来自系统自身的反馈作用力，因此，科技资源共享平台系统的状态方程可以表示为

$$\frac{ds}{dt}=\eta_1 q_1 + \eta_2 q_2 + \eta_3 s + \eta_4 q_1 q_2 \tag{3-20}$$

其中，$\eta_1,\eta_2,\eta_3,\eta_4$ 分别为以上四种作用力的强度。

结合以上三个方程，建立了平台自组织演化模型：

$$\begin{cases} \dfrac{dq_1}{dt}=(\alpha-\gamma_1)q_1-\beta q_1^2-aq_1q_2+r(t) \\[2mm] \dfrac{dq_2}{dt}=-\gamma_2 q_2 + bq_1^2 \qquad\qquad \text{且}\ |\alpha-\gamma_1|\ll|\gamma_2| \\[2mm] \dfrac{ds}{dt}=\eta_1 q_1 + \eta_2 q_2 + \eta_3 s + \eta_4 q_1 q_2 \end{cases} \tag{3-21}$$

其中，α 为科技资源共享平台系统知识增长率；γ_1 为知识的淘汰率；γ_2 为 q_2 的阻力；β 为知识驱动力对科技资源整合能力的役使作用系数；a 为 q_1 自身的饱和系数；b 为 q_1 对 q_2 的协同作用系数；η_1 为知识驱动能力 q_1 对平台系统演化过程的影响系数；η_2 为科技资源整合能力 q_2 对平台系统演化的影响系数；η_3 为系统自身的反馈系数；η_4 为知识驱动能力和科技资源集成能力之间协同作用对平台系统演化的影响程度；$r(t)$ 为科技资源共享平台系统的随机影响力。其中，前两个方程描述了序参量役使作用达到高级有序时的稳定状态与近似绝热状态，最后一个方程中 s 代表科技资源共享平台系统，方程为各种力量对系统稳定性的综合影响过程。

本模型的平衡方程主要描述了科技资源共享平台系统内部宏观变量和微观变量之间的反馈，以及系统输出变量对输入变量的反馈作用，系统反馈作用原理如图 3-19 所示。

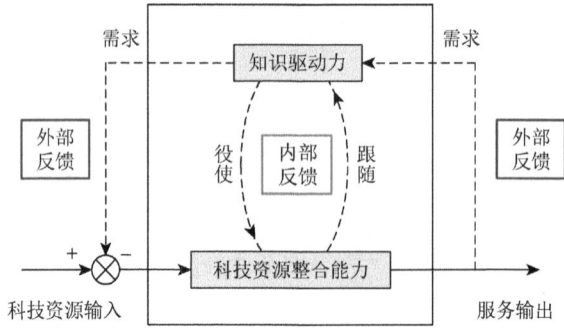

图 3-19　平台系统反馈作用机制框架图

3.5.4　科技资源共享平台系统演化过程

在上述模型中，假设 q_1 的弛豫比 q_2 慢得多，如果没有第二个方程，系统是不稳定的，可以按照绝热近似原理，令 $\dfrac{\mathrm{d}q_2}{\mathrm{d}t}=0$，这样系统的宏观特性就可以用序参量表示，显然，在非阻尼的情况下，原来的不稳定模经由发挥子系统作用的稳定模而变得稳定了，序参量 q_1 就会产生不等于零的稳定解。稳定模子系统以绝热的方式跟随序参量，系统内部形成了各个子系统之间的自组织状态，使系统表现出有规则的外部行为。如果系统自身子系统处于稳定有序的状态，那么在其演化过程产生重要影响的序参量知识驱动能力和被支配的序参量科技资源集成能力也是无变化的，这时平台系统将达到一种稳定的均衡状态，此时式（3-2）就满足以下条件：

$$\frac{\mathrm{d}q_1}{\mathrm{d}t}=0,\ \frac{\mathrm{d}q_2}{\mathrm{d}t}=0,\ \frac{\mathrm{d}s}{\mathrm{d}t}=0 \qquad (3-22)$$

只要能够找到满足条件的均衡点（0,0,0），就可以分析平台系统从一个均衡状态转变为另一个均衡状态的演化过程。根据自组织模型式（3-21）求解可得到特征矩阵如下：

$$\begin{bmatrix} \eta_3 & \eta_1+\eta_4 q_2 & \eta_2+\eta_4 q_1 \\ 0 & (\alpha-\gamma_1)-2\beta q_1-a q_2 & -a q_1 \\ 0 & 2b q_1 & -\gamma_2 \end{bmatrix} \qquad (3-23)$$

在均衡点（0,0,0）处的特征方程为

$$\begin{vmatrix} \lambda-\eta_3 & \eta_1 & \eta_2 \\ 0 & \lambda-(\alpha-\gamma_1) & 0 \\ 0 & 0 & \lambda+\gamma_2 \end{vmatrix}=0 \qquad (3-24)$$

式（3-21）的特征根为

$$\lambda_1 = \eta_3, \ \lambda_2 = \alpha - \gamma_1, \ \lambda_3 = -\gamma_2$$

由微分方程定理可知，若所有特征根实部为负，则方程的状态就是稳定的。由于 γ_2 为科技资源整合能力的阻滞系数，恒大于零，可知 λ_3 为负数始终都是成立的，说明科技资源整合能力的提升不会引起系统的波动，是一个可以忽略的参量；其余两个特征根可以形成四种组合值，即 $\lambda_1 > 0$，$\lambda_2 > 0$；$\lambda_1 < 0$，$\lambda_2 > 0$；$\lambda_1 > 0$，$\lambda_2 < 0$；$\lambda_1 < 0$，$\lambda_2 < 0$。当方程的特征根同时满足 $\lambda_1 < 0$，$\lambda_2 < 0$ 时，有 $\eta_3 > 0$，并且 $a < \gamma_1$ 表明平台系统存在正反馈机制，且知识的净增长率小于零，系统会进入一种恶性循环，最终消亡，这正是平台管理需要避免的状态。

基于 MATLAB 软件结果分析，由自组织模型求解结果可知，科技资源共享平台发展的均衡状态的稳定性由 α、γ_1 和 η_3 决定，同时在平台打破均衡状态进入失稳点，跃迁过程中避免不了随机因素的扰动，随机影响力满足 $\delta \neq 0$，李长云和邓娟（2015）用 MATLAB 软件分析了科技资源共享平台系统稳定性发生变化的过程，以下变量的赋值对系统演化趋势不产生影响，假定参量赋予以下常数：$\eta_1 = 0.6$，$\eta_2 = 0.3$，$\eta_4 = 0.8$，$\beta = 0.5$，$a = 0.9$，$\gamma_2 = 0.3$，$b = 1$，$\delta = 0.1$。计算结果分别用实线和虚线表示，其中，图 3-20（a）实线代表 q_1 的变化趋势，虚线代表 q_2 的变化趋势，图 3-20（b）实线代表 s 的变化趋势。

（1）λ_1 和 λ_2 均为负，即当 $\eta_3 < 0$，$\alpha < \gamma_1$ 时，假设 $\eta_3 = -2$，$\alpha = 0.3$，$\gamma_1 = 0.4$，通过 MATLAB 仿真，可以绘制曲线如图 3-20 所示。

如图 3-20 所示，λ_1 和 λ_2 均为负，即当 $\eta_3 < 0$，$\alpha < \gamma_1$ 时，系统处于稳定均衡状态，模拟结果表明，任何从平衡点附近出发的曲线最终都会收敛于平衡点 $(0, 0, 0)$。由于该阶段系统自反馈系数为负数，说明科技资源共享平台系统内部的稳定模子系统发挥主导作用，驱动力对稳定模子系统的冲击力不足，即科技资源整合能力

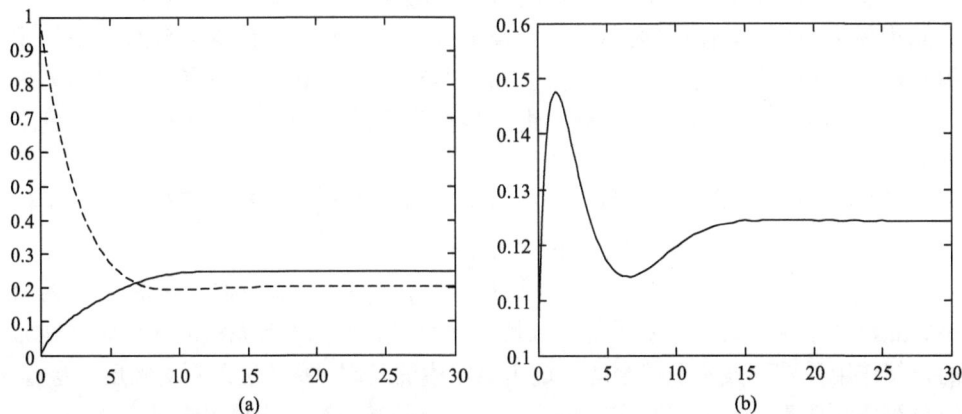

图 3-20　当 $\eta_3 < 0$，$\alpha < \gamma_1$，$\delta = 0.1$ 时，q_1、q_2 和 s 的解曲线图

大于知识驱动能力，役使作用受到制约，$\alpha < \gamma_1$ 表明科技资源共享平台的内部新知识新增加率小于知识消亡的速率；$\eta_3 < 0$ 说明平台系统是一个稳定系统，系统内部的稳定模能够抵消来自知识驱动力所形成的涨落应力，科技资源共享平台自己很难打破均衡状态，系统无法自我跃迁，需要通过服务模式创新培育知识驱动能力，经过长时间能力的积累，科技资源共享平台方可进入失稳的临界点，向高级有序阶段跃迁。

（2）λ_1 为正，λ_2 为正，即当 $\eta_3 > 0$，$\alpha > \gamma_1$ 时，假设 $\eta_3 = 2$，$\alpha = 0.6$，$\gamma_1 = 0.4$，通过 MATLAB 运算可以绘制出解曲线，如图 3-21 所示。

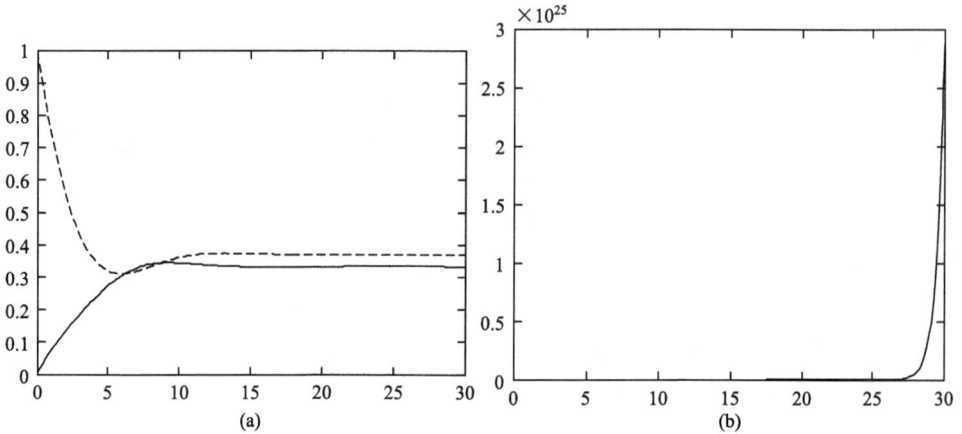

图 3-21　当 $\eta_3 > 0$，$\alpha > \gamma_1$，$\delta = 0.1$ 时，q_1、q_2 和 s 的解曲线图

如图 3-21 所示，λ_1 为正即当 $\eta_3 > 0$ 时，说明平台系统进入正反馈循环状态，这种系统输入和输出之间的激励机制对平台演化十分重要；$a > \gamma_1$ 说明平台系统的知识新增率大于知识淘汰率，与正反馈效应交替作用，使得平台系统中知识驱动能力大幅提升，平台系统进入"知识驱动能力提高→科技资源集成能力提升→需求不断增加→知识驱动能力进一步提升"的激励过程，系统呈现急剧上升的态势。

（3）λ_1 为负，λ_2 为正，即当 $\eta_3 < 0$，$\alpha > \gamma_1$ 时，假设 $\eta_3 = -2$，$\alpha = 0.6$，$\gamma_1 = 0.4$，通过 MATLAB 仿真，绘制曲线如图 3-22 所示。

如图 3-22 所示，当 λ_1 为负，λ_2 为正，即 $\eta_3 < 0$，$\alpha > \gamma_1$ 时，λ_1 和 λ_2 均为负不成立，当 $\eta_3 < 0$ 时，表明平台系统是一个稳定系统，平台系统的知识驱动能力的役使作用受到科技资源整合能力这个稳定模的阻碍，系统进入到对物质、能量、信息等资源要素配置的自我完善阶段，形成一种高级有序的自组织稳定状态，当 $\alpha > \gamma_1$ 时，表明平台知识驱动能力的增益大于知识的衰减，说明知识转化能力的

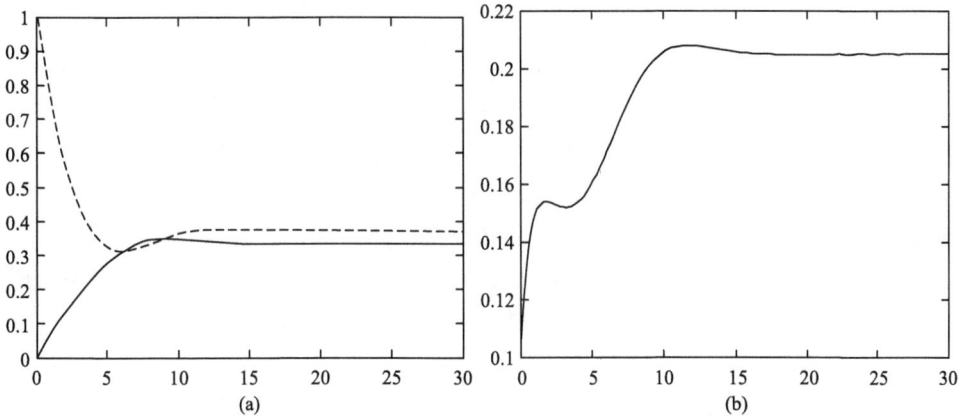

图 3-22　当 $\eta_3 < 0$ ，　$\alpha > \gamma_1$ ，　$\delta = 0.1$ 时，q_1、q_2 和 s 的解曲线图

提升虽然不能够推动服务创新系统向更高阶段跃迁，但是平台系统在持续的知识驱动力的作用下，可以维持一种高级有序状态，将该阶段称为平台系统的自我完善阶段。

本模型的基本特点就在于宏观层面上的知识转驱动能力和微观层面科技资源整合能力之间形成纵向的系统内反馈机制，同时，这种作用又与系统输入输出的反馈机制交互作用，使平台系统从低级有序向高级有序跃进，或者从高级有序向着更高级有序阶段发展，形成阶梯式发展的演化路径。

3.6　科技资源共享平台演化阶段划分

3.6.1　科技资源共享平台演化阶段

综合以上模型求解的结果分析，任务科技资源共享平台在新一代信息技术扩散、应用和融合的过程中，呈现出如图 3-23 所示的演化路径。该路径表明，在科技资源共享平台系统采纳新一代信息技术之初，系统处于 X_0 点的状态，随着物联网、移动互联网、大数据等新一代信息技术的持续应用，信息采集的效率大大提高，信息获取、传输、存储的成本逐步降低，但是由于各种类的信息技术是在科技资源共享平台内部相互独立的业务单元中使用，这种应用可以产生一些零星的知识单元，信息技术应用的各个单元之间的匹配、信息系统之间的接口不规范，协调起来比较困难，零星的知识和松散的业务单元并未关联起来，因此科技资源共享平台知识驱动力不足，但是其会在服务模式方面进行创新，促使科技资源共享平台的知识不断积累，并逐渐向业务管理层扩散，知识在不断积累并应用的过程中，致使科技资源共享平台系统的阻滞力逐渐减小，经过一段时间（O，t_1）的积累，系统状态接近 X_1^*，这时系统进入了耗散的临界状态（t_1，t_2），虽然在此时间段内系统没有发生质的改变，但是系统演化的方向却是明确的，系统演化的路径进入了分叉阶段，当系统积蓄的知识驱动能力与系统原有的稳定模竞争时，一旦形成役使作用，系统便进入 B 的发展路径，如果处于僵持状态，系统还处于 D 这种低层次的稳定状态，如果平台系统稳定模压倒序参量，系统将发生退化，走 E 的路径；当系统演化到 t_2 时，平台系统面临三条路径选择（即 B、D、E）；如果系统演化路径选择了 B 这条路径，系统便进入一个高速发展阶段，各种新一代信息技术都与相应的业务融合，并且各个业务单元之间的协调也进入一种高度集成的状态，科技资源集成和服务驱动力不断交叉促进的螺旋式上升阶段，即（t_2，t_3）阶段；经过 t_3 以后，系统进入一种更高级有序的稳定的 C 状态。

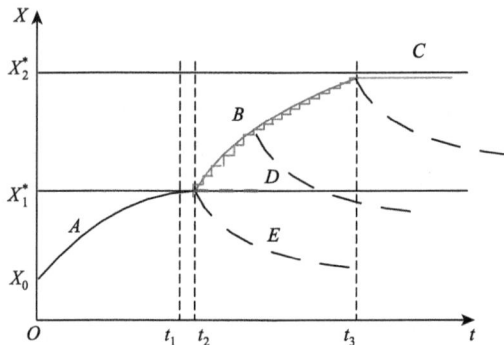

图 3-23　科技资源共享平台演化路径图

从以上分析可知，（t_1，t_2）所表示的区间是平台系统发展的关键时期，在该区间内，系统的演化方向如果走向 E 或者 D，平台系统将停止或者倒退，系统在任何状态，都有可能进入 E 这条路径，用何种机制避免系统进入 E 的衰退状态，是科技资源共享平台服务模式创新的关键问题。

3.6.2　科技资源共享平台各阶段特征

1. 第一阶段

该阶段描述的是图 3-23 的 A 段。在信息技术融合背景下，科技资源共享平台协同演化的关键在于系统内部虚拟价值链和物理价值链之间的协同，在云计算、移动互联网、大数据、传感技术等新一代信息技术扩散、应用之初，虚拟价值链与物理价值链之间的竞争力大于协同作用力，新一代信息技术和业务之间不太适应，信息技术的应用主要体现在投资建设平台的 IT 硬件以及各种功能性软件上，平台的管理也处于关注服务体系设计、标准规范、科技资源数字化以及平台服务人才队伍建设等方面。大数据还未形成、信息系统的稳定性和安全性都处于较低的水平，系统处于低水平运行阶段，虽然没有形成高级有序的系统，但是知识的驱动力正在积蓄，正处在量的持续积累过程中，系统基本上处于开环运行状态，因此，称为驱动力培育阶段，主要呈现以下特征。

（1）新一代信息技术与平台融合的层次。结合信息化发展，在该阶段，新一代信息技术的作用主要体现在对业务层面信息的采集、传输、存储、计算能力方面，信息技术的应用旨在提高业务处理以及业务单元间信息交换的能力，加快科技资源传播效率、扩大传输范围。例如，对于大型仪器和自然科技资源用信息技术进行标注，物联网逐步应用在实物科技资源的调度上，移动互联网逐步在科技资源的供、求主体与平台管理主体之间广泛使用，各种嵌入式软件的普及应用，使得科技资源的信息采集工作更加高效、精准，科技需求信息也开始大量汇入平台。由于新一代信息技术与各个业务单元之间正处于不断的适应过程中，对系统的整体认知处于探索中，未形成完整的认知。因此，整体服务水平没有明显提升，也没有能够带动科技资源整合水平的显著提高。

（2）科技资源共享平台发展方向。由于信息的采集、加工、处理都基于物理价值链，因此服务模式创新的核心任务就是提高业务单元的效率，对平台管理和整体运作效率贡献不大。科技资源共享平台要想打破现有的低水平稳定状态，就需要在现有信息处理能力的基础上，将平台的运作原理、方法、模型、经验、需求等知识融合进去，通过编制专用的信息系统将有关知识固化到软件中，在信息系统的支撑下，协调业务活动之间的关系，通过信息处理能力的培养，使平台能够实时获取信息、正确理解客户需求、竞争态势和技术发展趋势，形成对外部环境和内部运作的感知能力，这就是平台该阶段服务模式创新的目标，因此称为驱动力培育阶段。

2. 第二阶段

该阶段描述的是图 3-23 的 B 段。科技资源共享平台系统在经过知识驱动力培养阶段后，新一代信息技术与各个业务单元逐渐融合在一起，平台不再只关注服务的推广和各个业务单元之间的信息传输问题，而是关注科技资源的集成等综合业务层面的问题，通过对外部需求集成，理解客户需求，依赖各种动态配置主体的积累性学习机制，促进科技资源的整合集成，并不断地进行共享实践，一方面提高平台的执行能力，另一方面在共享实践中继续积累知识，带动科技资源集成和共享服务能力的提升。平台协同演化模型，如图 3-24 所示。

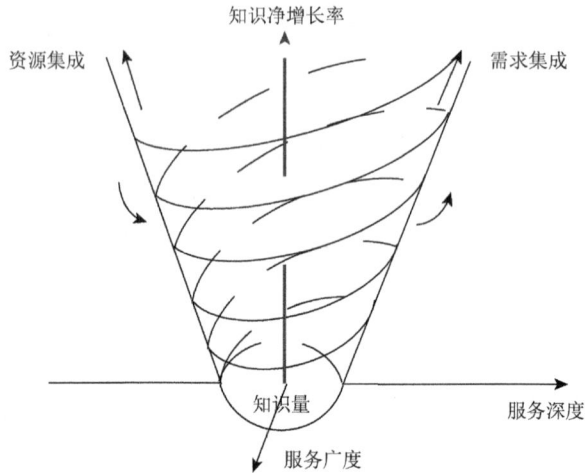

图 3-24　科技资源共享平台协同演化过程描述

（1）新一代信息技术与平台融合的层次。在协同发展阶段，新一代信息技术已经完全与业务单元融合，并将管理思想、业务规则、资源配置与调度方法等融入知识系统中，各种管理软件不断运用，并且能够进行无缝对接。李长云等（2017）认为在资源规划、业务执行、人力资源管理、后勤管理等各个环节实现了业务自动化和管理流程自动化，将平台的管理思想和管理过程进行了模型化，形成计算机可以理解的语义表示方法，其中包括企业管理模型、业务规则集、优化算法、控制模型和资源分配策略等，并将这些知识固化到相应的软件程序中，实现了平台软件模块的动态组合，实现业务流程的智能化再造，此阶段，新一代信息技术已经渗透到平台的综合管理业务中，能够实现随时随地的个性化共享服务。

（2）科技资源共享平台发展方向。在协同发展阶段，由于服务深度和广度的不断扩展，平台积累了大量的客户行为信息，形成了科技资源、共享需求的大数据资源池，同时，平台参与主体之间的关系及其结构、平台运行管理更加复杂，需要一种与平台发展相匹配的新服务模式推动平台进入高级有序状态。因此，该阶段服务模式创新的目标就是强化科技资源共享平台的执行能力，减小发展的阻力，积极推进平台螺旋式发展，以期形成知识驱动与科技资源集成的内部垂直方向正反馈机制，以及科技资源集成与需求集成的外部水平方向的正反馈机制，在这两种机制的交叉作用下，以科技资源集成为核心，推动系统向高级有序阶段发展，提升执行能力是本阶段服务模式创新的目标，因此称为协同发展阶段。

3. 第三阶段

平台经过了协同发展阶段，物理价值链和虚拟价值链之间的协同作用，使得知识驱动力成为系统的主要推动力量，在知识驱动力的作用下，科技资源集成能力以绝热的方式完全跟随知识驱动力，在系统内部，物理价值链和虚拟价值链进入了自组织的高级有序状态，科技资源共享平台系统从整体上表现为高级有序的状态。

（1）新一代信息技术与平台融合的层次。在该阶段，平台系统已经具有成熟的结构和灵活的信息交流渠道，新一代信息技术应用已经渗透到平台服务模式的动态调整以及管理战略创新的层面，实现了知识的自动化过程，能够完成平台内部、供应方、需求方和社会资源的整合，系统进入了持续自我完善阶段，各个参与主体之间形成了稳定、高效的合作关系，此时，系统的负反馈机制健全，从而形成了一个稳定的创新生态系统。

（2）科技资源共享平台发展方向。该阶段的工作重点是关注市场竞争态势和客户的需求，利用平台内部的人工智能软件与员工的智慧，以及在服务过程中积累的大量知识，形成一种与创新需求相匹配的思维模式和行为方式，整合全社会的资源，以智能化决策和整体解决方案服务为基础，解决企业创新问题。在该阶段，新一代信息技术已经完全融合到科技资源共享平台各个层次中，使得平台打破原有的束缚，形成以大数据为核心，以专家团队、人工智能软件为载体的智慧服务模式，该阶段服务模式的创新是以自我完善为目标，因此称为高级有序阶段。

3.7　本章小结

本章从区域平台的战略定位出发，界定了平台的内涵和作用，分析了平台的结构特征，将平台分为主体要素、客体要素和运行要素三个部分；从共享业务流程视角，依据区域平台的供需不平衡和时滞性的特点，建立了系统的经济控制模型，经过 Z 变换，得出以下结论：区域平台是一阶反馈控制系统；其对科技资源价格不敏感；科技资源的整合，受到需求拉动的作用影响；科技资源的整合具有路径依赖性；科技资源整合的效果受到一些外部因素的扰动。通过对区域平台业务进行分析，从信息技术能力出发，将区域平台的价值链划分为物理价值链和虚拟价值链两个子系统；用朗之万方程分析新一代信息技术的采纳与融合过程，基于哈肯模型建立了协同方程，用一般系统论思想，建立了系统状态方程，用以上三个方程来描述区域平台系统在竞争—协同—有序三个阶段系统的稳定性，利用系统失稳、近似绝热、状态平衡原理，建立了系统协同演化模型；经过解析求解和 MATLAB 仿真分析，确定了区域平台系统演化所经历的三个阶段，分别是驱动力培育阶段、协同发展阶段、自我完善阶段，并根据每一个阶段的特征，确定了区域科技资源共享服务平台各个阶段服务创新的目标，分别是以提升感知能力驱动的创新、提升执行能力驱动的创新、提升自我完善能力驱动的创新。完整地阐释了采纳新一代信息技术引发区域科技资源共享服务平台服务模式创新的内在机理。

第4章 科技资源共享平台服务创新路径设计

新一代信息技术的扩散、应用与融合引起科技资源共享平台演化发展，该演化过程需要创新服务模式的推动，如何设计服务模式来推动科技资源共享平台的发展，是本书的关键问题，因此，探索利用新一代信息技术驱动平台服务创新的路径，是进行服务模式设计的前提和关键的理论问题。

4.1 演化阶段与服务创新绩效的关系

根据平台系统演化阶段分析，平台自组织系统是在"竞争—协同—有序"的演化路径上发展的。在平台演化的每一个阶段，都要选择与平台发展目标相适应的服务模式，通过持续的服务创新，将科技资源共享平台系统推向更高级发展阶段。在平台演化不同阶段，系统的协同度、新一代信息技术融合的层次以及需求的变化规律都不同。演化阶段与服务创新绩效的关系如图 4-1 所示。

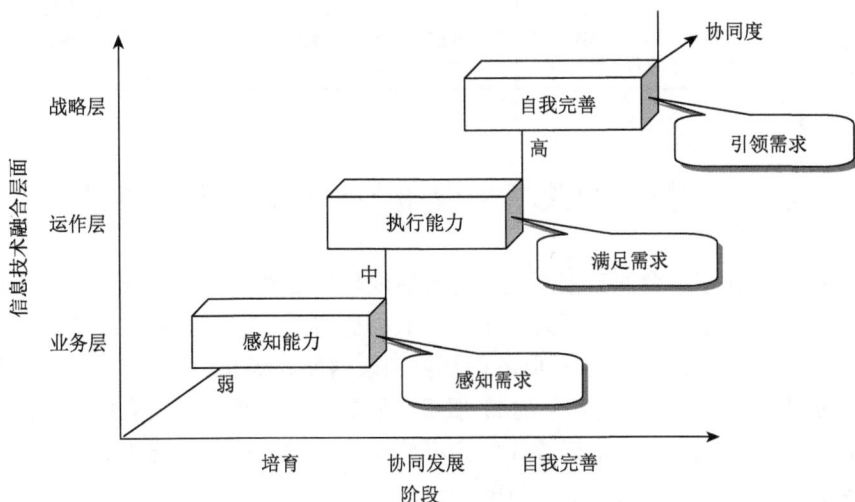

图 4-1　平台 IT 融合、系统演化阶段与服务创新绩效的关系

在驱动力培育阶段，系统基本上处于开环运行状态，科技资源共享平台的核心任务是拓展信息位，大量汇聚起来的信息还未形成可以直接使用的知识，

因此，科技资源共享平台系统内的知识处于量的积累过程，该阶段的识别条件是新一代信息技术刚刚被采纳，正在逐步扩展应用，或者已经应用相当长一段时间，但是还没能形成有效的知识积累，系统处于政府扶持的公益性服务阶段，平台的发展重点是加强新一代信息技术与业务单元的融合，关注科技资源的数字化工作，以及平台主体、工作单元之间的信息对接问题；在平台协同发展阶段，经过了子系统之间的竞争，系统序参量逐步形成，役使作用明显，知识增长率显著提高，平台进入快速发展阶段；在高级有序阶段，平台的各个系统完全进入高级有序的稳定状态，需求集成能力提高到最大状态，平台服务更加智慧化，此阶段是平台引领需求，已经能够适应国家的战略调整，顺应产业发展态势。整体解决方案成为本阶段最主要的服务特点。各阶段的选择条件及其他特征如表 4-1 所示。

表 4-1　科技资源共享平台演化阶段与服务创新的关系

阶段	阶段的识别	信息技术融合的层次	服务创新目标	备注
培育阶段	未采纳新一代信息技术或者已经采纳且满足 $\alpha < \gamma_1 \ \& \ \eta_3 < 0$	新一代信息技术与业务单元融合	提升平台感知能力	（1）α 表示平台新知识增长率，γ_1 表示平台知识淘汰率，λ_3 表示系统自反馈系数
协同阶段	已经采纳新一代信息技术，且满足 $\eta_3 > 0 \ \& \ \alpha > \gamma_1$	新一代信息技术与运作流程融合	提升平台执行能力	（2）知识的数量以软件的字节数来衡量
有序阶段	已经采纳新一代信息技术，且满足 $\eta_3 < 0 \ \& \ \alpha > \gamma_1$	新一代信息技术与平台战略融合	提升平台自我完善能力	

4.2　科技资源共享平台服务创新路径概念模型

科技资源共享平台服务创新是平台发展演化的必然选择，以云计算为核心的新一代信息技术推动科技资源共享平台从低级稳定系统向高级有序结构发展过程中，每一阶段，都需要平台进行服务创新以突破困局。云计算所拥有的 IT 资源池，为平台提供了似乎"能力无限"的 IT 服务。但是云计算等新一代信息技术只有与平台的业务高度融合，才能提高系统获取信息的能力、提高系统的柔性能力，以及战略决策的能力，最终形成智慧的平台。

4.2.1　科技资源共享平台服务创新的起点

从本书的研究视角分析，科技资源共享平台服务创新的起点是以云计算技术为代表的新一代信息技术。云计算技术是继计算机技术、互联网应用之后的第三次 IT 浪潮，它以泛在接入、弹性、可扩展性、按需付费等特征改变了人们使用 IT 的模式，代表着集约、灵活、可控的信息化发展方向。云计算技术打破了以往用户必须拥有才能使用 IT 资源的限制，使人们无须考虑计算能力、传输能力、存储能力的限制，为信息资源的管理提供了新手段。云计算本质上是新一代 IT 基础设施。它提供的 IaaS、PaaS 和 SaaS 三种服务模式是将传统的 IT 基础设施要素扩充后重新封装而形成的服务包，IaaS 提供的是 IT 能力服务，PaaS 提供的是一种共享环境，SaaS 提供的是专项知识服务。云计算的应用摆脱了云计算服务客户对 IT 资源的束缚，变一次性投资为使用费用，云计算基础设施实质上是在 IT 资源要素和 IT 能力要素的基础上，面向智能化的知识和问题解决方案的高级封装过程，这种 IT 资源的交付模式是知识、技能和资源集合体。

由实践应用和理论成果分析可知，云计算基础设施是建构在互联网之上的 IT 资源提供方式，其突出特性就是集成性，封装在 IaaS 服务中的数据，PaaS 提供的共享环境，SaaS 软件固化的专业知识都基于数据集中、资源池和共享环境的特征，有助于客户在数据和软件方面的整合，云计算以数据集中的方式提供了一个信息共享和合作更方便的 IT 环境，这个共享环境将价值链的各个环节集成起来，允许团队以从前没有的方式进行合作，协同支持组织管理、降低成本、提高需求响应速度，实现价值最大增值，在云计算与物联网、大数据技术紧密结合的当下，云计算的集成能力还体现在大数据的存储与挖掘能力方面；云计算基础设施的集成性不仅体现在云计算是一个资源池，更突出地表现为对资源池内的所有硬件、软件和人力资源进行快速、灵活、按需整合匹配，以资源最大化利用为目标，提供满足客户细分市场需求的不同粒度的 IT 解决方案。云计算基础设施的另一大特性就是便捷性。云计算基础设施的可扩展性、模块性、兼容性以及能处理多种应用的程度决定了客户接受服务的便捷性。云计算这种基于互联网的 IT 服务交付模式，使得过去无法解决的大规模计算和海量信息存储问题得到有效的解决，以分布式的方式集中大量的 IT 资源，通过虚拟化技术实现资源的动态、按需分配，这种集中管理的方式使得客户端更加轻型化。在云中，利用虚拟化技术快速部署资源，形态灵活、聚散随需，使客户感知云计算提供了无限、按需使用的 IT 资源，客户可以以即时、按需付费的方式调用巨大的 IT 资源，使用后又可以即刻释放这些资源，这就是云计算的弹性；云计算资源的弹性供给，使得客户可以开展面向海量信息资源的业务，这在技术层面上就促使云计算与无线网络技术融合成为可能，加之客户端设备的轻型化，减少客户终端的经济负担，泛在接入性为客户提供了极大的便利性，方便客户参与，可实现自助式服务获取；服务的扩展性是指可使用的资源规模随业务量动态扩展，这种扩展服务对客户和 IT 资源的提供者是透明的，扩展过程中服务不会中断，且能保证服务质量，使客户更方便地根据自己的需求扩展原有业务或开展新业务，实现软件应用的快速部署，云计算技术的便捷性还体现在客户不需要预先的资本投入，即能快速地获取硬件、软件资源，在需要的时候临时获取云中资源，从而在商业上更容易开展新业务。

综上，云计算基础设施的集成性是由大数据分析能力、预警能力、资源整合能力和协同能力四个指标构成的；云计算基础设施的便捷性是由弹性、可扩展、泛在接入、技术透明、自助性、按需付费六个指标构成的。

4.2.2　科技资源共享平台服务创新栈

科技资源共享平台的共享服务是依赖云计算技术，利用专业性知识的生产与转化作用，促进科技资源的最优化配置。科技资源共享平台作为一个服务系统，其业务过程描述了科技资源共享服务生产、传递的步骤和方法。

1. 定义科技资源共享平台的业务过程

定义平台的业务过程，就是确定平台在逻辑上相关的一组决策和活动的集合。从广义视角分析，平台的服务管理分为战略、运营两个层面，其中，运营层面又进一步分为服务流程设计、服务传递和服务界面三个过程。具体业务过程如图 4-2 所示。

其中，服务概念确定是一个典型的决策过程，主要活动有外部环境分析、市场需求分析、平台的资源和能力分析；服务流程设计是指对服务功能以及各个服务单元之间的逻辑关系进行安排，这个过程通常是在后台完成的，设计完成之后需要将解决问题的子模块固化到程序中，而各个功能模块之间的组合既可以由机器来自动完成，也可以采用"人—机"共同完成；服务传递是指在特定的提供服务过程，实现了科技资源由供应商到客户的传递过程，作为科技资源流通的渠道，该过程关注的主要问题是传递时间、地点和方式；在新一代信息技术的支撑下，服务界面逐渐与所有的服务活动紧密关联，在需求识别、服务规划、服务接触等全生命周内始终发挥重要作用，如图 4-2 所示。

科技资源共享平台所有服务活动都是依托新一代信息技术完成的，逐渐从独立的业务单元渗透到核心业务流程中，在共享平台的全生命周期中，通过对信息的搜集、传输、加工、存储、更新和维护支持服务。新一代信息技术还能够实现服务要素的动态组合，培养配置和优化资源的知识与技能，进而适应客户的动态需求，持续优化服务流程，以达到降低成本、提高效率的目标。

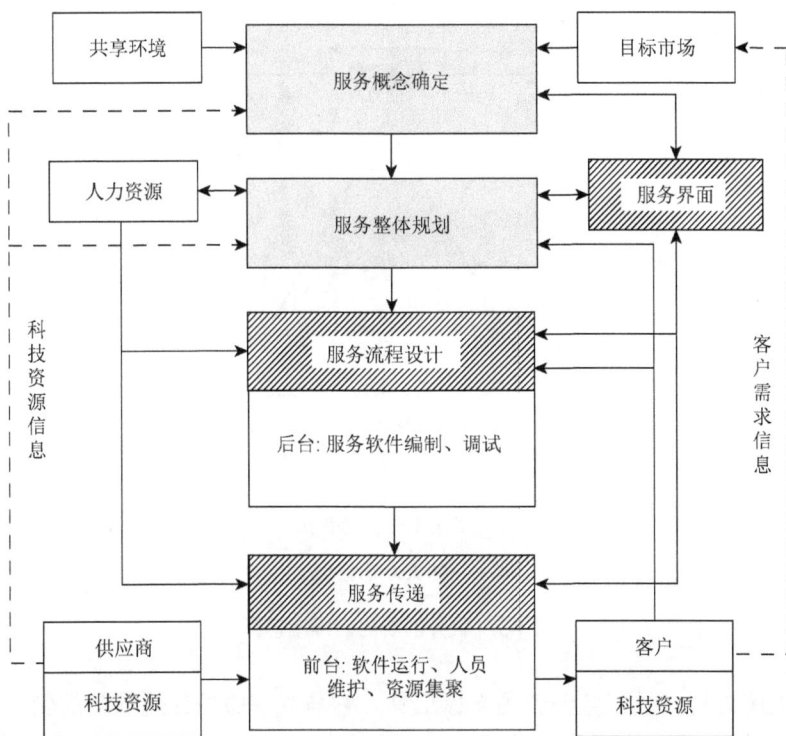

图 4-2　科技资源共享平台业务模型

2. 科技资源共享平台服务创新的维度

服务创新理论和实践经验表明，新服务模式的设计能够提高科技资源共享平台绩效、获得竞争优势。创新服务模式能够增加共享平台的利润、提高客户忠诚度、完善内部业务流程、促进员工学习和成长潜力，服务创新是根据组织的创新需求，在内部要素和外部环境的双重作用下，通过对服务概念、服务提交系统、服务提交界面和服务支撑技术的创新，向客户提供全新或改进服务的正式或非正式的开发活动。服务创新包括相互联系的四种创新类型，即概念创新、界面创新、组织创新和技术创新，如图 4-3 所示。

从创新四维模型中可以看出，技术创新维度与其他三个创新维度不在同一个层面，技术创新是其他创新维度的手段和基本前提。在科技资源共享平台中，科技资源的共享依赖 ICT，尽管 IT 本身并不促成任何事情，但是它却是服务创新的关键，当 IT 基础设施升级为云计算基础设施时，从技术支撑视角看，云计算技术既能实现数据的重用和集成，又能实现功能的重用和集成，在共享业务层面，云计算技术的创新不仅能改变组织的经营过程和决策过程，还能营造丰富的各个主体交互环境。

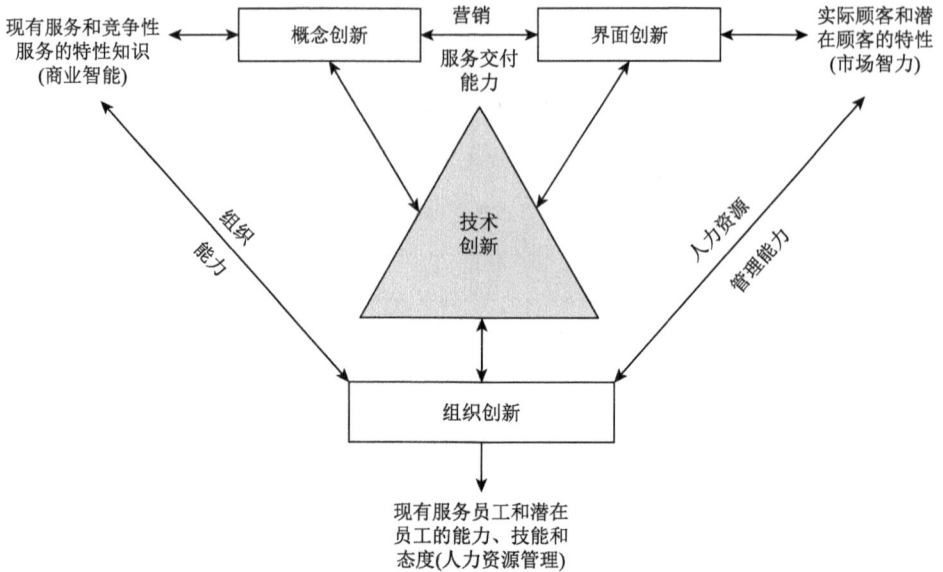

图 4-3　服务创新的四维度模型

　　由于信息技术是服务创新的支撑工具，它与共享服务其他维度的创新不在一个层面上，应该将其从创新维度中独立出来。分析 Den Hertog 和 Bilderbeek（1998）的四维服务创新模型发现，技术创新是促发其余创新维度的关键要素，其余的创新维度是沿着服务生命周期逻辑划分的三个阶段，即"服务概念—服务过程管理—客户界面"。也有学者将服务创新分为"产品/概念创新、客户界面创新和服务传递系统创新"，其中，概念设计就是要"界定价值来源"，流程设计就是优化"价值创造过程"，即设计服务过程系统，客户界面就是完成价值交付。按照平台价值实现过程逻辑思想设计了服务模式的创新栈模型，如图 4-4 所示。

　　创新栈的逻辑结构表明，区域服务创新是由多方主体参与的资源提供、服务管理、服务对接以及相关的接口所组成的，底层的技术层是建立在云计算等新一代信息技术基础上的物理结构，资源层保存和管理的是科技资源共享平台在运行过程中积累下来的大数据，技术层和资源层是共享服务提供的资源禀赋和基础保障；按照共享服务提供的流程形成了"服务概念→服务流程→服务界面"构成的服务栈。其中，服务界面是指通过"人—人""人—机"交互方式，服务流程是指已经集成后的资源，按照服务目标动态组织活动提供服务的过程，也是柔性化服务的关键；服务概念是与科技资源共享平台的发展战略、资源禀赋、客户需求、信息技术条件等密切相关的，也是共享服务的起点。层和层之间设计了信息接口，以便协同运作。

服务界面创新　供应者　管理者　客户　要点：信息获取　交互

员工　信息系统　共享环境　信息系统　员工

服务流程创新　输入　服务活动集合　输出　分界

战略支撑　服务成本　服务效率　服务质量　产品柔性　要点：知识应用

服务概念创新　市场机会　内部资源　服务定位　顾客价值　经济价值　要点：知识创造

云计算基础设施　技术层　云计算、无线网络、传感技术、Web技术、SOA技术、工作流技术等

资源层　科技资源大数据；共享服务业务大数据；客户需求大数据

⇒ 代表流程　⇔ 代表接口

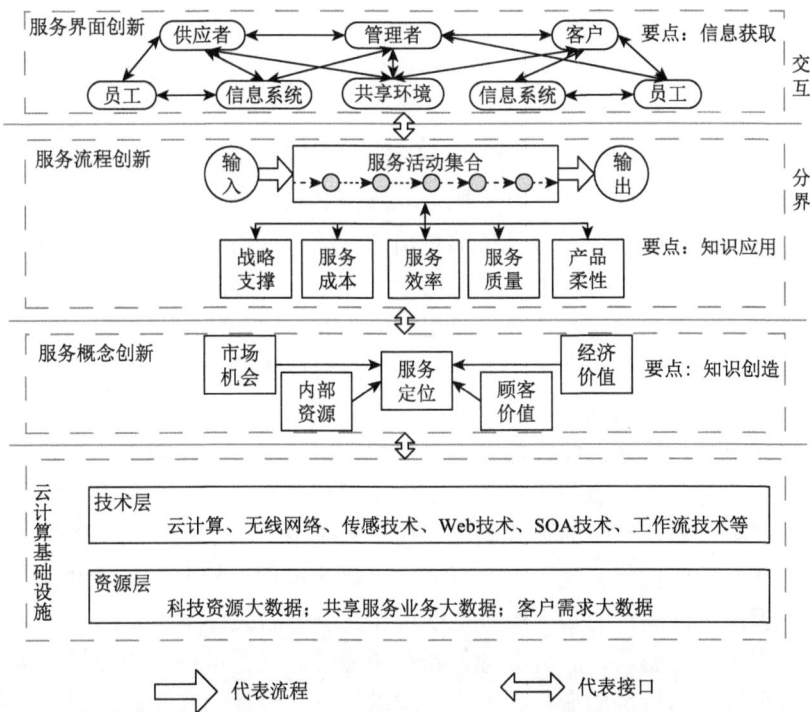

图 4-4　科技资源共享平台服务创新栈

（1）服务界面创新。服务界面创新是科技资源共享平台服务交付全过程中各个相关主体交互的接口与界面。界面交互是各个主体实现价值共创的基础，也是价值实现的界面，交互本质上是主体之间共享信息和知识的过程，通过深度的知识和信息的共享，可显著增强规模经济效益。从服务交互的主体视角分析，由于知识的载体主要是"人"，所以客户接触就成为知识传递的主要模式，早期的客户交互特指"员工—客户"的二元交互，当信息技术得到普及应用时，计算机就部分地成了"智慧物"，二元交互的内涵就由"人—人"互动扩展为"人—物"互动，在科技资源共享平台上，共享服务被描述成为虚、实两个服务价值链，服务交互的内涵进一步扩展，服务交互的主体包括整条服务链或服务网络上的所有节点，不仅包括服务接受者和服务提供者，还包括供应商、共享平台的管理者、共享平台的投资者（政府），交互的对象包括所有这些主体，以及相应的信息系统和交互的环境，交互方式也演化为众多主体之间的组合关系，甚至"客户—客户"之间的交流变得十分重要。据此，客户界面就扩展为广义的服务界面。

从服务交互的过程分析，当一个消费者频繁地与同一个服务提供者接触时，就产生了服务关系，利用云计算基础设施积累的大数据，就可以打破服务交互的

时空限制，保证服务交互的连续性和有效性，一旦某个客户与共享平台有过信息接触，客户就主动或被动地与共享平台进行了交互，强化了服务交互的频度和深度，保证了服务交互的质量。

（2）服务流程创新。服务流程创新是指科技资源共享平台如何协调可用资源，通过内部的组织开发和管理，开发服务业务信息系统的过程。业务流程是指把一个或多个输入转化为对客户有价值的输出的活动，任何组织把相互联系、彼此影响、有前因后果关系、有投入和产出的一系列事务，称为一个流程。总之，流程是有逻辑性的活动集合，流程具有特定的输入和输出，流程对组织是有价值的。流程对组织外部的接触点有多个，这些接触点对内影响组织各个功能单元之间的协调，对外影响资源的获取和客户的满意度，随意将接触点独立出来，作为界面创新的研究范畴，这样对流程的管理与过程创新就专注于内部事务的处理，是形成竞争力的关键要素，服务流程是由工作流程和惯例，在科技资源共享平台上，这些流程又被以显性知识的形式固化在信息系统中。由于服务的本质是一方利用固有能力（知识或技能）满足另一方某种需要的过程，能力只有经过流程才能被具体化，因而透过流程的知识服务是创新和竞争力的关键驱动力。

（3）服务概念创新。服务概念创新是指通过对新服务概念的理解，科技资源共享平台可以根据市场的变化、客户需求以及竞争者行为开发新的服务产品或者改进原有的服务，形成服务蓝图。科技资源共享平台上服务概念创新具有多元化和客户导向两个主要特点。因为服务概念的形成源于市场竞争态势和客户的需求两个因素，内部员工的智慧以及服务推广人员的知识积累也是新概念产生的关键要素。服务概念创新不仅要考虑服务本身的功能和属性问题，还要对服务交付方式、服务传递流程、服务所需资源的获取能力等方面进行评估与能力平衡，并根据市场的变化、客户需求以及竞争者行为等开发具有独特效益的新服务，并形成智能。科技资源共享平台的服务是以科技资源为核心的，所以服务概念的核心工作就是确定平台提供什么样的服务，客户可以得到什么样的服务，通过对服务概念的描述分解为具体的功能指标，与服务流程对接。

通过以上创新维度的分析可以看出，服务概念（service concept，SC）创新是服务生产的起点，它定义了服务价值和服务功能，服务流程创新是支持服务价值实现的同时，如何安排活动以提高服务的效率和效果，服务界面创新是将服务体系中的所有接触点连接畅通，是提高服务效率和效果的催化剂。这三个维度的创新一方面体现了服务的业务逻辑，另一方面还有隐性的交叉关系，因为服务系统内部服务模块间存在耦合关系，如大数据的应用能够帮助平台实现目标市场细分和客户的精准定位，而大数据的获得却依赖服务界面的创新，服务流程的创新使得平台能够对外部创新变化做出动态反应，而这种反应的前提是依赖市场分析系统，该系统能够帮助平台跟踪市场环境的动态变化。这一切创新都离不开信息技术的应用，因为信息技术驱动的服务和服务创新，不仅能够重构传统服务，还能催生出全新的服务概念和服务模式。

4.2.3　科技资源共享平台服务创新绩效

科技资源共享平台的服务创新是以完善虚拟价值链为核心的，从知识积累到知识运用的全过程优化。云计算、大数据、物联网、移动互联网等新一代信息技术的扩散、应用与融合，促进了平台以信息和知识为基础的服务模式变革。因此平台服务创新的终极目标就是提高平台的"智商"，因为高智商是智慧的源泉，它能够快速感知环境变化、准确决策、整合资源、快速反应，所以能够获得竞争优势。组织的智慧是信息化发展的高级阶段，追求情境最优，本书对丁渊（2009）提出的智能 6 级水平进行归纳发现，学习与决策能力、感知能力和执行能力是形成智慧的核心能力，也正是科技资源共享平台演化发展各阶段所需要的能力。

（1）科技资源共享平台的感知能力。科技资源共享平台系统以网络为载体，信息流是其服务能力形成的基础。其中，信息的传播与推断形成了共享平台系统的感知能力，感知（信息的获取和处理）被视为一种力量的源泉，是形成智慧的重要前提。作为服务绩效的关键要素之一，感知能力具有十分重要的地位，感知能力是获取实时信息，正确理解客户需求、竞争态势和技术变化趋势，并提出有效应对措施的能力，属于动态能力的重要组成部分，感知实质上是从外部信息搜集与传播到企业决策的过程。在科技资源共享平台服务过程中，感知能力主要体现在以互联网、物联网、云计算、大数据等新一代信息技术为依托，通过全面、实时搜集信息，迅速分析，判断外界环境的变化和觉察自身知识、能力水平的程度。感知能力不仅包括信息领域，还包括认知领域。本书只涉及信息领域的感知，所以属于低层次的感知，认知领域的感知与服务概念创新中的推断与决策密切相关，被剥离出去了。

（2）科技资源共享平台的执行能力。敏捷性突出地表现为"感知-应变"能力，应变能力就是采取行动的物理能力，只有感知和应变能力同步提升，才能实现服务的敏捷性。本书的执行能力，是敏捷性和柔性的综合，柔性是指组织应对内部或者外部不确定性时对运作过程和模式进行修正的能力。随着 SOA 技术的推广应用，平台中部署了各种标准的、可重用的应用组件，可以实现随着业务需求而重构的服务流程，这种信息系统的柔性就体现出使用柔性和变更柔性，使用柔性是指在不对系统做大的调整的情况下，系统的服务种类和服务流程的多样化，使用柔性包括系统服务功能、数据库以及信息系统界面三方面的性能；变更柔性主要表现为 IT 人力资源以及系统整合程度和模块化程度，科技资源共享平台的执行能力主要指信息系统的变更柔性。

（3）科技资源共享平台的自我完善能力。经过长期的实践，共享平台具备了较高知识管理水平和较强的综合管理与决策能力。以云计算资源池为基础设施，按需付费并提供动态、可伸缩的 IT 服务。借助云计算等新一代信息技术，平台将从知识的获取、转化、存储与应用全周期提高综合管理水平，知识的综合管理是提升决策能力的核心，面对不确定性环境时，平台利用大数据思维，采用全样本、多源数据，利用相关关系进行实时预测，将固化在"信息系统中"的显性知识和"人"所拥有的隐性知识综合利用，提供基于情境的最优服务，在经营层面，通过传感与推断实现与客户的互动交流，形成服务效用最大化的认知能力；在战略层面，通过学习与预见能力使决策者能够高效、准确地利用信息资源，及时抓住机遇，实现组织可持续发展的目标，进而保持核心价值观以形成竞争力。

4.2.4　科技资源共享平台服务创新框架

根据已有的研究成果，单独依靠新一代信息技术并不能给科技资源共享平台带来竞争优势，只有将云计算与大数据、物联网、移动互联网融合应用，通过改善科技资源共享平台的信息界面、决策界面，才能提高其信息获取的及时性和全面性，进而提高科技资源共享平台的感知能力；云计算技术与信息系统建模技术、数据库技术等融合，变革科技资源共享平台的执行系统，通过自动化服务实现服务流程的高效性和柔性，进而提高科技资源共享平台的执行能力；云计算与大数据、数据挖掘等技术融合应用，改变服务概念的决策过程，使决策根据科学性和敏捷性，进而提高科技资源共享平台的自我完善能力。云计算促使科技资源共享平台感知能力、执行能力和自我完善能力的逐步提升，就形成了一种敏捷、智慧的服务模式。本书以云计算基础设施为起点，选择集成性和便捷性两个外生变量，通过服务创新栈中的服务界面、服务流程和服务概念三个内生变量的作用，考察如何提升平台的感知能力、执行能力、自我完善能力的路径。形成的概念模型如图 4-5 所示。

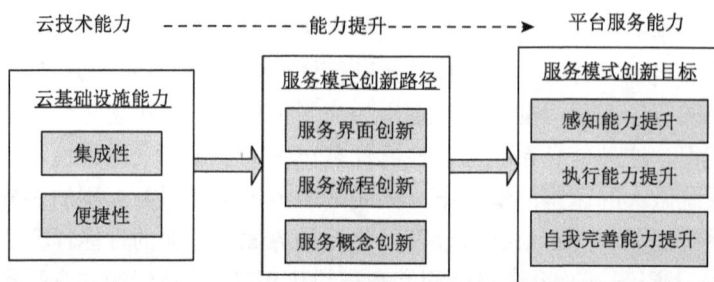

图 4-5　科技资源共享平台服务创新路径的概念模型

4.3　科技资源共享平台服务创新路径研究假设

4.3.1　科技资源共享平台服务界面创新的假设

许多学者认为界面是一种介质、通道或载体，也有学者强调了界面的边界属性，发挥信息转移的作用。系统是由诸多要素构成的，系统与环境交互以及系统要素和要素之间的交互构成了一个完整的界面体系，包含履行与支持、信息与洞察力、关系动态、价格结构，鉴于平台系统依赖信息系统实现共享服务，因此平台的界面不仅包括人机对话的交互，也包括人与人之间的逻辑交互，甚至包括机器和机器之间的接口。

云计算的便捷性能够提高平台对 IT 资源需求的峰值负载能力，保障了平台只要付费就能平稳运行。"云"的前端可以连接传感系统、RFID 系统，使平台能够随时感知科技资源的状态；"云"与"端"之间广泛地采用无线接入技术，有效地解决了随时随地获取信息的问题。"云"还支持大数据的存储、分析，使平台能够感知外界态势，将服务概念、服务流程紧密融合，增加了相关数据的易得性，也更方便地分享知识和信息，云计算的便捷性还体现在平台与客户的互动方面，云计算与无线网络、Web 技术、APP 等技术融合，扩宽了平台与客户交互的时、空、知识维度，为平台监测科技资源状态、维护共享主体的关系、评估市场竞争态势等打下数据基础。

假设 H1a：云计算的便捷性对科技资源共享平台的服务界面创新具有正向影响。

云计算的集成性通过计算资源、存储资源和传输资源所汇聚的资源池，形成一个共享环境，云计算与数据库技术、加密解密技术、SOA 技术结合，可以帮助平台快速部署软件架构，对大数据进行清洗、存储、统计分析、聚类分析等提炼出对环境、竞争对手以及客户需求的相关知识，李长云等（2016）认为借助人工智能技术感知用户的偏好、潜在的需求，使平台较容易锁定目标客户，主动沟通，实现精准营销。云计算基础设施搭建了数据、知识传输平台，理解了"人—机"关系，将简单的人机界面提升为强化个人之间或者个人和组织之间协作的深层次互动，通过信息交流达到促进知识的进化，最终实现人机一体化。

假设 H1b：云计算的集成性对科技资源共享平台的服务界面创新具有正向影响。

服务界面创新包括平台服务交付方式以及服务交付过程中互动模式的改革，这种变革涵盖了交流的时间、地点和知识获取方面。这有利于大量集成客户的需求信息，之后，通过对客户需求的汇集、分类，提炼出共性需求，不仅能够给出个性化与透明化的服务方案，还能够扩大服务范围。使得平台将标准化和个性化服务有机结合，寻找低成本和高效率的平衡点。因此，界面创新为信息获取与信息加工提供了方便条件，提升了平台的感知能力。

假设 H1c：服务界面创新对平台感知能力提升具有正向影响。

4.3.2　科技资源共享平台服务流程创新的假设

服务流程是由一系列的服务活动所组成的链式结构，是平台内部的组织安排，基于信息系统的开发过程，服务流程包含了服务的业务逻辑和应用逻辑，业务逻辑的主要任务是对服务系统建立信息模型，信息模型就是对服务全过程的规范化、标准化的处理，这种处理集中在对平台所积累知识的整理，目的是实现知识的积累和重用。服务信息模型的实例化后的技术系统，包含各种活动之间的信息共享与集成，通常应用逻辑是可见的，数据模型则隐藏在应用逻辑背后。共享服务流程不是一项简单的活动，而是一个复杂的组织过程，它需要考虑多个组织或部门的交汇，云计算的便捷性使得平台信息系统的软件架构易扩展，以便快速开展新业务，使之形成弹性的部门之间的协调、依赖关系，解决部门和战略业务单元之间的协调问题，通过改变组织结构来创造价值，通过改变价值链和业务流程来降低成本或提高服务的差异化，从而提升服务绩效。

假设 H2a：云计算的便捷性对科技资源共享平台的服务流程创新具有正向影响。

云计算的集成性能够促进平台各部门 IS 模块的整合，云服务提供商提供标准的数据接口降低了 IS 整合的技术难度，促进组织 IS 的整合。平台服务流程创新是一种知识密集型的活动，创新效果是以内部的人力资本对信息和知识的开发为基础的，云计算的集成性使得知识更多地固化在云计算基础设施中，通过组织深入学习可以降低知识壁垒，云计算的复杂性和超强的资源池功能成为平台服务的核心支点，模块化成为服务流程的一种规范，大数据保证了服务流程的连贯性，辅以工作流技术，很容易实现服务流程的自动化，自动化的流程是执行能力的外在表现。

假设 H2b：云计算的集成性对科技资源共享平台的服务流程创新具有正向影响。

云计算促使平台洞悉各类业务信息，支持生产要素的优化组合，使平台能够合理配置资源，这种柔性的服务流程能够保证服务质量。首先，服务流程创新打破以功能单元为核心的业务组织方式，能够形成满足用户需求的流程体系，改变了具有系统刚性的静态流程，在运作过程中，服务流程能够随需调整、变革与修正，这种执行力主要体现在整合资源的动态能力、重新配置资源的动态能力、获取和创造资源的动态能力方面。

假设 H2c：平台服务流程创新对平台执行能力提升具有正向影响。

4.3.3　科技资源共享平台服务概念创新的假设

科技资源共享平台的服务概念是介于战略层与执行层之间的任务，服务概念的形成过程是为平台获得战略竞争力或者特定效益而采取的规划行动。在服务概念创新过程中，云计算等新一代信息技术的灵活运用，可以支持闭环、反馈式的决策过程，支持共享平台进行创造性的思考，帮助对环境中已经发生的事、正在发生的事或可能发生的事及时获取信息并进行评价，弄清内外部环境、决定资源、能力等要素。

假设 H3a：云计算的便捷性对科技资源共享平台的服务概念创新具有正向影响。

云计算的运用，使平台形成了大数据资源池，这种高密度的信息避免了决策的主观性。在动态环境下，服务概念的形成不仅需要评估各种因素，如需求、技术基础设施、人力资源以及服务特点，更需要强调决策的前瞻性。在云计算服务中包含了专家系统、决策支持系统等软件，使科技资源共享平台在决策过程中能够及时地捕捉、加工和利用内外部的各种信息，实现决策的时效性；同时，当集聚的大数据达到一定量级后，平台就可以利用数据挖掘技术，使决策行为可以依赖数据分析。

假设 H3b：云计算的集成性对科技资源共享平台的服务概念创新具有正向影响。

服务概念创新使平台保持了持久的竞争优势，因为新的服务概念能够提高平台对特定资产的组合能力，这些资产包括信息资产、财务资产、结构资产、制度资产、人力资源等，这些资产的组合方案或案例积累下来形成知识库，为下一轮决策的准备、制定、执行等提供战略支持。服务概念创新形成决策目标的高质量、开发新的决策工具、方法，以支持与强化决策过程，不断强化平台的服务能力。

假设 H3c：服务概念创新对平台自我完善能力提升具有正向影响。

4.4　科技资源共享平台服务创新路径实验设计

4.4.1　模型构建

本书采用结构方程模型对科技资源共享平台服务创新路径进行检验，结构方程模型可以处理多变量，还容许变量存在误差，这个特点适合平台服务创新路径的检验，因为平台服务创新路径受多种因素影响，且云计算引致服务创新是超前设计，出现误差的可能性较大。根据以上分析，Li 等（2016）认为云计算基础设施选取便捷性和集成性两个变量，服务界面创新选取外部界面和内部界面两个变量，服务流程创新选取可见流程和不可见流程两个变量，服务概念创新选取概念描述和概念评价两个变量；云计算引致的创新绩效包括感知能力提升、执行能力提升、自我完善能力提升三个变量，服务创新路径的结构方程模型如图 4-6 所示。

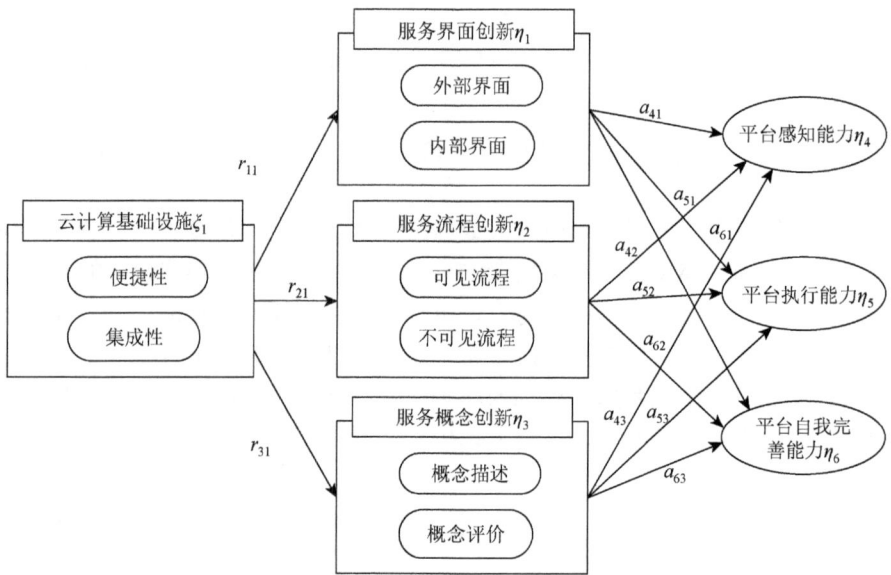

图 4-6　平台服务创新路径的结构方程模型

其中，有一个外生变量，即云计算基础设施（ξ_1）；三个内生变量，即服务界面创新（η_1）、服务流程创新（η_2）和服务概念创新（η_3），箭头 r，a 代表变量之间的关系。潜变量之间的结构方程如下：

$$\eta = a\eta + r\xi + \zeta \qquad (4\text{-}1)$$

其中，η 为内生潜变量；ξ 为外生潜变量；a 为内生潜变量之间的关系；r 为外生潜变量对内生潜变量的影响；ζ 为方程的残差。代入变量即可得到式（4-2）所示的结构方程模型：

$$
\begin{bmatrix} \eta_1 \\ \eta_2 \\ \eta_3 \\ \eta_4 \\ \eta_5 \\ \eta_6 \end{bmatrix} = \begin{bmatrix} 0 & 0 & 0 & 0 & 0 & 0 \\ 0 & 0 & 0 & 0 & 0 & 0 \\ 0 & 0 & 0 & 0 & 0 & 0 \\ a_{41} & a_{42} & a_{43} & 0 & 0 & 0 \\ a_{51} & a_{52} & a_{53} & 0 & 0 & 0 \\ a_{61} & a_{62} & a_{63} & 0 & 0 & 0 \end{bmatrix} \times \begin{bmatrix} \eta_1 \\ \eta_2 \\ \eta_3 \\ \eta_4 \\ \eta_5 \\ \eta_6 \end{bmatrix} + \begin{bmatrix} \gamma_{11} & 0 & 0 & 0 & 0 & 0 \\ \gamma_{21} & 0 & 0 & 0 & 0 & 0 \\ \gamma_{31} & 0 & 0 & 0 & 0 & 0 \\ 0 & 0 & 0 & 0 & 0 & 0 \\ 0 & 0 & 0 & 0 & 0 & 0 \\ 0 & 0 & 0 & 0 & 0 & 0 \end{bmatrix} \times \begin{bmatrix} \xi_1 \\ 0 \\ 0 \\ 0 \\ 0 \\ 0 \end{bmatrix} + \begin{bmatrix} \varsigma_1 \\ \varsigma_2 \\ \varsigma_3 \\ \varsigma_4 \\ \varsigma_5 \\ \varsigma_6 \end{bmatrix}
$$

$$(4\text{-}2)$$

结构方程建立后，对各个变量之间的关系进行分析，这里不再赘述。

4.4.2　变量测量与数据搜集

1. 变量测量

下面分别对 4.4.1 节所描述的共享服务创新概念模型中所涉及变量进行详细说明，为了保证变量测量的信度和效度，本书首先参考了 IT 领域权威实证研究中的成熟量表及其论述，并根据科技资源共享平台的服务特征进行精炼和修正，再邀请 6 位研究 IT 方向的博士和硕士研究生以及 5 位具有三年以上工作经验的信息部门人员回答问卷，根据搜集的问卷信息，调整了问卷相关问题选项的语法与修辞，力求所选择的量表具有合理的信度和效度。问卷采用李克特五点量表的形式，从 1 到 5 分别代表从完全不同意到完全同意。

（1）云计算基础设施能力。借鉴 Marston 等（2011），McAfee（2011），Truong（2010），Demirkan 等（2010），Iqbal 等（2011）的研究成果，以科技资源共享平台的视角，选取云计算基础设施的集成性和便捷性两个指标，主要衡量科技资源共享平台 IT 基础架构的能力，如表 4-2 所示。

表 4-2　云计算基础设施能力的测量量表

构念	功能	测量问题选项
云计算基础设施	便捷性	1. 云计算可以满足共享平台客户接入量的随需波动 2. 云计算可以以时满足共享平台新业务增长的需求 3. 云计算有助于共享平台信息系统架构的按需调整
	集成性	1. 云计算的技术标准有利于整合共享平台与合作伙伴的信息技术资源 2. 云计算的数据标准有利于集成科技资源和客户需求大数据 3. 云计算的共享环境有利于集成专家共同开展知识创新和决策 4. 云计算的标准开发环境有利于平台各个部门信息系统的集成 5. 云计算有利于共享平台与合作伙伴的信息集成

（2）平台服务创新栈。区域科技资源共享服务的创新框架包括服务界面创新、服务流程创新和服务概念创新。其中，服务界面创新主要改善科技资源共享平台与加盟商、政府、客户（包括创新组织或者个人）之间的互动关系、交互行为，以实现科技资源的运输传递和信息的传输等功能，王雪原等（2015）对这些要素进行综合管理。当界面创新的范围扩展到所有主体之间的互动领域时，就可以将界面划分为决策界面、情景界面、过程与产出界面。而内部主体的界面创新，目标就是消除内部员工之间、员工与管理者之间在专业知识、绩效目标、文化理念、工作习惯等方面的差异。因此，服务界面的创新包括主客界面交互和内部界面交互两个层次，如图 4-7 所示。

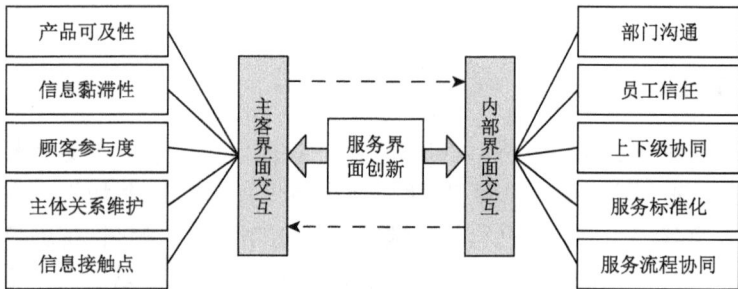

图 4-7 服务界面创新影响要素

服务流程创新本质上是对业务逻辑和信息模型的变革，Gronroos（1990）认为服务流程可分为可见部分和不可见部分，可见部分的流程是由客户接触的人员、接触方式、有形资源与运作资源等组成的交互流程，不可见部分是指由系统支持、管理支持、人力支持所组成的支持部分，如图 4-8 所示。

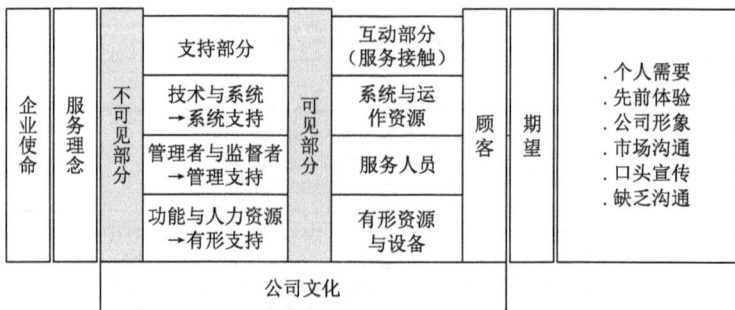

图 4-8 服务设计流程

金周英和任林（2004）认为传统的服务概念是指描述服务的原型，是决定新服务开发能否成功的关键因素，包括用户需求的描述和满足需求的方式。服务概念创新包含两层含义：一是要对消费者的需求做全面分析，才能形成完整的服务概念；二是要封装服务包，科技资源共享平台服务概念创新包括服务概念的描述、服务概念的评价两个部分，在概念形成阶段，通常采用头脑风暴、客户反馈信息等方法形成新服务的概念，之后还需要从服务提供者和客户双方价值的角度进行评估，服务概念的产生过程如图 4-9 所示，服务创新路径的测量量表如表 4-3 所示。

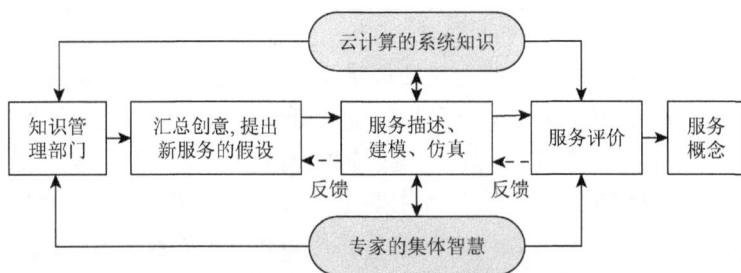

图 4-9　云计算推动服务概念的产生过程

表 4-3　服务创新路径的测量量表

构念	子项	测量题项
服务界面创新	外部界面	1. 服务界面创新有助于平台及时提供共享的科技资源 2. 服务界面创新有助于解决平台的信息黏滞现象 3. 服务界面创新有助于提高客户参与服务创造的程度 4. 服务界面创新有助于维护平台与外部主体的关系 5. 服务界面创新扩展了平台与外部的信息接触点 6. 服务界面创新有助于加强客户的体验，提升客户感知价值
	内部界面	1. 服务界面创新有助于平台内部职能部门之间的沟通 2. 服务界面创新有助于消除内部员工差异并增强信任感 3. 服务界面创新有助于激发平台内部上下级的协同 4. 服务界面创新有助于平台推出标准化的服务 5. 服务界面创新有助于改善平台内部流程的柔性
服务流程创新	可见流程	1. 服务流程创新有利于消除平台内部运作的信息孤岛 2. 服务流程创新有利于满足客户现实的需求和潜在的期望 3. 服务流程创新有利于平台改变服务行为以适应环境的变化 4. 服务流程创新可以提高系统的适应性来创造需求
	不可见流程	1. 服务流程创新有利于突破已有组织过程的思维局限 2. 服务流程创新有助于业务信息的处理和集体决策 3. 服务流程创新能够适应服务理念的变化 4. 服务流程创新可以降低内部的运作成本

续表

构念	子项	测量题项
服务概念创新	概念描述	1. 服务概念创新有利于全面分析客户需求 2. 服务概念创新有利于平台与客户价值的对接 3. 服务概念创新有利于优化共享平台的资源结构 4. 服务概念创新有利于形成服务描述的共同语境 5. 服务概念创新有助于培养集体思考的文化理念
	概念评价	1. 服务概念创新有助于培养对内外环境的洞察力 2. 服务概念创新有助于正确地指导平台的服务行动 3. 服务理念创新有助于固化和保存平台的核心理念 4. 服务概念创新可以实现基于特定知识的决策，有利于实现决策权和知识更好的匹配

（3）服务创新绩效。感知能力包括传感和推断，强调对细节信息的敏感能力，感知能力相当于系统的探测器，这种探测能力既包括对信息的全方位搜集、筛选，也包括部分信息的简单加工处理，因为感知强调的是一种内在的认知过程，在服务创新过程中，感知能力的量表设计主要考虑科技资源共享平台对市场、客户信息的获取和处理能力，以及部门之间信息的传递和加工处理能力；执行能力主要指随需应变的能力，以及平台改变行动应对变化的能力，相当于系统的效应器，是对决策机制确定的规则的恰当反应。这里强调的是在知识应用过程中科技资源共享平台的服务效率和效用。知识整合必备的三种能力包括借助 IT 沉淀下来的数据处理能力、在共享服务过程中沉淀下来的业务能力以及各类平台体系化运营形成的协同能力。基于以上三种能力设计科技资源共享平台执行能力的量表；自我完善能力包括自组织、自我创生和自我维系能力，具体包括处理系统各个部分的协同关系、海量信息处理能力以及从环境中稳定消耗能量的能力，是共享平台智慧服务的核心，服务创新绩效的测量量表如表 4-4 所示。

表 4-4　服务创新绩效的测量量表

构念	子项	测量题项
共享服务创新绩效	感知能力提升	1. 感知能力提升表现在平台能够及时获取市场大数据 2. 感知能力提升表现在平台能够及时、完整地获取客户的行为大数据 3. 感知能力提升表现在平台能够准确掌握内部的科技资源动态的大数据 4. 感知能力提升表现在平台部门之间的信息渗透性增强 5. 感知能力提升表现在平台综合信息处理能力增强
	执行能力提升	1. 执行能力提升体现在服务生产和传递的标准化程度，以及按照作业规则使用信息设备的操作能力 2. 执行能力提升体现在将合适的知识员工匹配到特定的任务中，形成程序化的运作流程 3. 执行能力提升体现在完善的组织惯例能够应对日常出现的不确定性的问题 4. 执行能力提升体现在知识的线性化程度高，能够形成易于遵守的规则或指令 5. 执行能力提升体现在有项目制的组织管理，实时优化内部的结构以适应环境的变化 6. 执行能力提升体现在对平台文化、价值和信念的正确理解，以及具有较强的与组织内、外的沟通、合作能力

续表

构念	子项	测量题项
共享服务创新绩效	自我完善能力提升	1. 自我完善能力提升体现在组织学习是平台最基本的价值，能够有目标地完成信息处理和系统复制 2. 自我完善能力提升体现在管理者愿意与员工分享平台的发展愿景 3. 自我完善能力提升体现在共享平台不限于经验性思考，而是超越成规，激发创意性思维 4. 自我完善能力提升表现在平台知识管理的方法不断提升和改进，形成组织智慧 5. 自我完善能力提升表现在平台形成相对稳定的思维框架，不断完善价值网络，能够思考并推断下一步的行动计划 6. 自我完善能力提升表现在平台具有完善的风险防御体，能够自我调节，通过内生积累，从环境中稳定地获取资源

2. 数据搜集

数据搜集主要包括问卷设计、样本描述两项任务。

（1）问卷设计。按照 Dunn（1994）的建议，本书的问卷设计遵循以下流程：①文献梳理和田野调查。在梳理相关文献的基础上，经过借鉴、筛选、融合形成本书研究变量的题项，据此设计初步的调查问卷。然后通过对合作平台管理者进行深度访谈，对初步设计的问题选项进行修正，经过求精最终形成本书的调查问卷初稿。②学术专家的讨论和指导修正。问卷初稿形成后，寻找专家团队，通过学术讨论的方式广泛征求意见，对问卷初稿进行进一步的修正，形成二稿问卷。③进一步对问卷进行纯化，形成最终问卷。具体问卷形式见附录。

（2）样本描述。本书通过与黑龙江省科技创新创业共享平台合作，将各个省、市共享平台作为样本，通过电子邮件或直接发放纸质问卷 300 份，回收 158 份，其中填答不完整的问卷 20 份，作为无效问卷，共收回有效问卷 138 份，有效回收率为 34.5%，将回收的问卷分为前期回收（$n = 69$）和后期回收（$n = 69$）两部分，数据结果显示前期回收的问卷和后期回收的问卷在人员类别与工作年限方面无显著差异，因此认为调查的无应答偏差可以忽略。

4.4.3　信度和效度分析

1. 信度检验

为了确定调查问卷不同的问题选项对相关主题的区分度，对各组进行克龙巴赫（Cronbach）信度检验，具体情况如下：①云计算组的信度检验：云计算便捷性的 Cronbach's α 值为 0.842，云计算集成性的 Cronbach's α 值为 0.768。表明模型具有较好的信度，观测变量能够很好地区分云计算的便捷性与集成性。②创新栈组的信度检验：服务界面创新的 Cronbach's α 值为 0.797，服务流程创新的

Cronbach's α 值为 0.786，服务概念创新的 Cronbach's α 值为 0.852，表明模型具有较好的信度，观测变量能够很好地区分不同的创新维度。③能力绩效组的信度检验：自我完善能力的 Cronbach's α 值为 0.829，执行能力的 Cronbach's α 值为 0.759，感知能力的 Cronbach's α 值为 0.856。

2. 权重确定

为了得到云计算组、创新栈组、能力绩效组三个方面指标的具体得分，本书采用信息熵的方法确定各个描述指标的权重。具体步骤如下：①归一化。对云计算组、创新栈组、能力绩效组不同题项、平台不同服务类型、不同灵活性类型的数据分别进行归一化处理，具体计算方法如下：

$$a_{ij} = \frac{x_{ij}}{\max x_j} \qquad (4\text{-}3)$$

其中，$\max x_j$ 为矩阵 X 第 j 列的最大值；x_{ij} 为第 j 列每行的实际得分值；a_{ij} 为归一化后第 j 列每行的数值。

②计算熵值。利用各个指标的数据可以得到每个指标的熵值，其中，第 j 个指标的熵值为

$$H_j = -\frac{1}{\ln n} \sum_{i=1}^{n} a_{ij} \ln a_{ij} \qquad (4\text{-}4)$$

③计算指标的权重。根据式（4-4），可以利用各个指标的熵值得到其对应的权重。

$$W_j = \frac{1 - H_j}{n - \sum_{j=1}^{m} H_j} \qquad (4\text{-}5)$$

根据上述熵值计算方法，可以得到各个指标在云计算组、创新栈组、能力绩效组不同方面指标的具体权重得分，根据各个指标的权重，可以得到 112 组关于云计算便捷性、集成性以及服务界面创新、服务流程创新、服务概念创新以及自我完善能力、执行能力、感知能力等相关指标的具体数据。利用这些数据进行结构方程建模，以有效检验科技资源共享平台服务创新路径的理论假设是否成立。初始模型计算结果如图 4-10 所示。

依据结构方程模型计算，其计算结果与拟合优度检验指标值、指标标准对应情况如表 4-5 和表 4-6 所示。

表 4-5 模型拟合结果

被解释变量	影响	解释变量	估计	S.E.	C.R.	P
界面创新	很大	便捷性	0.806	0.059	13.749	***
流程创新	一般	便捷性	0.384	0.177	2.162	0.031
概念创新	一般	便捷性	0.387	0.178	2.166	0.030
界面创新	较小	集成性	0.184	0.052	3.552	***
流程创新	较大	集成性	0.516	0.157	3.296	***
概念创新	一般	集成性	0.392	0.158	2.485	0.013
自我完善能力	很大	界面创新	0.805	0.086	9.400	***
执行能力	很大	流程创新	0.755	0.047	15.906	***
感知能力	一般	概念创新	0.461	0.066	6.966	***

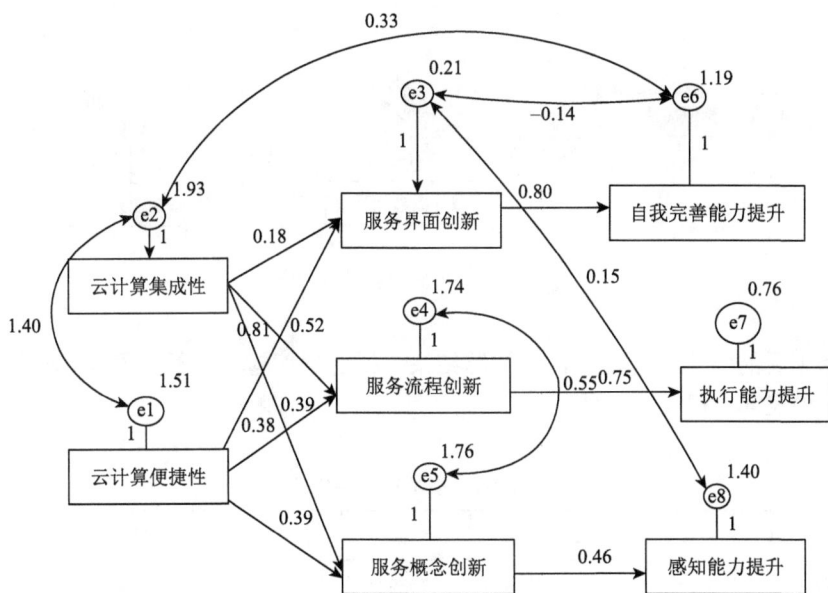

图 4-10 初始模型计算结果

表 4-6 拟合效果判定指标

拟合优度指标	CMIN/DF	RMR	GFI	NFI	CFI	RMSEA
指标值	1.605	0.105	0.953	0.971	0.989	0.500
标准值	<3	<0.1	>0.9	>0.9	>0.9	<0.1

由上述结果可知，各种假设关系基本成立，但是模型的 RMR 值大于 0.1，因此可以对模型进行进一步优化，以满足各项优化指标要求。

在上述分析基础上，进行第二次修正，得到新的拟合模型，具体计算结果如图 4-11 所示。

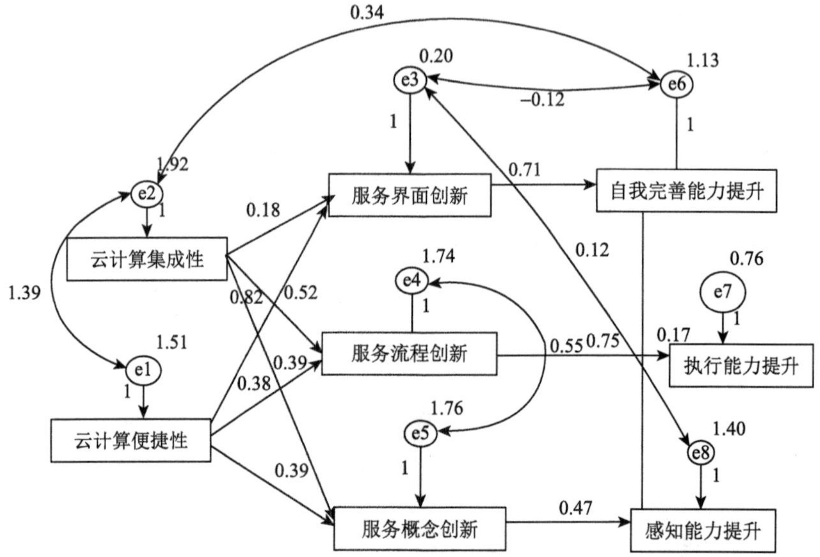

图 4-11　修正后模型计算结果

修正后的结构方程模型，其计算结果、拟合优度检验指标值及指标标准对应情况，如表 4-7 和表 4-8 所示。

表 4-7　模型拟合结果

被解释变量	影响	解释变量	估计	S.E.	C.R.	P
概念创新	一般	便捷性	0.387	0.178	2.174	0.030
概念创新	一般	集成性	0.392	0.158	2.485	0.013
界面创新	很大	便捷性	0.816	0.058	13.984	***
流程创新	一般	便捷性	0.384	0.177	2.169	0.030
界面创新	较小	集成性	0.180	0.052	3.472	***
流程创新	一般	集成性	0.516	0.157	3.296	***
感知能力	一般	界面创新	0.467	0.067	6.961	***

续表

被解释变量	影响	解释变量	估计	S.E.	C.R.	*P*
自我完善能力	很大	概念创新	0.708	0.089	7.943	***
执行能力	很大	流程创新	0.755	0.047	15.889	***
自我完善能力	较小	感知能力	0.170	0.071	2.407	0.016

***代表拟选择的路径

表 4-8　拟合效果判定指标

拟合优度指标	CMIN/DF	RMR	GFI	NFI	CFI	RMSEA
指标值	1.335	0.092	0.962	0.978	0.994	0.055
标准值	<3	<0.1	>0.9	>0.9	>0.9	<0.1

　　模型拟合效果较好，各种影响作用关系都通过了显著性检验，在 95%的置信区间中，具有显著作用关系，且模型通过了拟合优度等各项指标的检验，可以接受修正后模型的拟合结果。

4.4.4　假设检验结果分析

　　（1）路径系数大于 0.7，两者之间具有很大的影响关系，主要包含云计算便捷性对服务界面影响、服务概念对自我完善能力的影响、服务流程创新对执行能力的影响，三者的影响关系最为明显。云计算的便捷性对服务界面创新影响较大，主要原因在于服务界面创新的范畴既包括平台内、外主体之间交互界面的创新，也包括平台体系内各个子平台之间交互界面的创新。因为界面是一种沟通交流的场所，这些功能模块或者主体之间有很强的随意性，它们可以不分时间段、不分地点地随意沟通，因而对便捷性依赖度较高；服务概念创新对自我完善能力的创新影响较大，主要原因在于平台自我完善的前提是，首先要获得内外部的相关信息，然后经过深入分析、综合判断，以及一系列的科学决策，才能确定自我完善的方案以及实施路径，所以二者关联度极高；服务流程创新对执行能力的影响较大，主要原因在于，流程是对完成目标所需要的所有活动以及资源的再配置，当流程中的活动安排比较合理、资源配置比较经济时，平台的执行效率和效果就会得到极大的提升，所以二者之间关联度高。

　　（2）路径系数在 0.3～0.7 的，两者具有较大影响，这样的关系主要包含：

云计算的便捷性和集成性对服务概念创新的影响、云计算的便捷性和集成性对服务流程创新的影响，以及服务概念创新对感知能力的影响。云计算的便捷性和集成性对服务概念创新的影响程度居于中等水平，主要原因在于服务概念的创新是综合考虑平台内所有要素的能力，并进行平衡，这需要大量的知识作为决策的关键支持要素，技术要素是支撑知识体系的，是一种间接的作用关系，但也是十分必要的手段；云计算的便捷性和集成性对服务流程创新的影响程度居于中等水平，主要原因在于平台流程创新是信息技术与管理思想的融合，如果没有良好的管理思想，技术也发挥不出应有的优势，但是只有好的管理思想，也很难完成流程的创新，所以二者的关系是中等影响程度；服务概念创新对感知能力具有中等影响，这是在设计之前没想到的研究成果，通常认为感知能力的提升有助于服务概念的创新，而服务概念创新反过来影响感知能力，这正体现了平台系统复杂的非线性关系。

（3）路径系数小于 0.3，两者之间具有一定的影响关系。云计算的集成性对服务界面创新具有一定的影响，感知能力对自我完善能力具有一定的影响，但相比于前两种关系，这种影响并不高。主要原因在于云计算的集成性突出地表现在对大数据等存储和管理方面，而服务界面创新，更多地体现在借助云计算技术平台构筑平台的物联网以及移动终端之间的互通互联，集成性仅仅体现在对通信资源的提供方面，所以关联度较小；而感知能力对自我完善能力提升有一定的作用，但是作用不大，主要原因在于感知能力只是对外部信息获取之后，做快速、浅层次分析和判断，而自我完善能力则是一个复杂的系统工程，需要各方面的协同配合，才能不断地自我完善、自我成长。

4.4.5 服务创新路径确定

通过对以上结果的分析可知，在提升平台服务能力绩效时应当重点通过云计算便捷性的提升，实现服务界面创新不断提升自我完善能力；通过集成性提升流程创新能力进而改进执行能力。在感知能力提升方面，云计算的便捷性、集成性对概念创新影响程度大致相同，但影响程度都是处于中间水平，概念创新对感知能力提升的影响也处于一般水平。可见，想要提升平台感知能力，则需要更多的时间与精力，而流程创新与界面创新则能够通过便捷性和集成性的改进而得到大幅度的提升，因此，可以确定"云计算—服务界面创新—拓展服务"、"云计算—服务流程创新—集成服务"和"云计算—服务概念创新—智慧服务"三条创新路径，如图 4-12 所示。

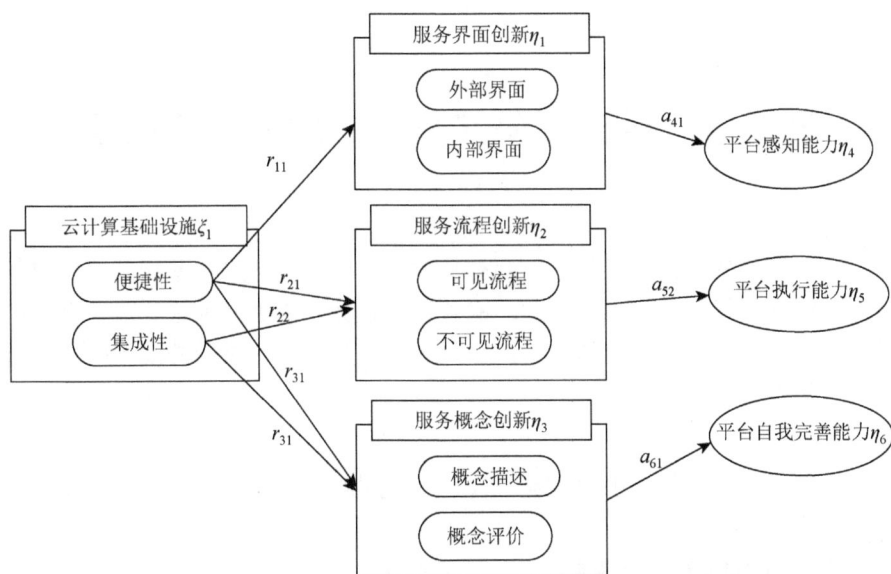

图 4-12　云计算引致平台服务创新修正后的模型

4.5　本　章　小　结

本章将云计算技术作为服务创新的外生潜变量,将服务界面创新、服务流程创新、服务概念创新作为内生潜变量,建立区域平台服务创新路径的结构方程模型,经过问卷发放与数据统计分析,发现对服务概念创新是自我完善能力的提升路径,服务流程创新是执行能力提升的路径,服务界面创新是感知能力提升的路径。

第5章 科技资源共享平台服务模式构建

科技资源共享平台的发展必须要有科学的战略定位，站在系统的高度进行战略布局和优化配置各类资源，因此，服务模式设计本着循序渐进、逐步深化的基本原则，顺应共享平台发展的规律，在科技资源共享平台不同的发展阶段，选择不同的服务模式。

5.1 服务模式设计的原则与思路

5.1.1 服务模式设计的原则

服务模式设计是在科技资源共享平台发展战略目标之下，进行策略层面的一种规划，因此，服务模式设计的总体原则如下。

（1）系统性原则。服务模式创新是科技资源共享平台系统的整体变革，体现了科技资源共享平台的战略层面与运作层面的协调规划，关注需求的拉动作用以及效益驱动的反馈作用，而且随着供需环境的变化，服务模式需要采取聚集、聚合、聚焦甚至聚变的策略对外部环境做出反应。

（2）分层的原则。服务模式是为了实现科技资源共享平台的健康发展而设计的体系结构，服务模式应该具有结构简洁、直观和层次化的特点，分层保证了服务模式在每一层次上的技术革新，不会影响其他层次的正常业务。

（3）前瞻性原则。服务模式追求的是在未来竞争环境下的与众不同的服务创新，架构在云计算平台上的柔性的、智慧的服务模式，需要具有灵活的体系架构来适应未来的运作方式。

（4）逐级推进的原则。依据科技资源共享平台的演化规律，服务模式的设计采用三级助推的方式，以渐进性的方式采用不同阶段的服务模式来协调长远目标和短期效益的矛盾，推动科技资源共享平台有序发展。

5.1.2 服务模式设计的思路

服务模式设计一方面体现在如何促进新一代信息技术的扩散、应用、融合，另一方面体现在如何促进产业融合，形成新的发展生态。采纳新一代信息技术提高科技资源共享平台的服务能力，不仅让用户能够及时、方便地找到所需的科技资源，更能够在更高水平上将科技资源与创新活动紧密联系起来。随着科技资源共享平台参与创新活动的程度不断加深，平台的服务模式也不断创新。平台服务模式设计与参与创新活动的紧密程度如图 5-1 所示。

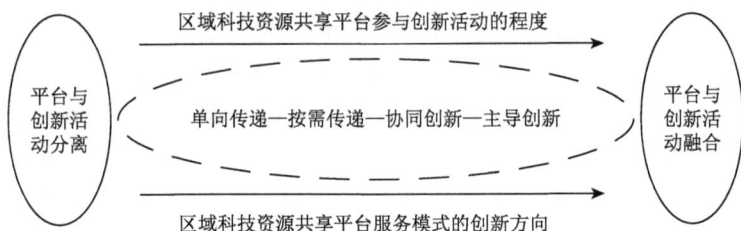

图 5-1　科技资源共享平台服务模式设计的方向

科技资源共享平台服务模式设计的思路如下。

（1）科技资源共享平台服务模式设计的目的是适应产业融合发展需要。科技资源共享平台的发展隐含了促进产业融合的战略意图。目前，政府努力通过科技资源共享平台将科技资源进行全方位扩散，以期服务于整个产业链。目前，平台仅仅通过单向的扩散服务很难有效促进产业融合，只有将科技资源共享服务精准地嵌入到产业链中，才能促进产业融合发展，实现科技资源效用的最大化。

（2）科技资源共享平台服务模式设计是为了满足未来创新活动的需求。随着信息化进程的不断加深，在物联网、移动互联网、大数据、人工智能等技术的支撑下，未来的创新活动将更多地在虚拟工作环境中进行，大量分布式、在线协作的虚拟团队逐渐加入服务业务中，这要求科技资源共享服务越来越复杂，通过科技资源共享平台内部员工之间，员工与客户之间的可视化界面，以及高效率的服务流程提高响应速度、降低服务成本，通过对需求的分析，准确把握科技创新的方向，提供随需而变的共享服务。

（3）科技资源共享平台的服务模式设计是为了满足个性化、精准化服务的必然趋势。随着对科技资源需求的深度挖掘，客户不再是服务的被动接受者，而是主动参与到服务创新的过程中，这种融合的趋势需要科技资源共享平台在标准化服务与个性化之间进行平衡，一方面，科技资源共享平台通过物联网、移动互联、人工智能等技术实现了科技资源的动态配置，满足创新活动的个性化需求，另一方面还可以通过服务流程的自动化，让客户自助获取服务，以降低服务成本、提高服务效率。这种科技资源共享平台与客户之间以各种方式互动、交流方式突破了传统的时空局限，不仅使客户群倍增，还增强了客户对科技资源共享平台的黏性，同时，有利于科技资源共享平台获得客户行为的大数据，利用云计算超强的存储能力和计算能力，对服务交付过程接触中所积累的客户行为偏好大数据进行聚类、分析，挖掘客户的潜在需求，预测客户的未来需求，提供超前的引领式服务模式，增强系统的感知能力。

（4）科技资源共享平台服务模式设计是平台自我发展的需要。作为新一代信息技术的核心技术，云计算海量的存储能力和超强的计算能力为科技资源共享服务提供了技术支持，能够满足对多源、大量科技资源信息的搜集和分析的要求。云计算技术支撑的大数据资源，可以实现对科技资源的二次加工、衍生，通过共享机制调动存量资源、调控增量资源，形成稳定的、渐进的科技资源建设和淘汰机制；云计算基础设施的集中化特点，还能够保障科技资源的安全性，因为科技资源是国家的战略性资源，对于科技资源的获取、使用都需要一定的操作权限，同时，共享平台能够集成更多的决策支持软件和应用软件，具备知识的获取、创造、存储、转化等全过程的管理能力。

5.2 服务模式的总体设计

5.2.1 服务模式的分类框架

云计算基础设施分别作用于科技资源共享平台的服务界面、服务流程和服务概念，加强了科技资源共享平台的感知能力、执行能力和自我完善能力，按照组织智商逐级提升的路径，形成了服务模式三级助推的创新过程。第一级的服务模式是拓展服务模式，是在科技资源共享平台培育阶段，以培养感知能力为目标，基于云计算基础设施对服务界面创新而形成的服务模式，旨在拓展科技资源共享平台的信息生态宽度，拓宽平台的收入渠道，为下一级的服务创新做准备；第二级的服务模式是集成服务模式，是在科技资源共享平台的成长阶段，以培养执行能力为目标，基于云计算基础设施对服务流程创新而形成的服务模式，该服务模式作为平台的服务杠杆，旨在提高服务流程的效率和效果，效率体现在服务成本和服务速度上，效果主要体现在服务质量和服务特色如何让客户满意，该类服务模式是在拓展服务模式之后开展的，为后期的服务模式设计奠定基础；第三级的服务模式是智慧服务模式，是在科技资源共享平台成熟阶段，以培养自我成长、自我完善为目标，基于云计算基础设施对服务概念创新而形成的服务模式，该服务模式是共享平台客户价值的源头，是客户化服务的最高目标，在这一阶段，科技资源共享平台具备了自组织系统能够从环境中稳定地获取资源，并进行优化，长期自我维系的能力，使科技资源共享平台处于高阶稳定发展状态，当外界条件发生较大变化时，科技资源共享平台的平衡被打破，系统就会进入下一轮的循环协同演进过程。从每一种服务模式应该具备的能力阶段、所处的发展演化阶段、创新的维度各不相同，三种服务模式分类如图 5-2 所示。

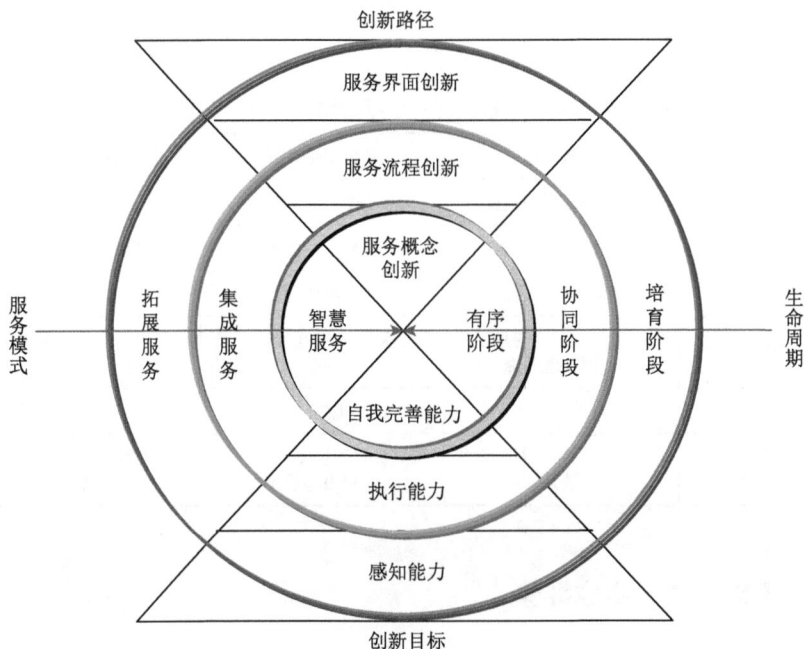

图 5-2　科技资源共享平台服务模式分类

5.2.2　服务模式的适用条件

以上三种服务模式设计，目的是推动科技资源共享平台向更高级阶段演化，因此三种服务模式选择都有其不同的前提条件和设计的目标。其中，拓展服务模式是在科技资源共享平台生命周期的培育阶段选择的模式，其特征是以提高科技资源共享平台共享服务的感知能力为目标，以服务界面创新为主要路径来实现的；集成服务模式是在科技资源共享平台生命周期的协同发展阶段选择的服务模式，其特征主要是以提高执行能力为目标，通过服务流程创新来实现；智慧服务模式是在科技资源共享平台发展到高级有序阶段所选择的服务模式，其特征主要是以提高自我实现能力为目标，通过服务概念创新实现。

根据前面对科技资源共享平台系统演化模型的分析可知，平台服务模式的选择分别在培育阶段、成长阶段和成熟阶段进行，根据三个阶段的判断条件，进行模式选择主要参考两个条件：一是科技资源共享平台知识净增长率；二是平台的反馈系数。当平台系统的知识净增长率为负值，系统的反馈系数也是负值时，就应该选择拓展服务模式；当知识净增长率为正值，反馈系数也为正值时，选择集成服务模式，当知识净增长率为负值，反馈系数也为负值时，选择智慧服务模式。所以，服务模式的选择主要取决于平台演化所处阶段的识别。科技资源共享平台服务模式比较如表 5-1 所示。

表 5-1　科技资源共享平台服务模式比较

创新特征	拓展服务模式	集成服务模式	智慧服务模式
创新维度	基于服务界面创新	基于服务流程创新	基于服务概念创新
创新目标	提高感知能力	提高执行能力	提高自我完善能力
创新阶段	驱动力培育阶段	协同演化阶段	自我完善阶段
服务效益	以提高共享服务的规模和范围实现效益	以提高平台的运行效率来实现效益	以提高平台的战略优化来实现效益
组织管理	项目制	矩阵式	蜂窝网络式
运作方式	重点改善界面交互效率和效果	重点优化流程提高响应速度和服务质量	重点通过大数据挖掘来协调各个业务单元

5.2.3　服务模式的构成要素

科技资源共享平台服务模式设计主要考虑如何提供共享服务以及如何完成价值创造两个层面的问题。技术视域下的科技资源共享平台服务模式设计是新一代信息技术与共享服务全方位融合的科技资源共享平台模型，因此，服务模式设计既要描述出服务的运作过程，还要突出价值主张，以及如何实现资源和能力的优化问题。

1. 科技资源共享平台服务模式的视图

科技资源共享平台服务模式设计实质上就是其信息化解决方案的设计，基于信息技术对已有的复杂的战术问题进行求解。从新一代信息技术扩散和融合的视角，规划设计一个能够在动态环境下支持科技资源共享平台运行的集成框架。该框架首先要完成业务功能，其次，还要能够根据内外部环境条件的变化，动态调整服务产品体系以适应其战略，同时，该解决方案还必须能够实现资源的最佳配置。以上三个视图形成了科技资源共享平台信息化的宏观框架，即服务模式的总体结构。

李长云和田世海（2009）认为该结构被描述成效益模式、执行模式和组织模式。本书认为科技资源共享平台的服务模式由执行模式、组织模式和效益模式三个要素组成，其中，执行模式是与客户接触最多的显性模式，是感知能力培养阶段重点关注的创新部分；组织模式是员工和管理者之间的交汇点，主要解决平台资源的优化配置问题，是执行能力形成阶段重点关注创新的部分；效益模式是隐藏在业务流程之后的最重要的逻辑部分，主要解决科技资源共享平台生存与发展的战略问题，是自我完善阶段重点关注的创新部分，如图 5-3 所示。

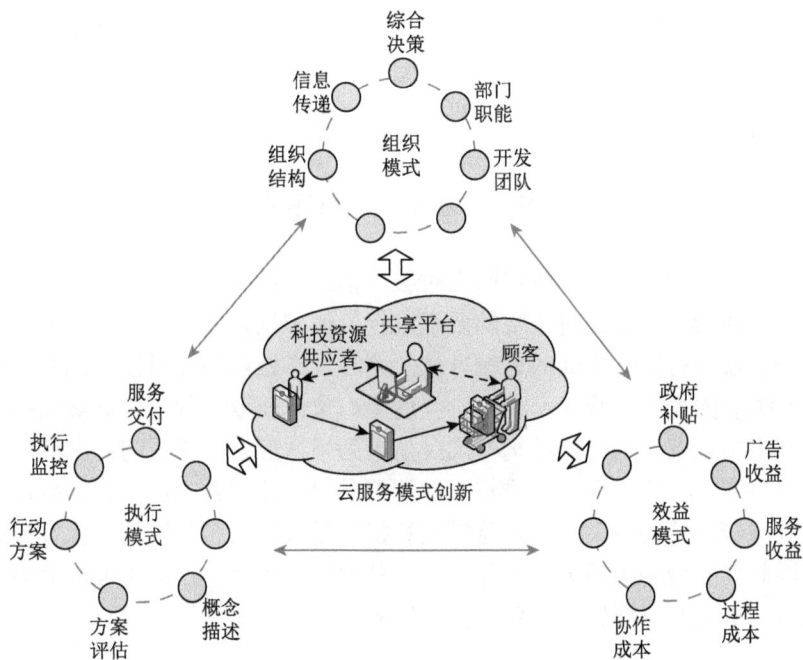

图 5-3　科技资源共享平台服务模式构成要素

2. 科技资源共享平台服务模式视图之间的关系

服务模式设计的实质就是通过对各种"流"进行变革，以期在市场范围内寻求要素的最优配置，寻找并留住客户以获得持久的效益。其中运作模式属于静态结构，是以效率为管理目标，以物流管理为核心，资金流、商流都围绕着物流而流动，即伴随着科技资源使用权转移的交易过程而出现的；陈思等（2016）认为盈利模式是蕴藏在静态结构之后的知识所主导的一种动态模式，是在知识流、价值流、信息流互动匹配过程中寻找的动态平衡系统，这两种结构的纽带就是信息流，在组织模式的统一监控下，动态结构和静态结构才能融合形成独特的服务模式。三个要素之间的关系如图 5-4 所示。

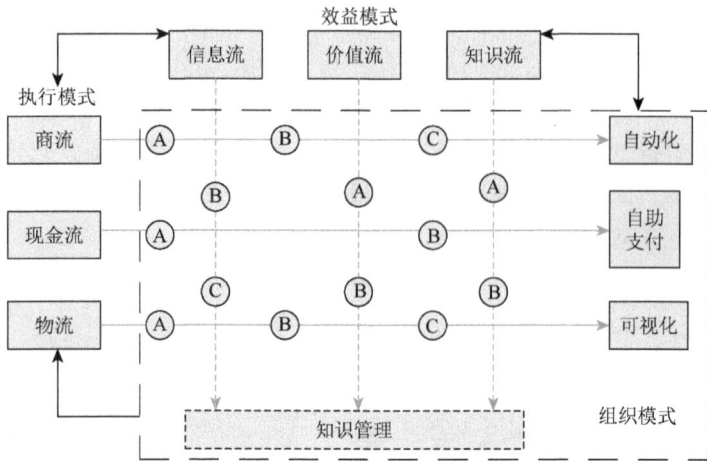

图 5-4 效益模式、组织模式和执行模式之间的关系

其中，效益模式是在战略层面上对服务模式进行变革的，它主要利用大数据分析和智能决策支持系统对平台的要素进行价值识别，探求平台利润来源、服务传递过程以及服务交付方式的系统方法，同时，它还能整合科技资源共享平台各个利益相关者的资源，形成一种由价值创造、价值获取、价值传递等构成的平台架构；组织模式又称为组织结构模式，是指为了适应效益模式的动态变革，在组织上将科技资源共享平台分解成较小的管理单元，这些管理单元分别完成资源协调、控制与管理等任务，充当效益模式和执行模式的纽带与桥梁；执行模式是指科技资源共享平台提供服务的各种活动及其关系的集合，它是实现价值的物理基础，也是员工和客户能够直接感受到的任务。

5.3 科技资源共享平台服务模式设计

5.3.1 基于服务界面创新的拓展服务模式设计

1. 拓展服务的执行模式

拓展服务模式能够实现跨领域、跨层级的信息获取与传递任务，旨在实现高效的内部任务协调与外部的服务交付，其特点是强调信息同步性和应用的一致性，保证科技资源共享平台内、外各业务单元与利益相关者之间的无缝对接。该模式创新的重点在于改善共享服务的各个利益相关者之间交互的界面，以及内部各个业务单元之间交互的界面。主要特点包括：改善主体接入的方式与沟通模式，关注共享流程的前端和后端；追求服务的规模效益，是一种基于科技资源流通增值的服务模式；是构筑高端服务模式的基础，因为它形成了系统反馈的信息通道，如图 5-5 所示。

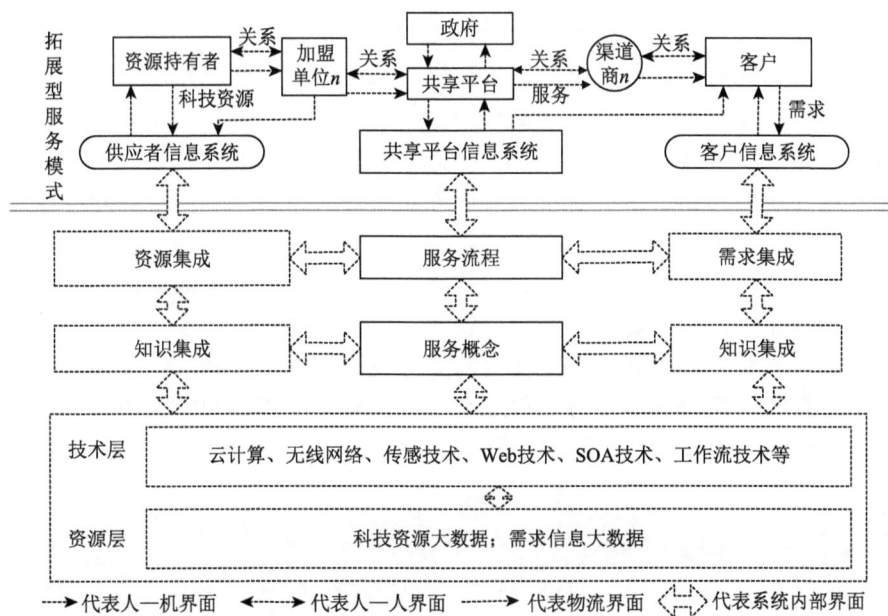

图 5-5　拓展服务的运作模式

（1）信息生态位的拓展。拓展服务模式依赖新一代信息技术提供的信息传输、共享渠道，无论信息数量还是信息种类都被拓宽了，形成了由信息相关者和信息环境构成的生态系统，使各个层面的信息相关者和信息环境都成为科技资源共享平台的生态因子，各种信息相关者之间存在复杂的生态关系，某个生态因子发生变化会影响其他生态因子也发生变化或必须重新做出调整。从系统外部界面来分析，科技资源共享平台的信息相关者，包括在科技资源的信息采集工作和提供科技资源共享服务的所有客户群体，包括科技资源的持有者、加盟单位、政府相关职能部门，平台的管理者、内部员工、渠道商、最终客户等。从内部界面来看，从纵向上，是指平台管理者与员工或内部不同层次的信息系统之间的信息交互，从横向上，体现的是内部各个部门员工或业务信息系统之间的信息交互。信息拓展业务包括诸多信息状态，如信息的种类和数量，称为信息生态位，根据信息的来源，又进一步分为信息供给生态位和信息需求生态位。拓展服务的运作就是以界面创新为基础，拓展信息生态位的宽度，是提高科技资源共享平台感知能力的基础。拓展服务模式是集成服务模式设计和智慧服务模式设计的基本前提。

（2）拓展服务的界面构成。拓展服务致力于外部关系的维护和内部协调关系的有效性，而对科技资源共享平台内、外部信息相关者沟通的界面进行创新，旨在构建加盟商、服务伙伴、服务商和客户之间的信息全景图，成为共享服务信息交互的重要语境。以感知能力提升为导向，同时还要满足各个信息相关者的需求，感知能力的提升突出地体现在以序化的方式向信息相关者提供信息资源的获取、处理与传递的能力。这种能力的形成需要外部信息相关者与科技资源共享平台直接交互，以及平台内部各个功能单元之间的工作交互两种。其中，前者表现为显性界面，后者表现为隐性界面。界面不仅发挥信息媒介的作用，还是在战术层面实现跨组织、跨部门之间信息和知识共享的基础，内部界面的创新包括不同层次的任务界面，也包括同一层任务之间的界面。内部界面的创新一方面是在信息传输媒介方面进行创新，另一方面也要在信息组织、检索与传递方式等方面进行创新，因此在内部界面设计过程中，界面创新要与科技资源共享平台的组织设计、业务流程融合，才能真正发挥感知能力的潜力。拓展服务模式内部界面如图 5-6 所示。

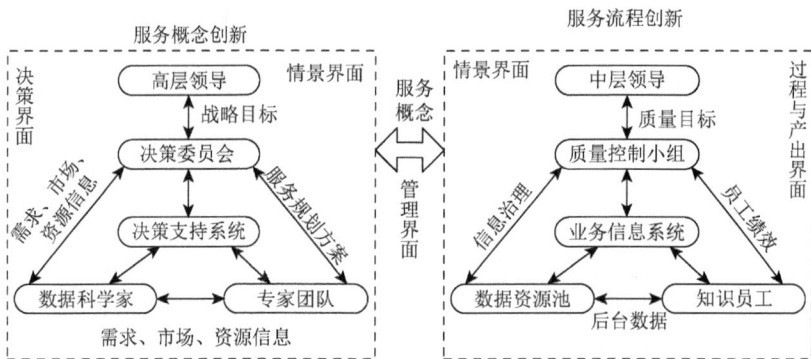

图 5-6　拓展服务模式内部界面

外部界面创新是指科技资源共享平台广泛分布在外部的信息资源搜集、序化、检索等加工处理过程的各种界面。外部界面设计强调界面与各个主体之间关系、共享的制度等更高层面的管理要素相融合。在外部界面中，信息界面是最为基础的界面，它承载着高层主体之间交互的动机、意识、情感和知识等更高级、更复杂的交互要素，是科技资源共享效用和主体之间交互舒适度的综合体现。外部信息界面流动着科技资源供给方和需求方之间商务对接、业务操作与情感体验交流的各种信息流，因此外部界面设计涵盖着商务沟通协调、业务协作对接和客户感知体验三个功能的相互融合。拓展服务模式外部界面结构如图 5-7 所示。

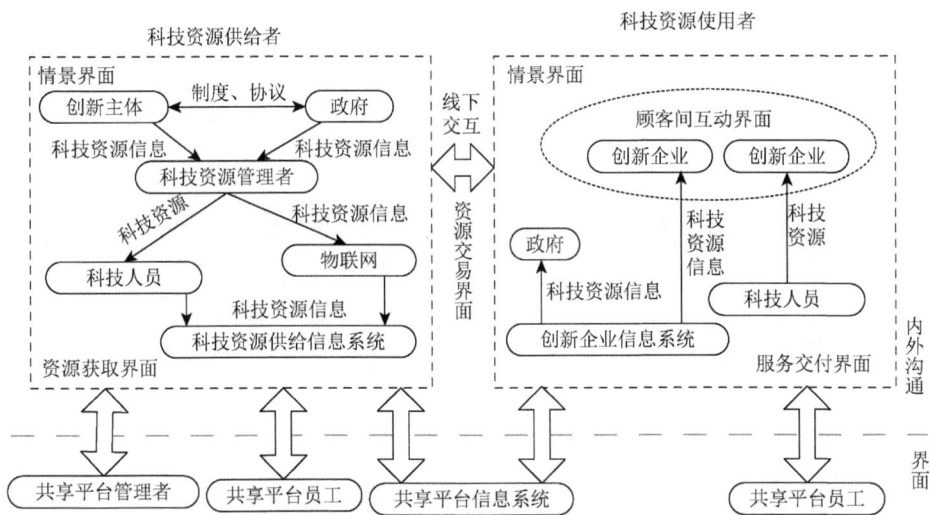

图 5-7　拓展服务模式外部界面结构

外部界面遵循客户导向，因此，整体的界面结构是由外部界面的创新带动内部界面的创新，因而内部的工作交互就从属于外部的关系交互，但是外部关系交互却是内部工作交互能力的综合体现，在新一代信息技术的扩散、应用和融合过程中，内、外部界面都将统一到一个层面上，实现业务的透明化，如图 5-8 所示。

（3）拓展服务的界面交互机制。拓展服务的界面交互机制包括数据标准化机制和信息同步机制。其中数据标准化是界面交互的基础，渠道的维护、信息的交换以及知识的协同标准就是拓展服务的重要技术标准，数据的标准化有利于通过接口规范形成界面交互的语境，从而有利于信息相关者获得统一的服务感知。信息的同步可以使组织结构、管理流程、决策结构等各方面保持有序、和谐，同时，还可以促进相关组织间、部门间、人员间、任务间的行为配合，以推动工作中的纠偏和优化。

2. 拓展服务的管理模式

科技资源共享平台可以用不同视图来描述，其中组织结构和流程是描述其资源、信息和控制关系的最常用视图，也是科技资源共享平台进行资源配置、业务监控、质量管理的重点，组织结构图描述了科技资源共享平台资源的调度方式以及决策点分布状况等静态结构，而管理流程则描述的是服务的动态特点，所以，建立或变革组织结构是使科技资源共享平台更有效地实现组织既定目标的关键。

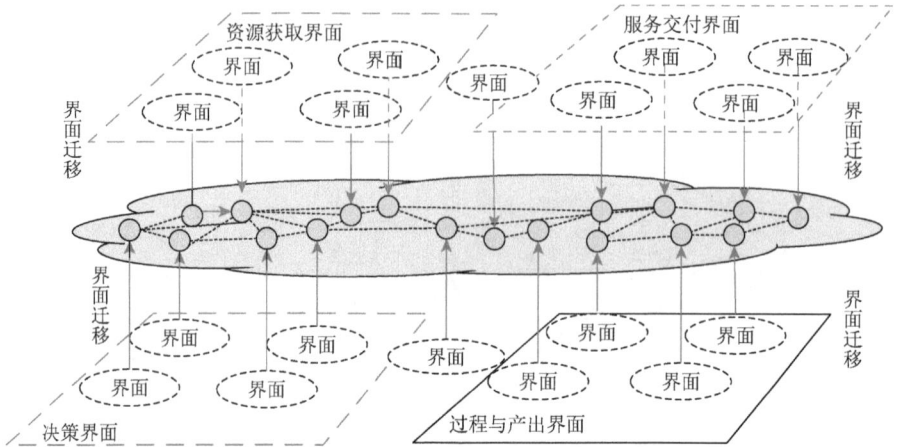

图 5-8　拓展服务扁平化的界面网络体系

（1）拓展服务组织设计的目标。拓展服务模式的组织设计目标是为了提高科技资源共享平台的感知能力。所需要履行的职责是实现所有平台界面的管理，完成信息流和隐性知识的交换。从行为视角，界面管理包括科技资源共享平台内、外交互活动的管理，所有隐性知识的交流所需要的沟通、协调与控制等功能方面的保障；从交互主体视角，界面管理隐含着交互主体的感知、动机和意图，因此组织设计目标就需要关注人和知识因素。

（2）拓展服务组织设计的原则。首先，要遵循系统性原则，拓展服务模式是在强化界面管理的基础上，实现信息位的拓展。从物理系统分析，组织需要管理更大的系统框架，同时，拓展服务包含较多的社会协作，科技资源共享平台组织不仅要与社会网络链接起来，获取相关重要信息，还包括社会网络中相关的"人"，以获取他们的行为信息，因此，拓展服务的组织设计需要具备系统思考能力，才能使组织适应环境变化；其次，组织设计要紧随科技资源共享平台发展战略，根据结构跟随战略的思想，组织结构的变革包含着战略方向的转变，战略制定和实施策略的调整，科技资源共享平台服务模式的创新是依据平台发展的战略目标而做的在战术方面的调整和变革，组织总是以结构和机制来屏蔽内部资源条件、外部环境的不确定性，因此，组织设计需要评估内部资源条件和外部环境变化程度，这就需要在内、外条件匹配的过程中寻求一个价值创造的平衡点；最后，组织设计要能够提高平台的反应速度。拓展服务模式通过界面的设计和创新提高感知能力，界面创新将各个业务单元无缝对接，以降低运作成本和提高市场响应速度。

（3）拓展服务组织结构的选择。组织结构隐含着对组织资源的配置方式和各个部门之间的协调机制，赵淑华和李长云（2009）认为这些要素的配置都要与战略目标保持一致。为了提高平台的感知能力，拓宽信息位，组织结构设计要考虑信息的传递质量、决策的速度。因此拓展服务的组织结构应该将部分决策权利下移且相对分散，因此，选择协调机制占主导地位的项目型组织结构。项目型组织机构以团队合作为基础、与外部环境交互作用能力强，决策权利分布于战略层、项目层和业务层三个层次中，避免了职能型组织结构的决策权利过于集中、结构刚性强、信息黏滞的不足。为了拓展信息位，在项目型组织机构中还需要增加一个专门进行信息加工处理，对知识资源进行永久存储的职能部门，这个部门要在日常运营过程中实现信息的搜集、存储、监测、反馈等工作，在决策的时候，可以超越项目团队的权利范围，交由高层决策来解决诸如项目之间的优先级问题，以及储备科技资源共享的知识。拓展服务的组织结构如图 5-9 所示。

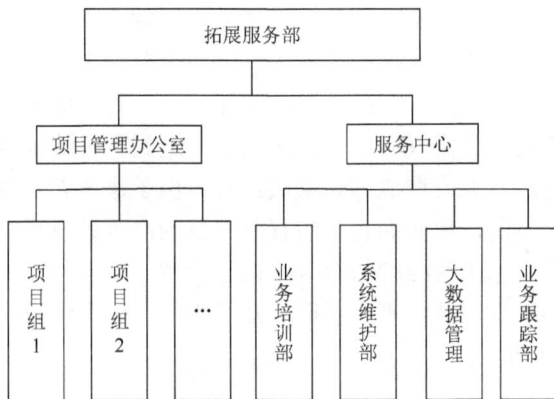

图 5-9　拓展服务的组织结构

（4）拓展服务组织设计流程。通过以上要求，将拓展服务模式的组织设计流程分为四个主要的步骤。第一步：建立共享服务任务模型，按照拓展服务模式总的发展目标，以及科技资源共享平台的业务逻辑建立拓展服务任务模型。在科技资源共享平台任务建模的过程中，首先要按照时间序列将拓展服务的目标进行分解，以确定各个分项任务目标，再根据每一项任务目标继续分解出各项具体的任务内容与任务的控制基准，根据任务的逻辑关系，以及需要完成的工作内容并确定子任务的阶段性产出物及其各类属性，并以阶段性产出物为主要标志设计监控点，这些监控点作为划分阶段的重要时间节点，也是评估任务完成情况的重要监测点。第二步：进行界面聚类，将需要进行监控的每一阶段内的任务进行细化，形成一定粒度的子任务集，定义任务与任务之间的交互类型，以及任务与相关主体之间的交互类型，并对任务与任务之间的界面进行聚类分析，形成各种具有代表性的界面类型，重点关注每一类界面的特征，并设置相应的项目团队，根据业务逻辑设计团队之间的协作界面。第三步：对每一个团队管理领域内的任务进行继续分解，形成可以独立操作的活动或者可以方便结算的成本单元，并为每一项活动配置相应的资源条件，形成团队内部的工作与资源传递界面。第四步：组织决策点设置与分层，根据拓展服务业务管理与控制的需求，在界面管理的不同层次和流程的不同位置设立决策点，因为任何组织都必须以某种形式的权利为基础，组织功能的发挥一定程度上是由其权利结构所决定的，无论什么样的组织结构一定设计一套具有科层特征的决策结构，因为没有一个任务单元仅仅是由简单的系列活动、输入、输出和资源构成的，大多数的任务都是一系列任务的集合，这就要求每一个任务单元要与其他单元之间通过界面接口传递资源、信息和能量，在每一个界面接口处都会有相应的事件触发机制，只有满足条件时，流程的路径才能延伸到下一个任务单元，这种触发机制就是由某一个任务单元的绩效、管理者的权力、员工的职责以及资源和能力构成的，这种一系列具有特定逻辑的连续事件触发就形成了特定的业务流程。为了保证各个单元之间的协同配合，就必须在界面设计评估决策监测点，监控接口的工作状态，当完成某项任务需要调用资源、能力时，就需要有特定权利的角色来完成，遇到异常情况时如何消除风险，又需要具有较高资源、能力调遣的高层决策者，由于决策者的角色不同，分布在服务系统中的位置不同，因而拥有不同权利角色的决策者所形成的网络，就构成了组织的决策结构，当决策结构与业务结构融合时，就形成了拓展服务模式的组织结构，这也是科技资源共享平台获得感知能力的基础和保障。拓展服务的组织设计流程如图5-10所示。

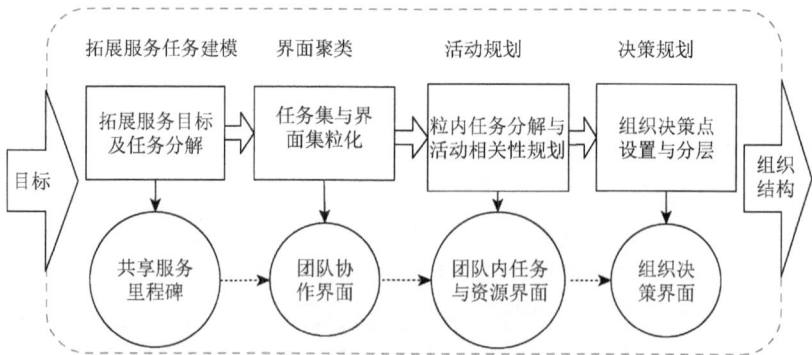

图5-10　拓展服务的组织设计流程

3. 拓展服务的效益模式

拓展服务模式的效益模式主要体现在收入来源和成本构成方面。在拓展服务中，效益空间是由收入来源和政府财政支持，以及提供服务所付出的成本构成的。

收入主要由服务收费、广告收入和政府的划拨款项组成，成本是提供服务或迁移云平台过程所付出的花费。拓展服务的效益模式如图 5-11 所示。

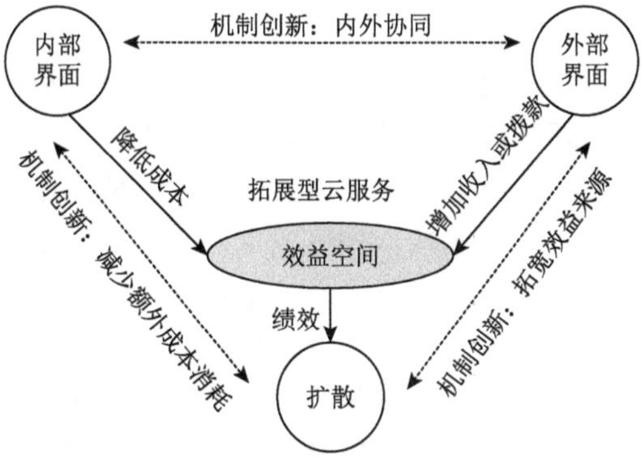

图 5-11 拓展服务的效益模式

（1）收入来源。拓展服务的核心任务是拓展信息位，形成科技资源共享平台的信息全景图，因此，收入来源不仅包括当期的收入，更关注长期的效益。

拓展服务的长期效益包括社会效益和经济效益，社会效益主要是贯彻区域创新战略，评估科技资源的共享范围，经济效益则关注未来的长期收益，需要专家进行科学评估。

拓展服务的当期收益关注的重点拓展服务的收入来源主要有提供服务所得收入、广告收入和政府拨款所得的收入三个部分。首先，服务所得收入主要是指平台提供科技资源的查询、检索、付费下载、整体解决方案以及其他平台的科技资源共享所回收的资金流，该项收入属于共享平台的主营业务收入，也称为前向收入。在界面创新的基础上，平台可以通过泛在网络接入，利用网络的利基扩散以及渗透倍增效应，扩大对目标客户的覆盖范围，将服务广泛而迅速地传递到分散在长尾市场客户所在的各个角落，形成利基市场，以固定的成本支出，获得服务的规模效应和范围效应，无论规模经济还是范围经济都是提升平台效益的重要机制。其次，拓展服务平台具备前向、后向双向交易的特性，属于双边市场，具有交叉网络外部性，因而平台通过价格策略、营销策略或激励策略吸引双方到平台上进行交易，达到盈利的目的。还可以使用政府直接补贴或发放创新券等方式吸引买方到平台上，平台自身也可推出一些免费业务，并通过合理设计"免费 + 收费"的方案吸引买方，通过增加附加值提高客户忠诚度，增强买方对平台的黏性，随着客户基数的增大，平台的盈利潜力也在逐渐增加，最终通过平台集聚的买方客户群的数量再吸引广告商到平台上发布广告，如注入与搜索主题相关的介绍性广告、关键词广告、主页面上广告区域的广告以及内嵌式广告的免费下载等，形成一种新的收入来源。最后，政府相关部门为促进平台的发展，形成创新生态系统，会通过直接补贴或其他行政手段使平台获得政策红利所带来的收入，如政府拨款是指政府部门为了平台的发展每年度的支持资金，以及为了解决行业共性问题的专项资金等。

（2）成本结构。成本结构是指平台服务的投入要素的种类和价格分布情况。拓展服务模式在界面创新的过程中是一种典型的投入行为，当创新项目完成后进入日常服务运作阶段才开始显现出效益模式的作用。成本项目主要包括：为了获取科技资源信息而付出的协调成本、采购成本、数字化转换成本、存储成本等；为了获得客户需求而付出的免费服务成本、用户接入成本、客户行为数据获取成本、需求信息存储和处理成本；为了提供优质服务所付出的决策成本、流程监控成本等众多成本项；为了获得云计算服务的相关成本。这些成本项目不只是在拓展服务过程中发生的支出项目，但是需要在这一模式下进行成本费用的归集。由于效益模式中有成本的约束，因而平台需要通过特定的策略保持盈亏平衡，这是效益模式的核心工作。

5.3.2　基于服务流程创新的集成服务模式设计

1. 集成服务的执行模式

科技资源共享平台集成服务模式是指将服务过程模型化，再通过模型自动生成信息系统，将可重复的软的服务流程硬化在信息系统中，确保业务模块的可重用。集成的服务不是简单地提供一种科技资源，而是寻求一项措施，一个运作过程，针对客户和创新联盟的问题给出解决方案。该模式是典型的模型驱动服务过程的应用模式。集成服务的执行模式如图 5-12 所示。

（1）云资源集成。云资源的集成是指根据区域发展战略要求、省内重点工作任务部署、企业与产业等创新资源与技术服务需求等条件特点，用行政手段或市场机制从区域内、外多主体、多领域、多层次，采用多种方式进行的多方向、多种类科技资源汇集，云资源的集成是集成服务的准备工作，主要任务是从众多的相关主体那里发现、评估、获取多源科技资源的多维度的信息，由科技资源共享平台完成对科技资源的编码、描述、分类等知识性的加工，还需关注科技资源的使用状态，实现科技资源价值在全生命周期的可见、可及、可用。按照共享服务目标，对资源进行标准化、科学化集成，提升平台集成服务效果，有效的资源集成不仅丰富平台资源种类、扩大平台规模，同时对提高平台核心能力，发展平台综合优势，及时满足区域创新所需，提升区域科技资源利用效率与区域科技创新水平及能力等具有重要战略意义。

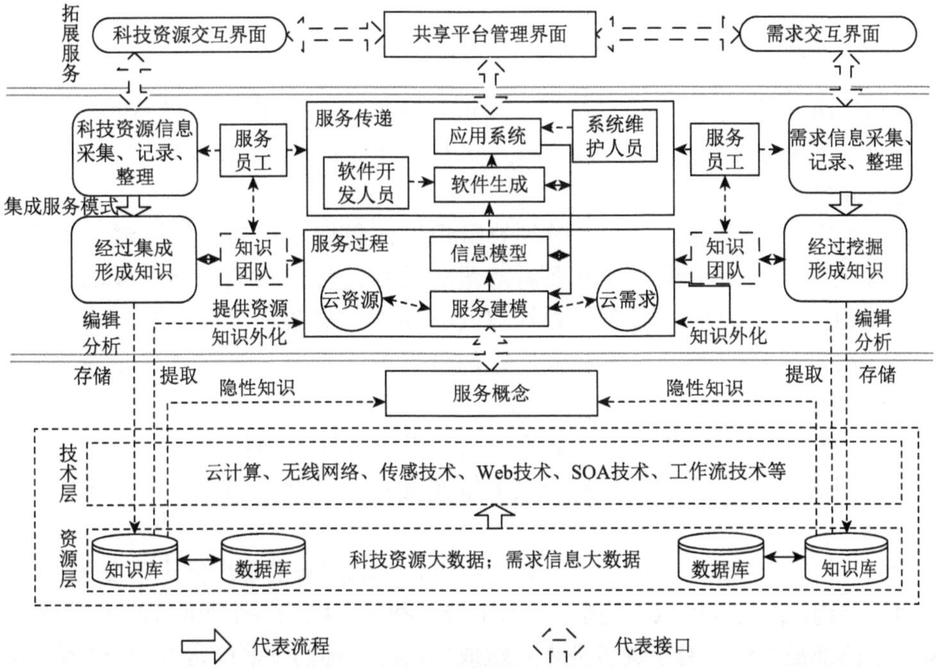

图 5-12　集成服务的执行模式

（2）云需求集成。云需求的集成主要是搜集、挖掘科技资源需求主体的相关大数据，科技资源共享需求的识别是实现科技资源客户价值的前提，科技资源只有实现了客户价值，才能释放出自身的潜能，而客户实际支付的价格往往比客户感知的价值低，二者之差就称为消费者剩余，增加消费者剩余的途径有两条：一是增加客户感知的价值；二是降低服务价格。增加客户的感知价值是首选，于是通过服务提升客户的感知价值就是科技资源共享平台最为关心的问题。

（3）服务流程的集成。服务集成从业务层面上理解，就是要完成科技资源的价值评估、价值传递和价值实现的系列价值转换活动，由资源集成、服务集成和需求集成三个主要的活动构成的科技资源价值增值链，它是一种特定的知识体系。服务流程的集成使得平台的信息化过程中的 S 由 System（系统）向 Service（服务）转变，从单一服务的调用到多服务集成应用，以满足共享应用的需求。从技术层面上理解，服务集成是借助信息系统的建设模式而提出的一种新的系统运作模式，服务流程的集成需要业务过程分析与建模、过程的设计与定义、过程的实例化和控制、人工与应用程序的接口四个步骤组成，其基本思想是基于特定的组合应用逻辑，利用建模理论来建立通用服务组合模型，并通过工作流等技术对组合模型实例化，最终形成一条可执行的服务链来满足应用需求。

2. 集成服务的组织模式

集成服务模式注重信息的集成、知识的整合与过程的重用，全程贯穿着知识的导航，在服务流程上采用先进的技术架构、专业且灵活的组织结构、快捷的服务提供共享服务。

（1）组织设计目标。集成服务的组织设计目标是提高科技资源共享平台的执行能力，因而组织设计既要考虑服务的稳定性，又要保持适度的柔性。从系统稳定性的角度，需要组织管理具有知识与经验积累的优势，同时又需要合作机制所形成的灵活的、柔性组织管理模式，兼具灵活适应与稳定、低成本的优势。

（2）组织设计原则。集成服务模式的组织设计要遵循静态结构与动态结构相协调的原则，遵循集权与分权决策相融合，目标导向与任务导向相结合的原则。

（3）组织结构选择。在上述原则指导下，集成服务的组织模式适合采用矩阵型组织结构，在这种组织结构中，平台的资源都被分配到各个职能部门进行管理，每个部门都是由训练有素的专业人员组成的，各个部门依照既定规则持续运作，在权利分配方面，形成具有层次化的集权结构，上下级之间呈现"命令—服从"式的指挥金字塔结构，上级运用行政权力部署和监控下级的日常工作，下级沿着自下而上的报告线路汇报工作业绩或意外事件，平行部门之间则以多重委托代理关系进行沟通协作，具有职能分工、集中决策和强制约束的典型特征。在应对特殊要求时，系统就会触发一个扁平化的协调体系，在职能化的组织机构和团队化的组织结构之间发挥指挥、协调作用，分别从任务目标、权利分配、信息共享、资源协同和团队建设五个方面进行协同，与之同步会启动一个决策机构，在高层决策以后形成明确的新项目目标，并规划团队内部的决策与行动权限，这样在决策模式、行动模式、资源模式和信息模式几个方面实现了职能型组织结构与团队型组织结构交叉重叠，最终形成了矩阵型的组织机构。该结构在垂直方向的专业化分工后，又加强了水平方向的协调，有利于资源与权力的最优配置，具有适应外部需求的柔性化特征，在节省成本的前提下，更大程度地提高效率。集成服务的组织结构设计如图 5-13 所示。

（4）组织设计流程。集成服务模式的组织设计分为三个步骤。第一步：建立起直线职能型的组织结构，以满足标准化的批量服务需求，具体工作内容如下：首先，根据科技资源共享平台服务概念的描述，明确服务产品的属性特征，以及服务产品的目标，对实现服务产品设计所需的任务进行活动分解，形成具有独立成本管理的最小单元；然后，依据各个管理单元的目标，将任务继续分解形成服务活动的清单，根据活动的特点，为之配备所需要的资源，以及与之相匹配

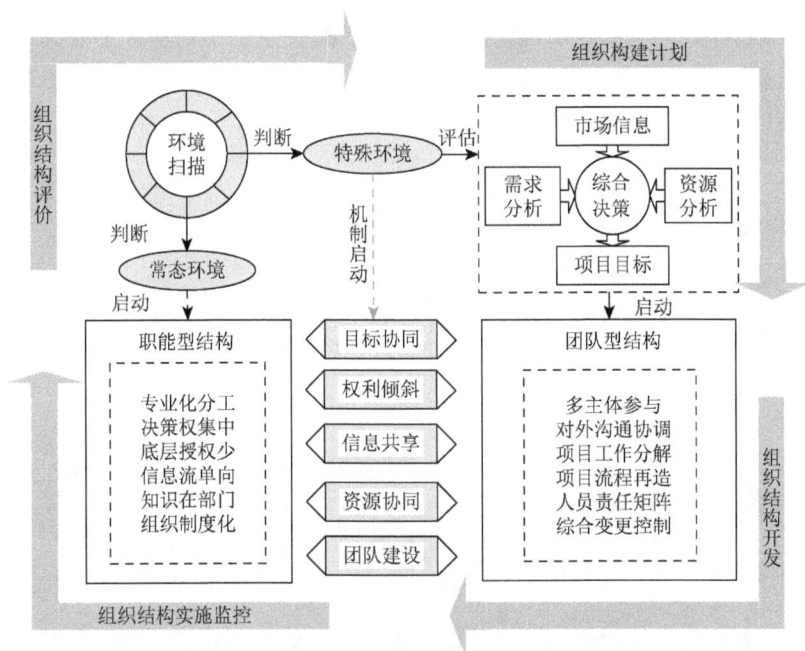

图 5-13　集成服务的组织结构设计

的人员责任矩阵，人员的责任矩阵是根据活动任务要求所需的资源和能力来划分的，并通过聚类等数据分析方法形成以能力为核心的职能部门，依据服务活动的逻辑规划各个部门之间协调合作机制；最后，根据集成服务模式的总目标进行分解，设计服务流程运行过程的监控点，根据监控的重要性，将之层次化处理，形成既具有"命令—汇报"关系，又具有水平"沟通-合作"机制的层次化的直线职能型组织结构。第二步：设计一个实时的环境监测与决策机构。在科技资源共享平台服务流程自适应运作的过程中，需要一种机制对其内部配备的资源和外部环境进行扫描，当外部环境的变化和内部的资源条件能够满足特定需求时，科技资源共享平台就会经过科学决策，来寻找服务流程创新的各种立项机会，当机会成熟时，便开始开展相关项目的孵化工作，在此过程中，组织相关的技术人员与管理人员协调配合，规划建立新服务流程的概念模型，经过对概念模型的分析提炼，转化成为服务流程的信息驱动模型，经过自动生成信息系统以及对该信息系统的试点应用，并对试点运行的效果进行科学评估，便实施项目转化，孵化过程相当于信息规划，转化过程相当于信息化实施工作。项目转化的具体操作流程是：首先启动一个协调小组，负责从日常职能部门中协调项目所需要的各种资源，由协调机制触发，启动一个项目团队建设任务，从项目工作分解结构推导出项目的组织分解结构，根据项目的总目标设计员工的责任矩阵，形成规范的项目团队。第三步：根据资源协同的路线，将垂直的直线职能型组织结构和水平方向的项目团队型的组织结构交织在一起，形成了既具有专业分工又具有灵活联动机制的矩阵型组织结构。集成服务的组织设计流程如图 5-14 所示。

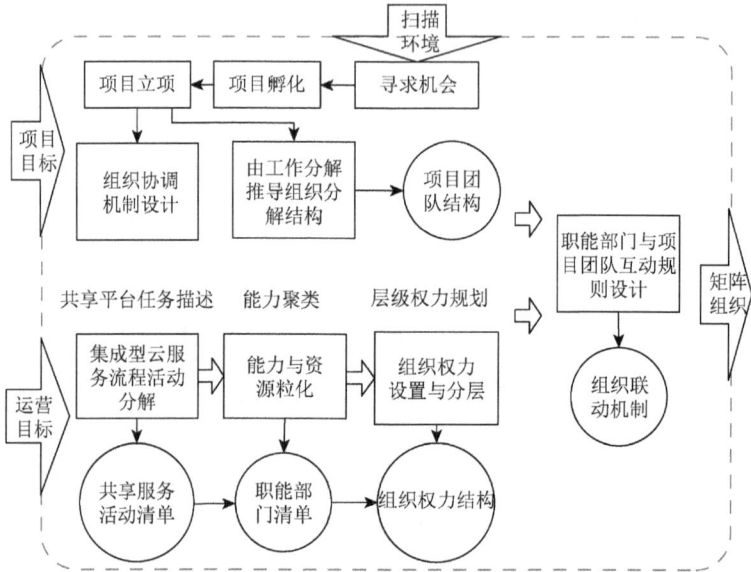

图 5-14　集成服务的组织设计流程

3. 集成服务的效益模式

集成服务模式本着持续改进的目标，以面向过程控制的模型推动科技资源共享平台的客户价值，实现最终盈利。服务集成一方面要提高为客户提供服务的效率，另一方面还要提升客户的感知价值，让客户满意，因此平台的效益体现在作业层面上的盈利表现，以及管理层面的资源和能力配置方面的盈利表现。集成服务的效益模式如图 5-15 所示。

（1）运行层面的效益路径。作业流程是把输入转化为输出的一个或者多个活动组成的整体系统，因此改善成本结构、提高质量、改善服务方式、加快服务交付速度是集成服务盈利的基础。首先，集成服务致力于成本的改善，在保证服务质量的前提下压缩和监控平台服务的消耗；其次，集成服务致力于质量的改善，服务流程运行平稳且波动较小时，努力降低出现差错的风险；再次，集成服务致力于服务水平的提升，当服务流程满足相应的约束条件时，就会提升客户的满意度，形成长期的盈利能力；最后，集成服务致力于整体交付时间的改善，时间是获得经济利益的关键要素，缩短服务的交付周期，对外部创新者来说，能够加速创新，提高客户的感知价值，对内部财务指标来说，能够获得更多的盈利。

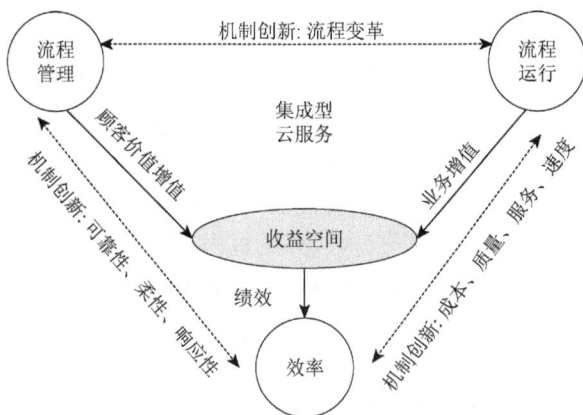

图 5-15　集成服务的效益模式

（2）管理层面的效益路径。科技资源共享平台内部管理人员和作业人员需要保证流程的顺畅与高效运转，因为客户总是希望以最小的付出、最快的速度获取最优质的产品或服务，以实现客户的需求和期望。科技资源共享平台必须在合理的成本约束范围内，对流程的输入、输出、活动以及活动之间的关联关系方面进行综合优化。首先严格监控活动以及活动之间的衔接关系，合理设置监控检查点，确保输出的产品或服务与最初的质量规划保持一致，在规定的时间将规定数量的科技资源递交给客户，以可靠的服务获得客户的满意，培养客户的忠诚度以及对平台的黏性，吸引客户重复购买；其次，在市场外部环境发生变化或者客户需求发生改变时，平台必须能够迅速整合资源和能力，重新生成高阶的核心主流程，识别关键活动，优化活动之间的逻辑顺序，采用并行工程或者额外注入资源等方式改变整体作业方式以满足客户的个性化或者特殊的需求，从而获得高额回报；最后，从管理层面对流程进行标准化处理，提出删掉一些成本比较高的活动，改善信息阻滞的环节，设置灵活应变的业务流程，以最快的速度响应客户需求，进而提高科技资源共享平台的市场影响力，促进销售份额的快速增长。

5.3.3　基于服务概念创新的智慧服务模式设计

智慧服务模式是基于服务概念创新，从科技资源的评估、需求市场的预测、人—机互动决策等方面提供的服务系统。它集成了人、决策过程、相关知识，形成了服务的智慧中枢。智慧服务是以最高层次管理创新作为起点的变革，它需要集成服务和拓展服务的配合与支持，是继这两种服务模式之后发展的更高级的服务模式。

1. 智慧服务的执行模式

智慧服务是源于服务概念创新而形成的一个服务模式，服务概念是共享服务的起点，决定服务概念创新的要素有科技资源共享平台内部资源情况、外部环境态势、目标客户分析以及进行合理的服务定价。智慧是对事物能迅速、灵活、正确地理解和解决的能力，属于一种问题解决模式，智慧既是在知识的基础上运用知识而创造新知识的过程，也是运用知识解决新问题的过程，在问题解决过程中，利用个人知识、机器知识相互交叉、转换、融合后形成的高级服务蓝图。智慧服务需要较完备的知识体系，使平台内、外达成内在逻辑的一致性，才能实现自我完善、自我强化，形成一个持续优化的循环发展系统。

传统的概念设计是在物理空间中进行表达和求解的，而智慧服务是面向客户需求的，以建模和决策技术为主要支撑工具的，基于价值域、功能域和方案域，展开服务蓝图的方案评估决策，其中功能域可以在物理空间或服务空间中表达，而价值域和方案域则需要在信息空间中表达。宋春光和李长云（2013）认为服务概念创新首先是从分析客户价值入手，通过对海量客户信息的挖掘，获得客户期望价值，然后，通过价值的逆向传递与分配进行功能规划，最后，根据功能所需的科技资源及其配套服务，以及功能系统内子系统之间的聚合与耦合关系设计服务概念模型，因而形成了价值—功能—方案的智慧服务的业务架构。智慧服务的执行模式如图 5-16 所示。

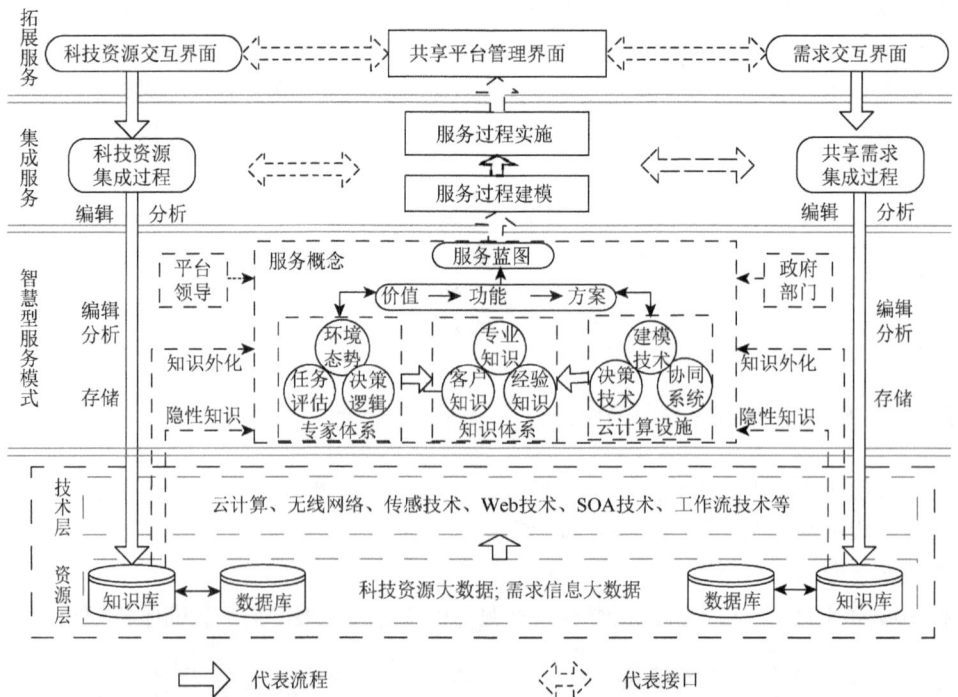

图 5-16　智慧服务的执行模式

（1）服务概念的价值域。服务概念创新提供了以客户价值为核心的服务整体解决方案，是通过对服务概念模型的建立来表达客户期望的服务内容和所期望的价值。通过建立数据模型和决策支持系统辅助平台完成价值分析工作，价值域涵盖了客户对科技资源的期望价值和对配套服务的期望价值，其中，对科技资源的价值期望更多地体现在经济价值方面，而对配套服务的价值将是多维度的，不仅包括经济价值，还包括感知价值等附加价值成分。

（2）服务概念的功能域。功能域是指服务概念的一种功能描述、功能分解以及子功能之间关系的设计，是服务概念设计的最核心的部分。服务概念的功能域是在科技资源共享平台对客户的价值准确评估并被锁定之后，将实现价值的所有功能模块沿着服务过程的逻辑关联起来并向客户端传递，最终形成交付给客户的服务包。服务概念的功能域也是对客户期望的任务描述，该任务既包括科技资源的配置又包括其他配套资源的协同，尤其是科技资源和配套资源的互补与集成工作，这里蕴含了丰富的经验知识。

（3）服务概念的方案域。方案域解决的是经过服务价值和功能设计之后，所形成的服务过程蓝图。方案域不仅要描述结构及活动，更需要对方案中所蕴含的知识进行表述以便设计、评估方案的可行性。

2. 智慧服务的组织模式

智慧服务注重知识服务创造价值，知识服务就是一种基于知识资源、受客户需求目标驱动、面向知识内容、融入决策过程并形成问题解决方案的个性化增值服务。在科技资源共享平台中，知识生态系统是由人、机器、知识和技术在一定的环境下表现出的智慧行为，是典型的支持型的组织管理方式，因此是动态系统。

（1）智慧服务模式组织设计目标。智慧服务模式的组织设计目标是具有自组织、自维系和自发展的智慧性。智慧服务的管理核心是服务概念创新，从价值域看，组织要保证价值分配的科学性；从功能域看，组织要确保需求信息的质量和安全；在方案域看，组织体系要保证方案本身的经济性和价值性。

（2）智慧服务模式组织设计原则。智慧服务是在对外界环境、内部资源条件以及自身能力全面评估基础上进行服务概念创新的，因此需要"人—人"合作，"人—机"合作，"人—机—知识"共同集成来提高决策质量。首先，"人—人"合作，服务概念创新的决策团队可以采用虚拟团队的方式，由不同组织、不同地点，具有不同知识背景的专家协同决策，形成了知识互补和知识相互催化的学习型团队；其次，"人—机"协作也是组织设计时需要重点考虑的因素，在以知识员工为主导的"人—机"互动过程中，机器可以补充人脑容不下的众多显性知识，激发"人"发挥积极能动作用，创造并应用新的知识；最后，是"人—机—知识"的互动原则，在长期的知识创造实践中，平台积累了大量有价值的知识，人和机器互动创造知识，并将新的知识保存在知识系统中，使得知识系统成为平台自我成长、自我组织和自我维系的永不枯竭的动力来源。

（3）智慧服务模式组织结构选择。在智慧服务的组织结构设计过程中，首先要考虑的就是知识如何进行交叉互动来创造价值。依据知识的创新特点，需要多输入和多输出的网状结构，在具体的知识单元内部，需要多方协同创新的团队实现知识的创新，在各个知识单元之间，需要进行知识的传输和共享，因此，智慧服务的组织结构设计成蜂窝网状结构。这是一种超横向一体化的组织结构，它把扁平式组织结构的上层删除掉，用比较灵活的虚拟团队来代替，这些虚拟团队可以是虚拟决策委员会、虚拟评估小组等形式，这种结构突破了人力资源与其他资源的组织界限，有利于不同组织中的知识专家协作、研讨，也有利于整合外部资源。智慧服务的蜂窝网状组织结构如图 5-17 所示。

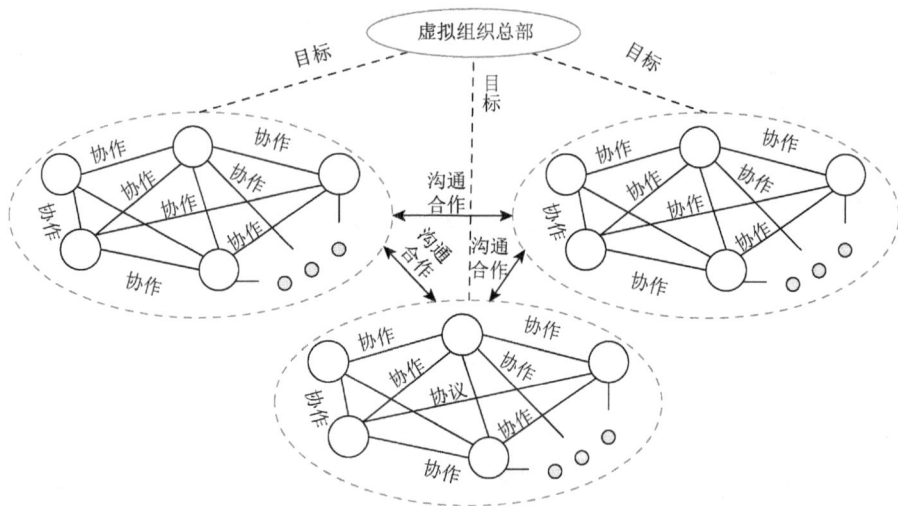

图 5-17　智慧服务的蜂窝网状组织结构

（4）蜂窝网状组织结构设计的流程。在智慧服务过程中，团队智慧是提高科技资源共享平台智慧的基础和前提，由于决策系统很复杂，有众多的影响因素，因此蜂窝网状组织结构设计流程是保障组织体系发挥作用的关键要素。蜂窝网状组织结构设计流程如图 5-18 所示。

蜂窝网状组织结构设计分为四个步骤，第一步：服务概念创新流程分解。为了设计高质量、多类型的服务概念，首先要对服务概念创新的流程进行分析，以客户价值定位作为服务概念设计的起点，将价值分解为客户对科技资源的价值定

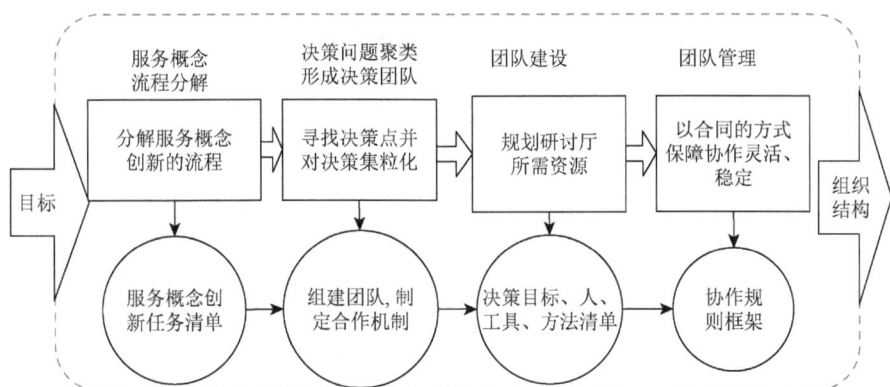

图 5-18　蜂窝网状组织结构设计流程

位和客户对平台所提供的服务进行价值定位，根据客户价值的传递路径形成服务概念的功能域，再根据功能形成服务概念的具体方案，之后，再对服务概念的方案进行评估，汇集这个流程中的关键任务，形成服务概念创新的任务清单。第二步：组建团队，制订合作机制。基于第一步的任务分解清单，对每一项任务进行决策点的选择，并将决策问题进行聚类，经过粒化形成几个决策团队，根据服务概念创新的总体目标，制订团队之间的沟通合作需求。第三步：团队建设。决策作为管理的最关键部分，其影响因素很多，大致可划分为决策目标、决策者及其决策工具和决策方法等。信息机制在这几方面都影响了决策过程与结果，因此，团队建设首先要对团队中所需的知识主体进行选择，在开放的人才库里选择适合的人力资源，选择先进的决策工具和恰当的决策方法，尤其要进行知识体系建设，团队建设包括对蜂窝单元的规划，也包括如何获得这些资源的一些管理策略。第四步：团队管理。当蜂窝单元都到达团队时，还需根据决策问题的特点，确定协作的周期、协作的方式以及协作后的知识产权等问题。

3. 智慧服务的效益模式

智慧服务的效益模式采用的是一种主动型、超前控制的成本管理理念，以及引领客户未来发展需求，合理设计服务包的具体参数，为科技资源共享平台价值创造服务。智慧服务的效益模式如图 5-19 所示。

（1）事前成本控制的盈利路径。在科技资源共享平台服务概念创新阶段，除了保证共享服务的质量，更重要的是必须加强服务概念创新过程中的成本控制，因为在概念阶段，资源投入少，方案修正代价小，因而成本控制能够避免由于上游概念阶段设计上的失误，导致成本在下游的服务流程、服务界面中放大，以至

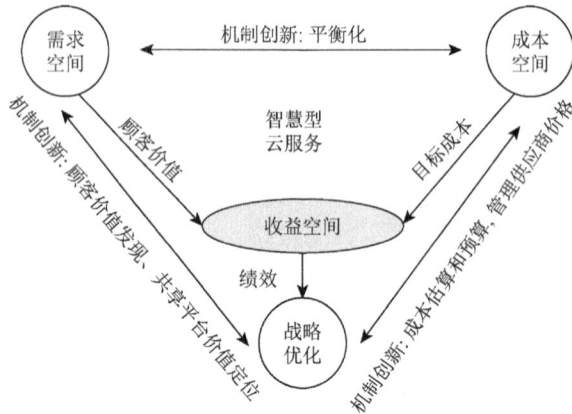

图 5-19　智慧服务的效益模式

于影响最终的盈利能力。在目标成本确定过程中，需要进行市场调研，市场价格分析、服务现状分析、平台战略分析等工作，对人员素质有较高的要求，同时，还需要积累大量的历史数据、成本数据，智慧服务的最大优势就是依赖大数据制定成本控制的相关策略。在成本分解过程中，可以利用云计算基础设施为平台提供有效控制成本的方法与工具，从成本数据搜集、处理、分类、估计等步骤上进行创新，在缺乏历史参考数据的前提下，还可以利用服务包分解、逆向仿真等方式，帮助科技资源共享平台设立成本控制的标杆，寻找压缩成本的突破点，并通过改进设计的方法进行成本控制。在进行目标成本管理的同时，也需要遵循服务概念设计的多元化，关注服务包之间的关联性，促进核心、关键资源的协同作用，降低共享服务的总成本。同时，还要严格控制采购成本，在关注供应商价值的同时，在供应商满意的前提下，对于科技资源共享平台建立成本最小化的规划模型，加强成本估算的科学性以及成本预算的准确性，使科技资源共享平台在方案层面就锁住服务的运营成本。

（2）满足客户需求的盈利路径。科技资源共享平台在设计新服务之前，首先需要通过拓展服务的界面创新搜集大量的市场信息，以及客户行为的大数据信息，通过云计算平台上的专用工具深入挖掘客户的行为偏好，再通过聚类、统计分析等各种工具对用户行为数据进行关联分析，以便科学预测客户的潜在需求；同时，也可以通过获取科技资源共享过程中科技资源的应用数据，进行关联分析，研究科技资源与科技资源之间、科技资源与其他互补资源之间的协同关系，避免科技资源的独立使用，这样就能够发挥科技资源之间的协同作用，拓展科技资源的客户价值空间，科技资源共享平台就能够采用智能化决策方式来设计服务产品，针对各个更加细分的市场设计对应的服务包，提升科技资源共享平台的盈利能力。因为客户的价值是科技资源共享平台定价的基础，平台首先需要制定策略获取稀缺的、有价值的、不可模仿的战略资源或能力，设计富有弹性的共享服务的价格体系，以面向问题的解决方案代替单一的信息对接的科技资源共享方式。另外，智慧服务还可以帮助平台实现个性化的定价策略，通过搜集长尾市场内零散客户的需求信息，以合理的成本设计满足长尾市场内客户需求的服务产品，通过信息技术的利基扩散与渗透倍增效应获得利润。这些服务概念创新策略的组合，能够使得科技资源共享平台实现长期持续的获利，最终，形成以客户价值主张为导向的平台长期持久的效益模式。

5.4　科技资源共享平台服务模式应用策略

5.4.1　科技资源共享平台服务模式选择的依据

科技资源共享平台服务模式的选择是在以上知识净增长率和平台反馈系数判定的基础上进行的。

1. 科技资源共享平台知识净增长率的判定

根据自组织模型求解可知，α 和 γ_1 的关系可以作为科技资源共享平台演化阶段的判别条件，同时也是服务模式选择的条件之一，α 为平台新知识增长率，γ_1 为平台知识淘汰率，$\alpha - \gamma_1$ 为科技资源共享平台知识净增长率。

知识的增长率是指新增加的知识占科技资源共享平台原有知识的比例：

$$\alpha = K_{\text{new}}/K_{\text{tot}}$$
$$\gamma_1 = K_{\text{out}}/K_{\text{tot}} \tag{5-1}$$

这里的关键问题就是知识怎样度量的问题。首先，知识的表现形式包括规律、原理、经验、需求、案例、模型等，其价值很难找到一个标准来度量。其次，这些知识又是以多种形式存在于多样化的载体上的，更难以用一个规范的标准来衡量。所以，知识的度量就成为服务模式选择的关键问题。

系统分析科技资源共享平台的特点可知，平台运行过程中所需要的知识越来越多地从员工的头脑中、从平台的管理流程中以及制度规范中逐步迁移到互联网平台上，在平台上也更多地被加载到各种类型的软件中，包括嵌入在机器中的各种控制软件，手机 APP 等终端软件，第一类软件的主要任务是完成知识的获取，或者在知识管理过程中更前端的信息的采集工作；第二类软件是完成平台资源配置、流程监控以及实现内外协作的大型综合管理软件，它所承载的知识含量比嵌入式软件要多，因为这类软件融合了众多的管理思想和运作方法，以及解决问题的成熟模型，这些知识对科技资源共享平台的运作具有关键的指导、监控、优化等作用；第三类软件是在战略层面上使用的决策支持软件，或者是完成复杂思维的人工智能软件，由于这些软件解决的是战略问题，所以所需要的数据量以及数据种类众多，这类软件的知识含量最高。在科技资源共享平台所使用的软件中，有的是商业采购的，有的是自行开发的，也有合作开发的，所以对于软件的规模很难用源代码行数进行测量。因此，选择一个替代变量就是软件所占有的空间字节数记为 qu_i，$i \in [1,3]$（以 MB 作为计算的最基本单位），qu_1 代表嵌入式软件（包括终端软件）的字节数，qu_2 代表综合管理信息系统软件的字节数，qu_3 代表战略信息系统软件的字节数，知识与软件的关系既有线性关系，又有指数关系，假设知识的相对数量如下：

$$k_i = f(qu_i) = \alpha_i (qu_i)^{\beta_i} \tag{5-2}$$

其中，α_i，$i \in [1,3]$，表示软件内包含知识单元的系数值，具体取值需要实验数据支撑，但是必须满足 $\alpha_1 \leqslant \alpha_2 \leqslant \alpha_3$，如取 $\alpha_i = \{2.4, 3.0, 3.6\}$；$\beta_i$，$i \in [1,3]$，表示软件包含知识单元的指数值，具体取值还需实验数据支撑，但是必须满足 $\beta_1 \leqslant \beta_2 \leqslant \beta_3$，如取 $\beta_i = \{1.05, 1.12, 1.20\}$。

如果需要进一步考虑其他因素对软件中所含知识量的影响，可以引入一些影响软件中知识含量的因素，如 I_j，$j \in [1,n]$，进一步完善式（5-2），将得到以下知识量计算方法：

$$k_i = f(q_i) = \alpha_i \prod_{j=1}^{n} I_j (q_i)^{\beta_i} \tag{5-3}$$

平台系统承载的知识总量，记为 K_{tot}，K_{tot} 的取值：

$$K_{tot} = \sum_{i=1}^{3} f(q_i) = \sum_{i=1}^{3} \alpha_i \prod_{j=1}^{n} I_j (q_i)^{\beta_i} \tag{5-4}$$

同理，可以计算新增知识量 K_{new} 和淘汰知识量 K_{out}，可得

$$\alpha - \gamma_1 = \frac{K_{new}}{K_{tot}} - \frac{K_{out}}{K_{tot}} = \frac{K_{new} - K_{out}}{K_{tot}} \tag{5-5}$$

2. 科技资源共享平台反馈系数的判定

自组织系统之所以能够从无序到有序，从低级到高级发展，就是因为该系统不断地从外界吸收物质和能量，使得内部发生一个循环的、非线性的相干效应，所以循环是科技资源共享平台自组织发展的核心机制，因为反馈是系统获得稳定和持续发展能力的重要手段，正反馈是提高系统输出对输入激励的重要基础，负反馈则是系统自稳定的重要机制，通常系统正反馈和负反馈机制是同时存在的，正反馈促进系统向高级阶段发展，负反馈则致力于使系统稳定在某一种状态。

　　系统的反馈主要表现在输出对输入的作用关系，在系统中，输出主要体现在主营业务收入方面，而输入则主要表现在科技资源的输入方面。服务系统自反馈机理如图 5-20 所示。

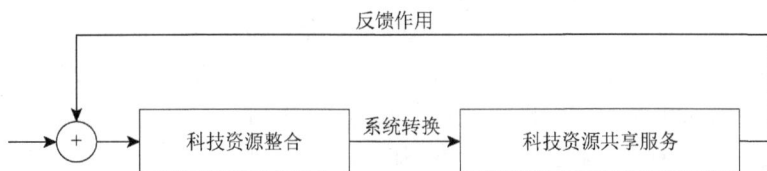

图 5-20　服务系统自反馈机理

　　（1）服务能力的标度。服务能力采用平台主营业务收入来标度。假如平台可提供的共享服务有 n 类（$n = 1, 2, 3$），每一类服务的收入记为 S_i，$i \in [1,n]$，由于各种服务的量纲不一致，采用每一类服务的收入为基准计算出每一种服务能力的权重系数，采用加权平均的方式获得共享服务能力的数值。每一期服务总量如下：

$$S = a_1 S_1 + a_2 S_2 + \cdots + a_n S_n$$

其中

$$a_i = \frac{I_i}{n \sum_{r=1}^{n} I_r}, i \in [1,n] \tag{5-6}$$

　　即每一种服务收入占全部服务收入的百分比作为服务数量加权求和的权重值，通过对每一种服务的收入进行加权求和，即可得出平台总的收入数额。

　　（2）科技资源整合能力的标度。科技资源整合能力是指共享平台科技资源整合起来支持共享服务的能力，记为 R_i，$i \in [1,n]$，由于每一种科技资源对平台的贡献度不同，科技资源之间也不存在统一的量纲，因此采用每一种科技资源的服务能力系数作为科技资源种类的权重系数，对于以特定种类科技资源提供服务的平台最为有效，对于综合性的服务平台，这个系数则由专家打分来判断权重，如用层次分析法计算每一种科技资源的权重，每一期科技资源整合的能力如下：

$$R = a_1 R_1 + a_2 R_2 + \cdots + a_n R_n$$

其中

$$a_i = \frac{I_i}{n \sum_{r=1}^{n} I_r}, i \in [1,n] \tag{5-7}$$

　　然后对所有的科技资源进行加权求和，最终表示出科技资源在某一周期内关于科技资源的整合能力。同样，也只有当这个值达到一定的阈值时，才认为共享平台具备科技资源整合能力，这个阈值需要专家判断。

（3）反馈系数判定。根据共享平台内部自反馈机理可知，平台服务能力的变化会引起科技资源整合能力的变化，同时科技资源整合能力的变化同样会影响平台服务，二者之间形成了一个闭环相关关系。他们的关系可能是一种正向的促进关系，也可能是一种逆向的抑制关系，总之，这两个变量之间存在密切的联系。如果我们能够近似地找出这两个变量之间的线性关系，就可以近似求出二者的变化率，这个变化率的绝对值，对于本书而言，并不十分重要，本书最关注的是二者之间的关联关系。用最小二乘法的优点是并不要求事先假定 R 与 S 一定具有线性相关关系，直接对两个变量做回归分析，因为最小二乘法对于任意一组数据都可以给他们分配一条直线，描述 R 与 S 的关系。鉴于反馈具备的循环机制，首先，将平台的运行人为地划分测算周期，如按年测算、按季度测算、按月测算，也可以按照战略决策的周期来划定平台测算周期。在每一个周期内，选取 n 对数据，并且各个阶段交替描述 R 与 S 的关系以及 S 与 R 的关系，进而判断系统反馈特性。最小二乘法回归分析数据采集规则如图 5-21 所示。

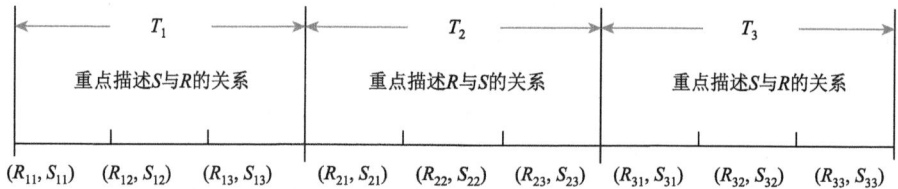

图 5-21　最小二乘法回归分析数据采集规则

假定 S 为服务能力数值，R 为科技资源整合能力数值，两个变量的回归模型就是

$$R = \beta_0 + \beta_1 S + \varepsilon \tag{5-8}$$

取一个容量为 n 的样本 $(R_1, S_1), (R_2, S_2), \cdots, (R_n, S_n)$，有

$$R_i = \beta_0 + \beta_1 S_i + \varepsilon, \ i = 1, 2, \cdots, n \tag{5-9}$$

根据最小二乘法的回归计算公式可知：

$$\hat{\beta}_1 = \frac{\sum_{i=1}^{n}(S_i - \bar{S})(R_i - \bar{R})}{\sum_{i=1}^{n}(R_i - \bar{R})^2} = \frac{\sum_{i=1}^{n}R_i S_i - n\overline{RS}}{\sum_{i=1}^{n}R_i^2 - n\bar{R}^2} \tag{5-10}$$

$$\hat{\beta}_0 = \bar{y} - \hat{\beta}_1 \bar{R} \tag{5-11}$$

于是可得回归方程为

$$\hat{S} = \hat{\beta}_0 + \hat{\beta}_1 R \tag{5-12}$$

表达了 R 与 S 的关系，在共享平台反馈系数判定过程中，比较方便的是实用瞬时极性法作为正负反馈的判断参考变量，首先假定平台服务能力的瞬时极性，即 $\Delta S = S_{t+1} - S_t$，与科技资源整合能力的瞬时值，即 $\Delta R = R_{t+1} - R_t$，然后比较二者瞬时值的比值，即 $\dfrac{\Delta S}{\Delta R} = \dfrac{\hat{\beta}_0 \Delta R}{\Delta R} = \hat{\beta}_1$，在第一阶段，当 $\hat{\beta}_1 > 0$ 时，科技资源整合能力的提升能够引发平台服务能力的提升，具备正反馈特性；在第二阶段选取三组数据，利用回归模型分析 S 与 R 的关系，如果判定回归系数 $\hat{\beta}_2 > 0$；在第三阶段，选取三组数据，利用回归模型分析 R 与 S 的关系，如果判定回归系数 $\hat{\beta}_3 > 0$，说明科技资源整合能力和平台服务能力存在正反馈关系，平台系统内部存在正反馈机制，如果有一个周期的回归系数是负数，就认定服务系统存在负反馈机制。

5.4.2　科技资源共享平台服务模式选择策略

（1）拓展服务模式的选择。对于拓展服务模式的选择有两个必需的条件：第一，当科技资源共享平台的 IT 基础设施还没有迁移到云计算基础设施，物联网、移动互联网、大数据等新一代信息技术还没有被采纳时，无论平台的知识净增长率是正数还是负数，平台的反馈系数是正数还是负数，平台都直接选择拓展服务模式，因为拓展服务模式是平台创新的起点，也是服务模式三级助推发展的起始阶段，拓展服务模式是集成服务模式和智慧服务模式的基础与前提；第二，当科技资源共享平台已经采纳云计算技术，并且经过较长时间的应用时，需要判断平台的反馈系数和知识净增长率，当知识净增长率 $\alpha - \gamma_1 < 0$，系统反馈系数 $\eta_3 < 0$ 时，选择拓展服务模式。

（2）集成服务模式的选择。当科技资源共享平台已经成熟应用新一代信息技术，即可开始选择，首先判断平台系统反馈系数，如果 $\eta_3 > 0$，且 $\alpha - \gamma_1 > 0$，则说明平台具备较强的知识驱动力，系统已经突破固有的惰性，序参量达到了一定的阈值，开始发挥役使作用，并不断地突破稳定模子系统的限制，可以开展集成服务模式的创新。

（3）智慧服务模式的选择。当科技资源共享平台已经成熟应用新一代信息技术，评估平台的运作绩效，如果 $\alpha - \gamma_1 > 0$，$\eta_3 < 0$，则说明平台已经演化到高级阶段，此时，平台的知识增长势头很好，但是系统阻滞力也增强，系统可以维持在较高水平的运行状态，若想继续发展，必须寻找新的突破点，于是智慧服务模式的创新就是为了寻求新的突破而设计的服务模式。

需要说明的是，无论系统发展到哪一种状态，只要出现 $\alpha - \gamma_1 < 0$，$\eta_3 > 0$，都说明系统即将要进入衰退阶段，系统都需要回到拓展服务模式进行新一轮的创新。

　　以上三种服务模式设计，虽然具有从低级到高级三级助推发展的特点，但是这三种服务模式不一定都是沿着"拓展→集成→智慧"的唯一路径发展，在科技资源共享平台拓展新的服务领域或者服务概念发生根本性变革时，如果之前服务模式设计的成果显著，则是可以协同之前服务模式设计所形成的感知能力和执行能力，直接开展智慧服务模式的创新，如果平台所积累下来的执行能力不足以支撑智慧创新，那么平台可以从集成服务模式设计开始循环，如果感知能力不足，就从起始的拓展服务模式设计开始循环，在感知能力和执行能力匹配的过程中，会出现拓展服务模式与集成服务模式之间往复提升的过程，在执行能力和自我成长能力匹配过程中，会出现集成服务模式和智慧服务模式之间往复提升的过程，在感知能力、执行能力和自我成长能力三个能力匹配的过程中，可能形成拓展服务模式、集成服务模式、智慧服务模式之间往复提升的循环过程。服务模式选择的方式如图 5-22 所示。

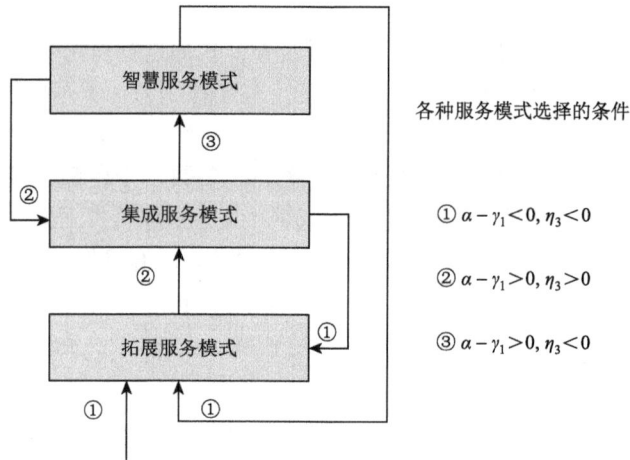

各种服务模式选择的条件

① $\alpha - \gamma_1 < 0, \eta_3 < 0$

② $\alpha - \gamma_1 > 0, \eta_3 > 0$

③ $\alpha - \gamma_1 > 0, \eta_3 < 0$

图 5-22　服务模式选择的方式

5.5　本　章　小　结

　　本章首先根据三个演化阶段对服务模式设计的要求，确定区域科技资源共享平台的三种服务模式，分别是拓展服务模式、集成服务模式和智慧服务模式，从服务模式的执行模式、组织模式和效益模式三个视图设计以上三种服务模式，然后，对区域平台知识的净增长率和区域平台反馈系数进行判定，并基于区域平台演化的特征和条件，进行平台服务模式的选择。

第6章 科技资源共享平台服务模式实现机制

科技资源共享平台服务模式的实现，重点在于充分发挥新一代信息技术的优势，以科技资源集聚能力为杠杆，驱动区域经济发展。因此，平台服务模式的实现需要治理机制、集成机制、协调机制以及运行保障机制的支撑。

6.1 科技资源共享平台服务模式实现机制框架

科技资源共享平台是一个复杂系统，从服务环境视角出发，科技资源共享平台需要治理机制营造一种稳定、安全、能力强大的信息网络环境；从结构上看，科技资源共享平台是由多个节点构成的平台体系，就需要将不同层次的平台进行有效对接，以扩展集成范围；从共享主体的角度来看，平台是多主体共同参与的，他们之间存在着复杂的竞合关系，因此，理顺多主体间的利益关系，加强主体间彼此信任与沟通、促进相关主体合作，成为科技资源共享平台服务模式实现的重点；从业务视角，平台的服务要充分利用外部资源，伴随服务模式的三级助推发展阶段，这需要有效集成第三方专家团队和中介服务机构的力量；从服务的运行保障方面来看，平台要从自身建设与管理规范化角度进行组织、资金、制度等方面的运行保障管理，加强平台员工队伍建设，形成稳定的、多渠道、多元化的资金投入，推动平台发展、管理和运行的制度化与规范化等。为促进科技资源共享平台服务模式设计，服务模式的实现机制包括治理机制、协调机制、资源集成机制三个运行机制，以及保障机制等四个一级机制，每一个机制内部有更详细的二级机制，他们共同形成了树形结构的机制框架，科技资源共享平台服务实现机制框架如图6-1所示。

（1）保障机制。保障机制是从平台以及上级管理部门的角度来采取相关政策措施与管理手段保证平台服务模式顺利实施的策略。①平台要集成多方资源与服务，从行政管理角度就需要多部门协调；②平台人才队伍建设是核心能力的重要载体，人才的任用、培养与考核机制创新，提升了员工素质，激发了员工的工作热情，保证了平台核心能力的培育与发展；③学习型组织建设机制保证了平台管理经验、服务技能等的综合集成，有利于打造平台核心能力，支撑服务能力的持续提升；④政府主导下的多元化资金投入，不仅要求政府要形成稳定的专项科技投入，还可以通过政府投入和相关优惠政策拓展资金投入渠道，并引导广大社会

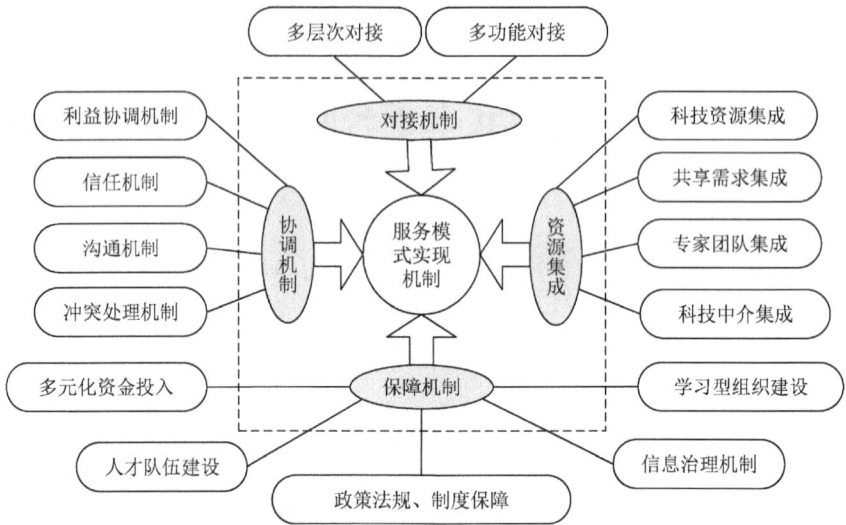

图 6-1　科技资源共享平台服务实现机制框架

资金参与平台事业，为平台发展提供源源不断的资金保障；⑤平台高效运行，需要形成完善的制度体系，主要包括政策法规、管理制度、技术标准和信息治理三个层次。其中，信息治理机制主要为科技资源共享营造安全、稳定、易扩展的云计算技术环境，一方面，从技术视角看，包括云计算技术扩散、应用的相关决策问题，另一方面，从信息内容的角度，治理机制需要能够提供准确、大量、多源大数据的能力，并且能够保证数据格式一致、内容完整、处理快速等一系列要求，因此，信息治理机制包含信息技术治理和信息内容质量两个二级子机制。因此，保障机制是由多元化资金投入、人才队伍建设、政策法规与制度保障、技术标准支撑和学习型组织建设五个二级子机制构成的。

（2）协调机制。由于平台有众多参与主体，①合理的利益分配是发挥各主体优势的关键，并且有利于提高合作各方开展后续合作的积极性与主动性。②信任是主体之间开展服务合作与创新的基础，缺乏有效的诚信与信任感，参与主体之间无法开展深层次、核心内容的合作；而诚信的缺失会导致机会主义行为的产生，不利于主体之间开展稳定、持续合作，因此建立有效的信任机制是平台集成各类主体的重要子机制。③有效的沟通与交流渠道以及便捷的合作方式等都是促进主体间开展合作的有效支撑。④有效的矛盾冲突处理机制，有利于减少各方的矛盾问题，将冲突消灭在萌芽之中，便于平台资源与服务集成优势的发挥。因此，将以上四种机制确定为主体协调机制的二级子机制。

（3）资源集成机制。科技资源共享平台是建立在新一代信息技术基础上的，随着服务的不断深化，①平台的服务更多地依赖科技资源的数据化程度，这需要将更多散落在创新主体组织内的科技资源进行搜集、分类、数据化等极其繁杂的辅助活动来支持；②为了使服务更加精准，平台还需要对客户的需求进行搜集、聚类、关联、分析等基础性的工作支撑；③随着服务向高级阶段发展，面临大量的预测与决策等复杂活动，平台需要更具权威的专家团队，而集成专家团队是为平台的发展提供支撑；④随着科技服务业的发展，集成中介服务机构也可以体现平台资源集成方式的转变，促进平台提升在更大范围、更多渠道、更多层次、更多主体参与的资源集成能力。因此，资源集成机制包括科技资源集成、共享需求集成、专家团队集成和科技中介集成四个二级子机制。

（4）对接匹配机制。从科技资源共享平台结构与功能来看，科技资源共享平台是一个由多个平台节点构成的平台网络，将不同层次与功能的平台进行有效对接，是科技资源共享平台充分利用外部资源、实现资源、服务综合集成的重要手段。因此，平台运行管理首先就是要以平台为中心，加强平台间的对接管理。

6.2　科技资源共享平台服务模式的运行机制

6.2.1　科技资源共享平台的协调机制

协调机制是通过建立与完善主体之间的沟通关系，促进各方合作，以提升平台能力的策略，具体包括利益协调机制、信任机制、沟通机制和冲突处理机制等四个子机制。

1. 利益协调机制

利益协调机制是确定资源与服务提供者、平台甚至服务接受者等各主体利益分配情况的具体规则和分配方法，主要表现在各参与主体对利益分配结果的满意度以及分配利益的依据。合理利益分配机制主要从以下几方面着手。

（1）重视协议达成。在平等自愿、互惠互利的原则上，制定各主体之间的利益分配规则，并通过合作协议加以明确。

（2）采取双向补贴方式。平台资源具有很强的公共属性，为此，根据资源获取、服务传递及其供需对接的要求，对各类主体采取双向补贴方式。平台中心购进大量科技文献，并对积极提供文献书库共享的高校进行补贴，而对文献查询或传递则由平台工作人员免费服务。在大型仪器设备共享服务、科技金融服务等方面，这种双向补贴的力度更大。

（3）利益分配动态调整机制。随着合作的进一步深入，利益不断增加，常常会发生履行协议困难、权责利不明确等问题，从而产生利益分配问题。此时，通过各方不断商讨的方式，以协议形式明确利益分配的比例和方法，通过一段时间的运行，再根据合作各方对服务的贡献程度，进一步调整利益分配方案，保证利益分配的公正性和客观性。

2. 信任机制

信任是重要的社会资本，只有资源供给者、服务需求者和平台等主体之间相互信任，遵守诺言，各司其职，主体间的合作才能维持，其信任机制的建设主要从以下几方面入手。

（1）认识到信任机制的重要性。当前创新环境日趋复杂多变，而主体决策仍然受制于有限理性的困扰。因此，各类主体经常面临的状态是对未来事件的不确定和不同主体对这些未来事件可能做出的反应的不确定性。各主体之间相互信任，才能促成进一步稳定的合作；没有彼此的信任，资源、服务大范围集成也就无从谈起。

（2）协作关系建立前信誉状况的考察。这项任务可由平台作为核心任务。无论资源方还是服务方，都需要进行基本信息实名制以及资信状况的调查核对，并对这些主体的信誉状况进行分类与评价，信誉状况将成为加入科技资源共享平台并获得相应服务权益的必要前提。

（3）协作过程中的信誉担保机制。在进行信誉考核的基础上，尤其是需要资源供给方和服务需求方直接协作时，各个区域政府可以对双方提供必要的信誉担保，从而推动双方协作，并保证协作质量。

（4）多次合作过程中的信誉积累机制。根据资源供给方的主体和服务需求方的主体的行为表现以及客户评价，对这些主体进行信誉等级动态评价，并形成信誉积累机制。

3. 沟通机制

多主体间协作传递最多的就是彼此的信息，环境的不确定性使得各主体间处于信息不对称的状态中，因此良好的沟通交流机制是科技资源共享平台高效运行的重要保障。沟通可以分为正式沟通和非正式沟通，正式沟通是指按照组织明文规定的原则、方式进行的信息传递与交流，如组织内的文件传达、定期召开的会议、上下级之间的定期汇报以及组织间的公函来往；非正式沟通是一种通过正式规章制度和正式组织程序以外的其他各种渠道进行的沟通。面向多主体需要，各个科技资源共享平台需要建立一套全方位、多层次的沟通机制，主要从以下几方面入手。

（1）建立定期交流的规章制度。明确要求各主体方积极地参与定期的交流活动，形成必要的考核记录，对有效的沟通和交流应该进行必要的记录与备份，作为对各参与方积极性的考核。

（2）将重要的行业协会等组织机构吸纳为参与主体，并成为行业协会开展活动的重要宣传和交流平台。

（3）开辟平台交流专区。在科技资源共享平台系统中建立各主体自由沟通的专区，赋予这些主体一定的权限，实现各主体通过网络随时互动交流。

4. 冲突处理机制

建立有效的矛盾冲突处理机制是确保平台参与主体间开展持续合作的重要措施。对于矛盾冲突的解决主要从预防机制、预警机制和应对机制等三个方面进行建设与完善。

（1）预防机制的建立。由平台牵头，对于资源供给方和服务需求方各主体协作过程中容易产生分歧的问题进行汇总，将各类问题进行重要程度分类，并提出解决意见，对于不同重要程度的问题提交相关主体参与方，并提前进行必要的沟通，做好预防工作。

（2）建立预警机制，对已有问题进行进一步的评估，风险预警评估应该是多主体参与，共同提出可能发生的重大矛盾或者冲突，并提出解决方案，同时对矛盾方进行必要的指导疏通，力争将矛盾消灭在萌芽之中。

（3）当矛盾已经发生时，必须启动应对机制。在矛盾解决过程中，平台担任了解决各方矛盾的调节者，寻找矛盾产生的根源，积极应对问题，督促各方参与主体解决矛盾，如果不能解决问题，可以申请向上级相关部门寻求帮助。

6.2.2　科技资源共享平台的对接机制

平台对接机制主要服务于以科技资源共享平台为中心的多层次、多功能平台对接，打造平台网络，拓展资源、集成服务范围与规模。

1. 多层次对接

科技资源共享平台是一个多层次平台网络，从纵向来看，不仅打造了一些地市子平台，还积极与国家平台建立联系；从横向来看，基于区域创新共性需要与其他区域合作平台，这种横向与纵向对接，分别采用了基于项目的对接机制和基于联盟契约的对接机制，具体实现方式如下。

（1）基于项目对接。这种方式实现了科技资源共享平台纵向的对接，因为国家平台中心、科技资源共享平台和地市平台中心属于不同层级，向下逐层建立的纵向平台项目必然成为三层平台建立联系的重要纽带。通过纵向项目支撑最能够凸显各地市战略性新兴和主导产业特色的平台建设与运行，子平台构建不仅保证了科技资源共享平台在省内的地域覆盖面，而且资助子平台的前提就是要将子平台资源与服务纳入科技资源共享平台网络，独具特色的子平台成为支撑区域战略性新兴产业重点领域的共享平台，实现了科技资源共享平台的省市联动。总之，通过平台项目逐层下达与支持，加强了监督、控制与指导，可以实现科技资源共享平台纵向三层有效对接。

（2）基于联盟契约的对接。联盟契约是科技资源共享平台实现区域或省际平台对接的重要机制。首先，科技资源共享平台可以对于产业相似度和配套性极高，创新资源互通性较好，创新、创业服务和战略性新兴产业发展需求体现区域共性，为此，科技资源共享平台立足区域发展需求，以推进区域内各省区间的互利合作，有效促进各省区特色资源的优势发挥、开放共享以及区域集成；同时也为助力区域内产业升级，特别是为科技成果的有效转化起到强有力的推动作用，从而更好地为科技进步和经济发展服务。其次，各个区域也突破地域限制，学习发达省（市）的平台建设与管理经验，并充分利用这些地区的资源与服务。

2. 多功能对接

以科技资源共享平台为中心，实现平台间的多功能对接，实质上就是拓展科技资源共享平台的资源与服务，实现更大范围的多功能集成，以更好地支撑区域内创新、创业和战略性新兴产业发展需要。因此，平台间的多功能对接包括需求获取和服务功能对接两个方面。

（1）需求对接。科技资源共享平台的需求对接主要面向高校、科研机构、中小科技企业、产业集群以及战略性新兴产业。①高校、科研机构主要从事基础或基础应用性研究，重点对跨平台的各类藏书、文献查询检索等科研服务功能进行集成。②面向广大中小科技企业。广大中小科技企业最具创新活力，其创新资源瓶颈也较为突出，对创新平台的创新服务需求也最为迫切，因此，围绕中小企业一站式服务进行平台间多功能集成。③面向产业集群。依托一批国家或省级高新区形成了区域多个高新技术产业集群，对产业关键、共性技术资源与服务需求明显，而且也需要进行集群创新学习与交流的平台，为此，需要面向产业集群创新需求进行平台间多功能集成。④面向战略性新兴产业。在国家确定的七大战略性新兴产业框架内，结合区域内科技与产业特色优势，将新能源、新材料、节能环保、生物、信息和现代装备制造等作为区域战略性新兴发展重点。以国家及各地方的创新服务平台对战略性新兴产业发展战略支撑为契机，加强对国家23个平台和先进省市创新服务的功能有效对接，有利于强化科技资源共享平台更好地服务于区域战略性新兴产业发展需要。

（2）服务功能对接。服务功能对接方式又可以进一步分为专业性对接、专项对接和一体化对接等三类。①专业性对接。面向广大创新主体在某一方面专业性科技服务需求进行多功能集成，这主要是基于平台某类资源优势进行对接。②专项对接。面向区域独具特色的创新、创业服务或某一战略性新兴产业发展需要而进行的专项功能集成，重在发挥平台的创新、创业服务流程优势。③一体化对接。专业性对接和专项对接分别从纵向和横向面向创新需要构建了功能模块，并提供了相应的服务。

6.2.3　科技资源共享平台的集成机制

资源集成是科技资源共享平台服务模式实现的基本前提，平台需要在服务之前或服务过程中对于服务所需要的关键资源进行集成，主要包括科技资源的集成、共享需求的集成、专家团队的集成以及中介机构的集成。

1. 科技资源的集成

科技资源的集成是指用行政手段或市场方式对区域内的科技资源进行挖掘、合并、转移、重组，使科技资源的二次配置能够满足某种特定需要，并促进区域内经济的快速增长。科技资源共享平台开展了各种类型的科技资源汇集，在具体资源获取过程中采用了不同的汇集方式。科技资源汇集方法如图 6-2 所示。

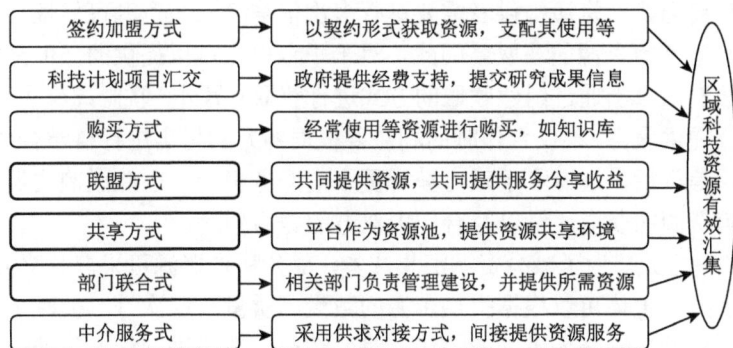

图 6-2　科技资源汇集方法

（1）签约加盟方式。平台需要将部分科技资源通过契约方式转化为统一管理资源，以在契约与平台制度约束下，统一调配与使用科技资源，以及时提供创新服务，满足创新需求。具体手段包括激励制度建设、明确资源供给与使用方式、保证加盟者收益等。

（2）科技计划项目汇交。由于科技资源共享平台的功能之一就是为区域创新战略实现提供服务与支撑，因此，政府相关部门参与管理，对于政府部门出资资助的项目研发成果，如购买的仪器设备、数据库以及产生的专利、技术研究成果等，可要求项目承担单位在结题或者提交验收申请时，提供成果共享信息、成果介绍以及资源使用方式等，并将承担项目的专家、团队信息，以及能够完成的研发任务、具有的专长等进行详细介绍，从而使与项目相关的科技资源转移到平台上。

（3）购买方式。对于部分不太常用的一次性使用资源或者资源获取相对容易可以随时找到资源提供者，或者可以经常反复利用的资源等都可以采用购买方式获得。①不太常用的一次性使用资源由于平台引入后无法预测其提供服务或者实现经济使用价值的确切时间，长期持有将会导致管理与存储成本的上升，因此可以利用平台的网络关系购买相应的资源并提供一次性使用服务；②对于可以经常反复利用的资源，平台可以通过购买转化为平台自身拥有的资源，不需要进行反复购买便可在一次性投入后反复回收成本、获得收益；③资源获取相对容易时，也无须提前准备与持有。购买方式后续管理相对简单，需要耗费的管理成本与花费的时间、精力较少，但是购买方式获得资源的可靠性与及时性缺乏保障，因此应当科学决策哪些资源适合购买方式，同时在购买过程中应当对资源真伪与付出成本进行科学判定与控制。

（4）联盟方式。平台为了提供有效创新服务，需要借助外部力量，简单的一次性合作方式难以保障资源的及时获取，同时每次重新寻找合作伙伴需要耗费大量的时间与精力，对资源提供者需要进行多次信誉考核与资源可靠性分析等，不太适用于经常使用资源的获取。因此，对于平台自身难以提供的，但是需要经常获取的科技资源应当通过组建联盟的方式进行获取。另外，联盟式获取科技资源，通常是联合提供服务，不仅合作时的利益要根据各方的付出进行科学合理的分配，在树立平台信誉后，还有利于双方获得更多的服务机会，因此联盟式资源获取通常可以保障资源的获取质量以及合作中双方的努力程度。

（5）共享方式。为了减少资源汇集成本，部分科技资源可采取共享方式获取，提供科技资源的主体可以根据提供资源的数量、质量与层次等，被赋予相应的权限；平台将科技资源分为不同的等级、对资源获取数量进行标准化处理，通过有效的规章制度，确定科技资源提供者可共享的资源等级与数量等，实现付出与回报的对等。不同的主体具有提供科技资源权利，但是平台需要对提供者的科技资源质量与真伪等进行统一部署与管理，并决定提供资源的存储方式、表述形式与交互板块等。

（6）部门联合式。平台建设之初，采用多方参与的方式，汇集不同部门、不同主体的力量，集中搭建平台的运行框架，但是在运行过程中，通常出现各种力量参与程度减弱或者退出的现象，影响平台的运行绩效与服务质量。因此，应当积极发挥相关部门与各主体的能动力量，在平台运行过程中将平台部分工作内容与权限交由其他相关主体负责，调动其参与积极性，通过联合建设、联合管理与联合受益的方式，激励其投入更多的时间、精力与相关科技资源，提升平台的服务质量。

（7）中介服务式。平台通常可以将区域内部的闲散资源通过各种方式转为平台可用资源，但是部分技术秘密、技术诀窍等资源的拥有者在提供某些技术服务时，并不希望被外界所知，因此平台无法与其联盟，共同合作提供某项服务；也无法通过购买或者共享等方式获取对方资源。此时平台面临科技资源需求时，无法直接提供相应服务，但是平台掌握不同主体创新优势与能够解决问题的相关信息，可以帮助科技资源需求者准确定位与找到科技资源的提供者，因此可以采用中介服务式提供供需双方的对接信息。

2. 共享需求的集成

为了提高平台服务效果与质量，应当充分了解与掌握区域内的创新需求，以下为平台获得企业科技资源需求信息的主要途径。

（1）企业、高校及科研院所等科技资源需求信息的征集。平台提供服务的需求者重点是企业、高校等，其在创新过程中遇到的问题以及亟须的科技资源等信息可为平台功能完善与科技资源汇集提供有效的决策参考；同时，平台根据创新需求汇集科技资源，可以保障汇集科技资源可以得到有效的应用，使科技资源汇集工作更具针对性。然而，不同规模与技术领域企业、高校与科研院所等性质不同，对科技资源需求不同，平台管理部门应当针对企业需求的公共性、紧迫性与重要性等进行综合判定，确定科技资源汇集的先后顺序，以有效满足大多数创新体的关键科技资源需求，为区域经济发展提供有效支撑。

（2）政府管理部门提供需求信息。政府部门出台的科技规划与制定的区域发展战略等，确定了区域科技创新的方向与完成的重点任务，政府部门应当采取各种措施，完成区域政府部门的规划与战略任务。因此，根据区域发展规划、战略重点与省内重点工作部署、区域资源存量、利用情况以及综合布局等，确定区域科技发展重点、优化方向以及创新所需的科技资源与相关服务等，以采取有效措施汇集相关资源，提供有效服务，保障政府工作绩效与战略任务的完成。

（3）专家论证获取需求信息。专家对区域科技创新与发展的认识具有前瞻性，对区域科技资源利用情况以及对区域冗余资源、短缺资源、关键科技资源等具有全面认识，经过长期研究与动态跟踪，能够在整体层面掌握区域多数企业对科技资源与创新服务的需求情况，因此可以采取专家论证的方式确定一批共享平台应当汇集的资源种类与数量情况等。

（4）高新区、科技园区等管理部门意见的征集。面向企业征集科技资源需求耗费大量时间与精力，且因为企业对问卷等理解上的差异，导致问卷的有效性不高。鉴于此，在大量企业集聚地区，如高新区、科技园区、特色产业基地等，可通过相关管理部门对企业进行统一培训，征求企业科技资源需求，提高问卷回收质量；除了通过管理部门间接征集企业意见，这些部门长期从事企业管理工作，掌握企业创新服务与科技资源需求信息，因此可直接征集企业集聚地管理部门的意见，以有效掌握同类企业的公共、共性技术服务与科技资源需求情况，为平台科技资源汇集提供有效参考。

（5）中介机构的调研。我国部分区域中介机构服务体系完善，尤其是专业技术服务机构，每年都会提供大量的技术咨询与科技资源供需对接服务，因此充分利用各类中介机构等外部力量获取科技资源需求信息，不仅可以极大地提高平台科技资源需求征集工作效率，还对借鉴中介机构管理与服务经验提高平台工作与管理绩效具有积极促进作用。区域创新平台资源需求征集途径如图6-3所示。

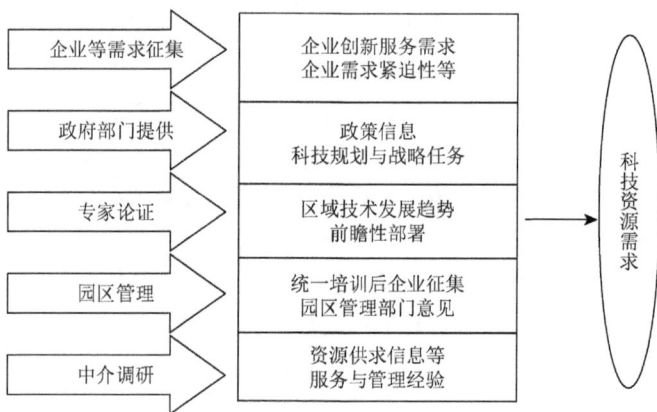

图6-3 区域创新平台资源需求征集途径

3. 专家团队的集成

战略管理专家团队和专业技术专家团队是平台提供服务过程中不可或缺的智力资源，理论研究团队对平台的发展提供战略支持，专业技术团队为平台服务提供必要的技术支持。

（1）集成理论研究团队。随着平台进入了快速发展阶段，平台与创新、创业活动结合得越来越紧密，而可以借鉴的管理经验则越来越少，理论先行成为共享服务平台管理上水平的关键。为此，平台聘请专业化科研团队作为服务平台理论研究团队，重点为平台的建设、功能发挥及可持续发展的重大决策，提供战略研究与管理咨询服务。

（2）集成专业技术专家团队。创新属于高智力密集型活动，创新资源、服务网络化集成，很大程度上也就是高素质专业技术人才、智力资源优化配置，因此，平台的运行需要集成专业技术专家团队。首先，聘请院士、长江学者以及首席专家等作为共享服务平台的战略性科学家，主要服务于解决行业或领域关键共性技术和核心技术问题。其次，面向广大中小企业创新创业服务需要，采用"项目＋专家团队"集成的方式筛选专家团队，也就是承担省级以上各类科技计划项目的专家团队，通过项目约束和成果转化收益激励制度，不仅项目成果要实现汇交，还要将专家团队也纳入汇交范围，有利于创新成果有效转化，而且形成了一个集成果、人才和服务于一体的专家团队。

4. 中介机构的集成

平台受制于自身服务专业性限制，在资源、服务集成的广度和深度方面均存在限制，需要集成更具专业性、市场化的中介机构，使得更多中介机构成为创新资源整合者、专项服务传递者甚至平台专门功能运营者。

（1）中介机构选择。首先要树立正确的理念，根据共享平台创新资源、服务集成战略要求，科学地选择必要的科技中介机构介入共享服务平台，同时合理地进行布局安排，统筹规划，统一管理。

（2）中介机构运作。以市场机制为导向，按照市场化的运作方式，建立自律性运行机制，使中介机构成为共享平台风险及利益的承担主体。

（3）中介机构监督管理。针对科技、法律、知识产权、风险投资和咨询等重点中介行业，建立中介机构的定期评估制度，为平台的运行提供高效优质的服务。

6.3　科技资源共享平台服务模式的运行保障机制

6.3.1　科技资源共享平台信息治理机制

首先，在科技资源共享平台服务的实现机制建设中，要考虑的就是 IT 治理，探究 IT 治理是为了澄清由谁来制定新一代信息技术选择这个决策，制定这个决策应该考虑哪些因素、这个决策应该怎么执行以及随后的行动策略问题。在 Simonsson 和 Johnson（2006）的研究中，IT 治理被描述成一种 IT 相关决策的准备、制定及执行，其包括战术与战略层次的目标、过程、人与技术等要素，因此，新一代信息技术治理可表示成三个维度：范围、过程和领域。其次，在平台服务实现的过程中，还需要特别重视信息治理的问题，因为平台服务展现的是一种横向和纵向交叉协调的行动模式，因此信息治理需要关注信息质量、信息共享和信息风险预警三个方面。

1. 信息技术治理

正如云计算是 IT 技术的一种应用变革一样，云治理与 IT 治理也存在本质的不同，早期，Weill（2004）认为 IT 作为一种资产，需要大量的组织机制（如组织结构、流程、委员会、议事程序和审计等）来完成，如治理结构、治理程序和关系机制，之后被南开大学公司治理研究中心简化为意识和能力两个维度。李长云等（2014）认为云计算这种特殊的 IT 资源交付模式的出现，将云计算与大数据密切关联起来，与之匹配的云治理也突破了创建良好的 IT 环境，消除关于 IT 决策中的信息不对称的 IT 治理本质，而是形成了以大数据为中心的全面治理框架。技术治理就是平台获取云计算基础设施商业价值、规避共享平台运营风险的有效手段。

（1）新一代信息技术的选择决策。云治理是为了保证获取云计算基础设施服务方案科学决策和有效实施的机制。平台服务模式的实现首先以对云计算基础设施架构的科学决策为前提，这在一定程度上方便了平台根据业务需求选择购买云服务，使得平台对信息技术功能需求与业务需求之间较好的匹配，也减轻了平台对信息技术基础设施投资的负担。但是，科技资源共享平台服务模式在提供服务的过程中，要负责处理突发事故，同时还需要提供其他活动和流程的标准接口。因此，对云计算基础设施的选择策略是需要重点关注的，这个决策需要一定的决策组织结构支持，一方面需要对较低层次的、详细的、迅速的执行云计算技术选择战术决策，另一方面还需要在高层管理、粗粒度、面向业务的战略层面选择云计算服务的决策。在战术决策时，需要考虑系统的可变性，可变性描述的是服务系统和组件方便组合变化的能力。

（2）云计算基础设施服务水平的监控。在云服务消费的过程中，要强化对云服务质量的监督和控制，因此云治理结构中就必须设计一套完善的监控体系，以最大限度地减少云服务带来的风险。云服务的购买是要依据平台原有体系结构的特点制定实际的购买决策，决策的要素包括如何获取云服务、云服务水平以及对突发业务增长的满足程度等。首先，服务水平的监测包括可靠性和安全性，可靠性是指在规定条件下、在规定的期限内系统和组件去履行他们被要求功能的能力，安全性既包括系统安全又包括数据安全，平台为了提供机密性、完整性和可用性的科技资源信息，需要考虑保护信息和信息系统防止未经授权的访问、使用、信息披露、破坏、修改或破坏的问题。云服务的信息安全范围可分为技术系统、文档、程序和环境因素，可以采取预防性措施如防火墙、侦探措施如盗贼警报器或应对措施；其次，服务水平监测包括互操作性，互操作性是一种整合系统和组件使他们能交换信息并以合适的方式利用已交换信息的一种能力。就可更改性而言，治理组织在解决这一问题时发挥不可或缺的积极作用；最后，考虑云服务的易用性和可用性，一个云服务如果易于使用，就会提高平台的绩效，用户可用性是指系统和组件在需要的时候正常运作与方便的程度，只有方便好用的信息系统才能获得用户满意，进而提高服务绩效。控制体系的建立需要一套规范的、科学的和制度化的流程，引导和规范服务创新过程的顺利实施。

2. 信息内容治理

信息治理方面的研究刚刚起步，治理理论源于行政管理领域，已成为当前国际社会流行的管理理论，随着社会对数据透明化与数据共享需求的不断增长，在全球范围内，数据的关联运动增加了数据资源的可获得性与可用性，然而，信息危机和信息安全问题使数据所有权等问题越来越突出，所以从立法、监督、技术过滤等手段进行科技信息内容的治理是十分必要的。①科技资源共享平台与传统的平台不同，信息是服务模式实现的关键要素，信息作为平台服务的核心中枢，服务模式要求信息在平台上准确、快速流动；②平台开展服务模式设计，包括平台内、外众多主体，主体之间目标的不一致，给平台服务模式的实施带来巨大的风险；③大数据的真实价值，驱使平台致力于征服知识海洋，信息内容治理就是最突出的问题。

（1）解决数据质量问题。在科技资源共享平台上，服务所使用的信息必须是优质的数据，即数据应准确、完整、适当、有用等。在平台服务模式实施过程中，需要平台制定一个完整的数据质量保证规划，选择提高数据质量的有效工具、获取数据质量的过程和活动的监控以及设计合理的数据管理组织结构，明确数据管理的职责和角色，确保数据质量能够满足共享服务需求。

（2）确保信息合理共享。在科技资源共享平台上，服务模式是一种基于数据化生存的业务模式，大数据并不是独立地发挥作用，而是通过数据化挖掘和应用，这样，大数据的授权访问以及平台内部的各个部门、人员的身份认证是实现信息合理共享的重要机制，因此，要提高每个信息相关者的参与性、渗透性，使平台的多项数据资产安全使用。

（3）建立信息风险预警机制。大数据条件下的信息治理可以帮助平台抵抗隐蔽的或者无法预计的各种风险，增强平台的风险应对能力，由于共享平台服务经常会面对科技资源数据化风险、决策不科学的风险、数据和业务不匹配的风险以及共享服务面临的市场风险等，因此，平台服务模式需要建立完善的风险预警机制，实时监测信息的流速、流向以及评估相关信息的存量，保证信息在恰当时候，以恰当的质量，传递给正确的人，使得平台服务成为一个信息无处不在，但是却不随意侵扰的新型信息生态。

6.3.2　科技资源共享平台多元化投入机制

平台的建设资金主要来源于政府的专项建设经费，同时，平台也需要健全政府主导、多主体联合投入机制，不断强化创新主体地位，加快关键核心技术的联合资助，协同攻关。

1. 稳定的政府科技投入

科技资源共享平台的建设与发展需要稳定的财政投入及经费管理制度。首先，制订平台发展的资金投入计划，并逐年加大投入力度。其次，编制和发布相应的专项资金管理办法，将经费管理纳入科学、规范的轨道。

2. 科技金融的融资决策

平台的发展仅仅依赖政府，存在发展后劲不足的问题，面对国家大力发展科技金融的政策优势，平台可以制定正确的融资策略，保证有充分的资金保障。

6.3.3　科技资源共享平台人才保障机制

人才是科技资源共享平台发展的第一资源，也是平台运行的智力保证。平台在人才管理机制上创新突破，遵循"竞聘上岗，绩效考核；能上能下，能进能出；奖勤罚懒，用优汰劣"24字方针，通过专业化人才队伍的建设，为平台发展提供了人才保障。

1. 用人机制

平台积极探索专业化与社会化相结合的用人机制和模式，通过内部选拔与外部优秀人才引进相结合，走可持续发展的多元化人才队伍建设道路。

2. 人才培养机制

平台定期开展业务培训，邀请相关领域专家学者进行有针对性的平台运行管理方面的专题讲座；注重与当今前沿科技接轨的相关培训，确保员工业务水平与时俱进。另外，平台中心党支部还大兴读书学习之风，经常性地开展理论和业务学习，提高员工素质。

3. 绩效考核机制

通过年度人员业务素质知识等绩效考核方式，不断提升平台人才队伍的整体水平和层次。

4. 员工激励机制

实施岗位责任制，将工作绩效与员工奖金、福利、评优、晋升等直接挂钩，实施末位诚勉退出制度。中心管理层还特别兼顾了管理的人性化内涵，千方百计地争取让所有平台中心员工都能分享到科技信息中心发展的成果。

6.3.4　科技资源共享平台法律保障机制

制度化与规范化是平台深入发展的重要标志，目前，科技资源共享平台主要围绕制度文件和立法调研、平台管理制度和技术标准三个层次构建制度体系，实现制度集成，为共享服务平台高效运行提供重要保障。

1. 制度文件和立法调研

如上海研发公共服务平台的"立法带动制度"，也有平台走了一条"制度推动立法"的建设道路，初步形成以共享为核心的制度框架，在这些制度文件逐步完善和成功颁布的基础上，积极开展相关环节的立法调研工作，推动共享服务平台运行相关法律出台。

2. 平台管理制度

管理制度是平台运行的关键制度保障，科技资源共享平台中心根据管理运行需要，可以出台服务平台加盟协议、大型仪器共用系统服务规范、科技资源共享平台服务推送站共建协议、加盟单位共享服务评估与奖励方案、共享平台宣传推广服务工作规范等众多的工作规范。

3. 技术标准

从平台运行技术层面形成了一些规范工作指南、平台与地市平台接口协议等。

6.3.5　科技资源共享平台组织学习机制

科技资源共享平台是一项创新事业，只有不断学习与探索并集成独特的知识技能，才能打造平台核心竞争力，而这一切都有赖于共享服务平台的学习型组织建设。

1. 明确学习重点

在平台不同发展时期，知识技能不同，学习重点也不同。在服务的初期，也可以采用请进来的办法，邀请上海研发公共服务平台对外合作交流部负责人，以及国家平台负责人来共同探讨共享平台发展问题。

2. 学习方式灵活多样

先进平台或科技中介机构成功经验模仿性学习；平台中心就相关学习任务进行汇总，结合具体问题组织员工进行集中培训；利用网络资源，通过组建学习网络，进行定期或不定期的组织讨论性学习；在相关专家团队指导或参与下，对平台管理或专业服务问题进行探索、钻研、突破，进而获得独特知识技能的研究性学习。

3. 加强学习考核

将学习情况纳入绩效考核体系，成为工资待遇甚至晋升的一项重要指标，对学习成果显著的员工给予一定的奖励，同时对于学习情况较差的员工进行二次学习，奖罚并重，提高平台员工的整体素质。

4. 建设学习文化

注重学习文化培育，积极打造勤学苦练的学习文化，通过学习型组织的长效机制和良好环境的建立，逐渐营造出注重学习、崇尚学习的浓厚氛围，将员工学习与工作紧密结合、融为一体。

6.4　科技资源共享平台服务模式实现机制应用策略

作为服务模式的实现机制，针对不同的服务模式，各个机制所处的地位是不同的，因而需要给出具体服务模式的机制组合策略。

对于拓展服务模式，其创新的核心目标就是拓展信息位，通过界面创新来完成信息和知识的获取与传递。拓展服务模式的主要运行机制就是协调机制和对接机制，协调机制主要协调科技资源共享平台各个主体之间的关系，这种关系既包括决策层面的利益协调、信任关系，也包括技术层面的沟通和冲突解决，拓展服务模式的实现主要依赖沟通和冲突解决，以提高科技资源共享平台的信息位；对接机制包括多层次对接和功能对接，多层次对接主要包括决策层面的项目和联盟关系等问题，因此拓展服务模式主要基于多功能对接来提供服务，以便实现面向高校、面向中小企业、面向产业集群或者面向战略性新兴产业提供服务，同时完成共享需求的获取；集成机制方面的应用，由于拓展服务模式主要是扩大服务范围，因此从延长服务链的角度应该重点关注中介机构的集成；在保障机制方面，主要关注信息技术治理，无论从信息技术的选择、更新、维护，还是应用效果评价方面，都应该遵循治理机构的决策原则。

对于集成服务模式，由于其主要特征在于服务流程方面的创新，服务流程科技资源共享平台内部的执行系统，因而不涉及外部协调机制；在对接机制方面，集成服务主要依托各个平台之间的专业功能对接、专项功能对接和一体化对接，以实现服务的自动化和柔性化；集成机制是集成服务模式的最主要的机制，也是核心的机制，因此，科技资源的集成、需求的集成是重中之重；保障机制方面，由于执行系统关注信息全生命周期的安全，以及信息的标准化问题，所以信息内容治理是该模式运行的重点。

对于智慧服务模式，因为它是科技资源共享平台服务模式设计的最高级状态，主要包括全方位决策的问题。因此，在协调机制三个子机制方面重点关注利益协调和信任子机制；在对接机制方面，关注各个层次的对接，即项目对接和联盟对接；在集成机制方面，重点关注专家团队的集成；最后需要全方位的保障。服务模式实现机制的组合策略如表 6-1 所示。

表 6-1　服务模式实现机制的组合策略

服务模式	协调机制	对接机制	集成机制	保障机制
拓展服务模式	拓展服务属于营销层面的服务创新，因此重点关注协调机制下面的沟通子机制和冲突解决子机制	从拓展信息位的目标出发，应重点关注功能对接，获取更多的需求信息	从延长服务链的视角，应该重点关注中介机构的集成，实现信息位和服务范围的拓展	关注信息技术治理；尤其在技术的更新与评估方面
集成服务模式	无	从执行自动化的需求，需要专项对接、专业对接和一体化对接子机制	为提高服务执行效率，需要科技资源集成、共享需求集成两个子机制	关注安全、标准化等信息内容的治理
智慧服务模式	因为属于决策层，所以关注利益协调子机制和信任子机制	关注与决策相关的项目对接子机制和联盟对接子机制	专家团队集成子机制	多元化投入 人才队伍 法规制度 学习型组织

需要说明的是，在科技资源共享平台服务模式实现的过程中，任何一种机制都是不可或缺的，只是针对不同的服务模式，机制发挥作用的侧重点不同，因而

服务模式的实现机制主要在于机制的组合策略方面，这将在科技资源共享平台运行实践中进一步完善。

6.5　本章小结

　　本章从治理机制、协调机制、资源集成机制、运行保障机制四个方面设计了区域平台服务模式的实现机制，其中协调机制、资源集成机制属于运行机制；运行保障机制主要包括治理机制、政策法规、制度保障、组织学习、多元化资金投入以及技术标准支撑等六个子机制，以上六个子机制共同支撑平台的运行，最后，根据不同服务模式的特征，设计了实现机制的组合策略。

第7章 黑龙江省科技资源共享平台服务模式实证研究

针对黑龙江省存在的科技创新资源分散、利用效率低下、创新能力不强、创新对区域科技与经济发展贡献度低等问题，为了促进黑龙江省科技创新资源共享，建立了黑龙江省科技创新创业共享服务平台（以下简称"黑龙江省平台"）。

7.1 黑龙江省平台服务模式的现状

2009 年 12 月 11 日，黑龙江省科技厅组织有关专家参加的"黑龙江省科技创新创业共享服务平台建设项目验收会"在共享服务平台会议室举行，标志着平台正式建成。

7.1.1 黑龙江省平台的建设情况

黑龙江省平台的组织管理机构是黑龙江省科技信息中心，自 2009 年 7 月起，承担了黑龙江省平台的建设、运行及管理职能；在整合黑龙江省"一网三库"的基础上，开始了黑龙江省平台的建设工作。

1. 黑龙江省平台的建设基础

1996 年 4 月，黑龙江省科技厅开始建设黑龙江省科技网络系统，2005 年初步完成了黑龙江省大型科学仪器设备数据库以及研究实验基地的建设任务，2005 年 11 月 1 日，建立了国家科技图书文献中心哈尔滨镜像站。上述"一网三库"的建设，为黑龙江省平台的建设提供了必要的支撑。

2. 黑龙江省平台的建设特色

黑龙江省平台建设过程中缺乏理论指导、无经验可循，无专业人员支撑，因此借鉴其他科技资源共享平台的发展经验、借用"一网三库"的基础，并积极与政府各个部门联合，调动政府部门各方力量建设平台。

3. 黑龙江省科技资源共享服务中心

这个机构是黑龙江省创新、创业共享服务平台及各个地市级子平台的管理者。本中心主要承担全省科技类平台建设的发展战略研究工作；承担全省科技资源共享服务平台建设与管理，指导地方科技资源共享服务平台子系统建设，规范科技类科技平台运行服务并进行评估和指导；承担全省科技资源信息的调配与共享管理工作；承担政府资金购置科学仪器设备联合评议及辅助支撑工作；为社会提供科技资源共享服务工作。

7.1.2　黑龙江省平台的发展现状

根据黑龙江省装备制造、石化、能源、食品四大传统产业和新能源、新材料、高端装备制造、生物、新一代信息技术、环保产业等六大战略性新兴产业发展需求，有机整合哈尔滨工业大学、哈尔滨工程大学、东北农业大学、东北林业大学等高等院校，哈尔滨市玻璃钢研究所、哈尔滨市 703 研究所等科研院所，哈尔滨电站集团、哈药集团等大中型企业的科技创新资源，积极引导和推动高等院校、科研院所和企业实行产学研合作，推动开展跨行业、跨部门、跨地域、跨领域的科技资源共享服务，目前，已经形成了由国家平台工作站、省平台和地市子平台构成的平台网络。2011 年初，黑龙江省平台开始搭建全省 13 地市子平台服务对接框架，通过整合各地市优势产业与特色资源信息，同时搭建了全省 13 地市科技网络视频系统，形成了信息同步、资源共用、覆盖全省的地方科技资源共享服务协同网络。黑龙江省平台网络结构图如图 7-1 所示。

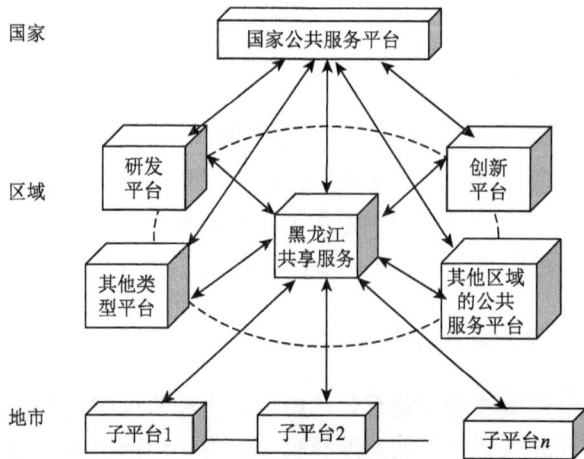

图 7-1　黑龙江省平台网络结构图

自此，黑龙江省平台已经成为区域科技进步与创新的强有力的支撑条件，区域创新、创业活动通过平台网络可以快速、及时地寻找与定位提供服务的最适宜的平台节点，并将其提供服务的反馈信息以及未来科技创新创业活动所需服务信息等通过平台网络及时传播到指定位置，为公共服务平台网络管理部门提供有效的决策信息与战略制定依据。

7.1.3　黑龙江省平台现有服务模式

黑龙江省平台在服务功能、制度建设、资源集成、服务成效等方面取得了较好的成绩。

1. 平台的服务架构

黑龙江省平台现设有平台门户、大型仪器共享、科技文献、成果转化、资源条件、行业检测、地方特色、科技金融、创业孵化、管理决策、产业特色、科技厅政务业务信息系统、科技统计数据系统、资源汇交系统和科技计划项目视频答辩评审等 14 个系统及呼叫中心（科技 114），形成了较为完整的服务功能。

2. 当前制度建设

黑龙江省平台运行过程中相继出台了《黑龙江省科技创新创业共享服务平台加盟协议》《黑龙江省科技创新创业共享服务平台大型仪器共用系统服务规范》（试行）等相关文件。其后又相继起草了《黑龙江省科技创新创业共享服务平台地市科技资源共享服务子平台加盟服务规范》《黑龙江省科技创新创业共享服务平台地市科技资源共享服务子平台加盟协议》《黑龙江省科技创新创业共享服务平台县（区）服务推送站共建协议》《黑龙江省科技创新创业共享服务平台县（区）服务推送站服务规范》《黑龙江省科技创新创业共享服务平台加盟单位共享服务评估与奖励方案》《黑龙江省科技创新创业共享服务平台宣传推广服务工作规范》《黑龙江省创新创业共享服务平台地方加盟规范工作指南》《黑龙江省科技创新创业共享服务平台与地市平台接口协议》等一系列文件，平台各项工作扎实开展，不断取得新的突破。特别是 2011 年以来，依托平台的网络技术和语音服务功能，在推动资源有效共享、促进成果转化落地工作等科技服务体系建设过程中，充分发挥了典型示范和中坚支撑的服务作用。

3. 服务加盟管理

黑龙江省平台共有各类加盟服务机构 618 家，其中高校 67 家、科研院所 95 家、行业检测机构 50 家、科技型示范机构 133 家、工程技术中心 54 家、重点实验室

91 家、中试基地 46 家、技术创新平台 32 家、科技园区 22 家及其他科技服务机构 28 家。平台各类加盟服务机构分布如图 7-2 所示。

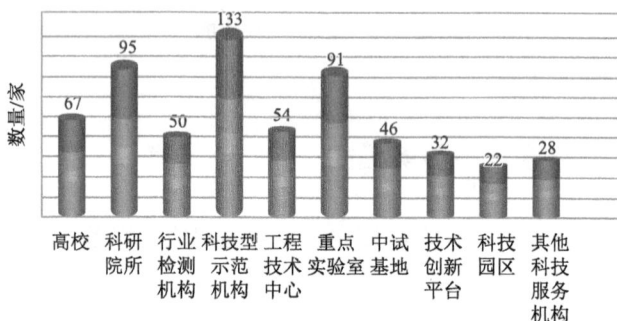

图 7-2　平台各类加盟服务机构分布图

4. 服务情况

黑龙江省平台利用平台门户网站打造统一入口式服务体系，通过在线自助、科技 114 语音服务、专家咨询、绿色通道和专职人员上门服务等手段，为用户提供仪器设备、科技文献、行业检测和科技咨询等方面的资源共享服务，为中小企业和科研人员解决实际生产及科研技术难题。

（1）联动服务。全省 13 地市资源共享子平台正式建成开通，该系统整合各地市所辖的高校、科研院所、各类研发与创新平台及企业所拥有的大型仪器、科技文献、科技成果、种质（动物、植物、微生物）资源；集聚各类科技服务、科技中介、行业检验检测、创业孵化、各类专家等资源信息和优势产业与特色资源信息，形成信息同步、资源共用、服务联动，初步搭建了覆盖全省的地方科技资源共享服务协同网络。

（2）产业服务。新构建的专业技术平台通过直接面向产业的服务模式，注重为中小企业提供技术服务。共享服务平台现已整合"十一五"期间建立的 32 家各类科技创新平台、94 家工程技术中心，把直接面向产业服务作为平台建设方向，为中小企业提供技术服务为工作目标。围绕黑龙江省的装备制造业、生物医药、现代农业、绿色食品、金属材料与制造、电子信息等领域，开放技术工具图书、技术标准和产品样品库，构建协作互动的专业技术服务平台。黑龙江省农用微生物工业化创新平台，目前与 10 余家肥料厂、饲料厂、农药厂开展了多种灵活的合作关系，已开发出 10 余种新产品，每年生产出微生物产品数百吨，提高了各合作企业的产品质量，也提高了创新平台本身的经济效益。

（3）依托服务。依托科技与金融相结合而产生新的服务资源，共享服务平台整合银行、担保、投资、保险、证券、信托等 30 余家各类金融机构信息资源，建立沟通科技型企业与科技金融机构的信息渠道，借助政策引导、政府基金与金融机构及企业形成的"风险补偿＋担保＋银行"融资需求模式，构建政府引导、市场化运作的综合性、多层次科技金融服务信息子平台。通过中小企业需求＋知识产权投融资＋金融机构的新型商业模式，实现科技创新创业链条与金融资本链条有机结合。我们开展了黑龙江省面向中、小、微型企业的融资需求调查，遴选了贷款辅导目标企业。目前已促成黑龙江省 14 家科技型企业与龙江银行股份有限公司和兴业银行哈尔滨分行签约，贷款金额达 5 亿元。

（4）协同服务。黑龙江省平台依托省内各类检验检测中心及相关服务机构，整合了包括 50 余家检测职能机构在内的检测项目 15 059 项，为省内各行业检验检测资源开展服务搭建了协同平台，为用户提供科学、公正、权威的一站式入门与法规性检测、检验与分析数据。

（5）靠前服务。充分利用专家咨询子平台近 500 名各领域专家、十几类咨询机构作为科技咨询资源，向社会尤其是中小企业提供技术攻关、产品创新、技术引进、竞争情报、经济分析、现代科学知识、可行性研究、科技立项咨询等多个领域科技咨询服务，专家根据企业的需求提供一线服务。共享服务平台直接组织东北农业大学水产专家和哈尔滨工业大学能源专家，对抚远县冷水性鱼类增养殖产业和铁力市城区供热热源建设工程项目的"碳减排"预算提供咨询服务，针对中小企业的创新给予重点扶持和培育。平台帮助哈尔滨正晨焊接切割设备制造有限公司和大庆摩恩达工程有限公司开展专家咨询服务，通过行业专家现场指导生产过程，提出新产品改进意见。

（6）落地服务。黑龙江省平台组建了专职服务团队，通过服务推广人员的上门服务、科技 114 的热线服务、专家咨询系统的专家服务等服务方式结合，强调服务落地和务求实效。平台的服务推广团队在资源整合初期，深入走访服务资源拥有方，主动宣传平台并协助填报加盟材料、申请奖励补贴和征集服务案例；在平台为企业服务阶段，深入企业用户，积极了解征集企业需求，建立企业需求数据库，为平台根据企业需求开展服务提供第一手资料。

（7）延伸服务。建立县（区）服务推送站。以平台延伸服务为切入点，借助已建成的 13 地市子平台及科技视频系统，建立县（区）级共享服务推送站点，将可共享的科技资源的服务链向县（区）延伸。目前，共享服务平台已选择伊春五营区、海林市以及嘉荫、鸡东、绥滨、塔河、饶河和萝北 8 个县（区）作为县（区）服务推送站的试点，现已进入运行服务阶段。

5. 服务成效

2013～2015 年黑龙江省平台累计服务加盟单位 618 家、入网大型仪器设备达 2671 台（套），设备原值 20.5 亿元，网上服务 25 228 次，服务金额 7980 万元；

入网行业检测机构 50 家，服务信息 14 012 项，网上检测服务金额 9447.9 万元；科技 114 完成语音服务 24 583 次；完成了万方、清华同方文献资源、维普科技期刊和国家科技图书文献中心（National Science and Technology Library，NSTL）通用文献资源的整合，建成了新兴产业战略情报、企业创新、创业动态、重点产业发展动态、俄罗斯的科技信息、科技政策法规、国外科技发展动态、科技决策参考、科技战略情报、科技计划项目信息、科技规划计划、科技评估咨询信息、高新技术企业、高新技术产品、黑龙江省科技档案等 14 个数据库，完成检索服务 98 100 余次、文献下载服务 20 447 次。平台门户访问量已逾 83 万次。共享服务平台已集聚黑龙江省大量科技资源信息，正在发挥积极的共享服务作用。

7.1.4　黑龙江省平台的门户现状

黑龙江省平台经过改版升级，已经形成了由科服汇、科淘网、科检通和政府频道四大板块组成的门户网站，其中，科服汇包含了研究开发、检验检测、技术转移、创业孵化、知识产权、科技咨询、科技金融、科学普及等八个专项服务，服务的行业包括交通/海洋/航空、食品/安全/家居/教育、生物/冶金/化工、农林牧/橡胶/机械、仪器/电器/建材、纺织/包装/环保、电子/新材料/新能源，几乎覆盖了区域内所有的行业。在科服汇网站中，除了提供科技资源、科技资源需求发布平台，还特别设计了科淘网，目的是助力创业企业在平台上进行创业。

科检通提供了大型监测仪器的共享。科检通服务主要提供检验检测与分析测试两个主要的服务模块。其中，检验检测的服务分为：食品检测（食品分析、食品添加剂、肉禽制品、水产、果蔬制品、农产品、残留物）；金属材料检测（金属材料分析、微观结构、材料测试）；环境检测（空气检测、水质检测、土壤分析、工作场所有害物）；能源检测（能源矿产、石油产品）；化工检测（化工材料、化学试剂、树脂、橡胶塑料、农药、肥料、饲料）；药物检测（人用药品分析、兽用药品分析、药理检测、无菌检测）；纺织品及纤维（纺织品、特种纤维、皮革、纤维缆绳）；生物检测（微生物检测、生物抗性、生物分析）；轻工产品（纸制品检测、文体用品检测、日化用品、爆炸物）；机械（车辆检测、管线及焊接、大型装备、测量装置、气缸及电机、工具及其他）；电器检测（导体及电容器、电波检测、通信电子设备、电池及元器件、设备实验、电器设备）；建材与建筑（建筑材料、家装材料、建筑填料）；电磁兼容（专用设备、家电及照明）；3C 认证（电线及电机、家用小型设备、机动车及玻璃、安全技术产品）；医学检测（法医鉴定、病理学、微生物、生物化学、免疫、血液）；生活检测（日化（化妆品）检测、珠宝玉石鉴定、室内环境检测、身体检测、车辆检测）。

　　分析测试服务所提供的仪器包括：生命科学仪器（分子生物学仪器、微生物检测仪器、动物实验仪器、芯片系统、细胞生物学仪器、生物工程设备、植物生理生态仪器、临床检验仪器设备、成像系统、神经系统分析、同位素实验仪器）；环境检测仪器（水质分析仪、辐射测量仪器、应急/便携/车载、气体检测仪器、其他检测仪器）；分析仪器（色谱仪、光谱仪、质谱仪、X 射线仪器、电化学仪器、元素分析仪、波谱仪、水分测量仪、其他通用分析仪）；物理性能测试（粒度/颗粒/粉末分析仪器、流变仪/黏度计、热分析仪器、试验机、表界面物性测试、环境试验箱、无损检测/无损探伤仪器、燃烧测定仪、测厚仪、其他物性测试仪器）；光学仪器（光学显微、电子显微镜、光学测量仪器、光学实验设备、光学成像设备）；测量/计量仪器（天平/平衡器、温度计量仪器、长度计量仪器、表面测量仪器、其他测量/计量仪器、测度系统）；行业专用仪器（半导体行业专用仪器、橡胶塑料行业专用测试仪器、纺织行业专用仪器、石油专用分析仪器、包装行业专用仪器、煤炭行业专用仪器、农业和食品专用仪器、药物检测专用仪器、其他行业专用仪器）；在线过程控制仪器（在线电导率仪、在线氧分析、在线核磁、流量计/流速仪/测漏仪、工业用黏度计、在线反应分析系统、工业用颗粒度仪、在线质谱/工业质谱/过程质谱、在线 pH 计、在线流量计、工业色谱仪、其他工业过程控制及在线分析仪）；仪表（基础仪表、工业仪表、其他相关仪表）；其他（成套设备、其他）。除此之外，门户网站还有成功的服务案例。

7.1.5　黑龙江省平台服务模式构建的必要性

　　目前，黑龙江省平台基本上实现了信息服务，但是为了实现科技资源共享平台的战略目标，更好地支持个人、中小企业的创新、创业服务，要求平台加强资源整合，为个人或企业的创新、创业提供智能化的增值服务，即知识服务和智慧服务，这就需要平台进行服务模式的创新。具体目标如下。

　　（1）科技资源服务的泛在化的需要。黑龙江省平台目前还是运行在传统的信息技术架构之上，主要的服务入口就是网站，网站能够提供自助查询，市场拓展是由人工推进的，导致平台的信息位一直维持在较低的水平。因此，平台需要进行服务模式创新，打破现有平台运行的低迷状态，当平台迁移到新一代信息技术平台上时，平台就可以通过物联网技术将实体科技资源信息实时传输到新平台上，也可以通过手机 APP 将分散在不同地理位置的员工和客户联系起来，尤其可以获得客户的大数据，打破原来封闭、狭小、形式单一的信息汇聚模式，在数据种类和数量上都有大幅度提高，使共享服务无处不在，也使得平台对于内、外态势的感知能力提升。

　　（2）科技资源共享服务的自动化的需要。通过将平台迁移到新一代信息技术平台上，运用简单的操作和配置，就能够创建平台服务的可视化模型，将模型实例化以后就能够创建满足需求的服务流程，流程中的活动通过标准化的服务接口，提供低成本、高效率、可视化的服务，不仅能有效满足科技资源的个性化需求，还可以通过集中的服务界面灵活动态地整合异构的科技资源，提供高附加值的共享服务；同时，自动化的服务模式缩短了各类需求的响应时间，提升了管理效率，进而使科技资源变得可管理、可智能、可共享。

（3）科技资源共享服务智慧化的需要。黑龙江省平台汇聚了多渠道、多种类的科技资源，在技术和管理上都需要较强的存储和管理能力，同时更需要实时的分析能力，将平台上汇聚起来的关于内部资源能力的大数据，以及外部环境和需求的大数据，进行综合分析，及时调整服务方案，为中小企业营造适宜的创新环境。

7.2　黑龙江省平台创新服务模式选择

黑龙江省平台最初是由黑龙江省科技信息中心负责，在原有"三网一库"基础上进行建设的，由于之前的三网一库是建构在传统信息基础设施平台上的应用系统，因此黑龙江省平台的计算机基础设施并没有迁移到云计算平台上，使之运用新一代信息技术来进行服务模式创新具有信息技术上的约束。因此，需要将其迁移到云计算平台上。

1. 知识净增长率的判断

根据前面服务模式选择的条件可知，平台进行服务模式创新需要具备两个要件，其中之一就是知识净增长率，根据新一代信息技术应用的特点可知，知识增长率可以利用软件的字节数作为替代变量，由于黑龙江省平台还没有实现物理科技资源的软件嵌入工作，也未实现智能决策功能，因而，平台的软件构成就是一种单一的共享服务应用软件，根据公式（5-2）有如下公式：

$$k_i = f(\mathrm{qu}_i) = \alpha_i (\mathrm{qu}_i)^{\beta_i}, \quad i = 2$$

2013 年底，业务软件与数据库软件的字节数为 $\mathrm{qu}_2 = 702 \, \mathrm{Mbit}$，$\alpha_i = 3.0$，$\beta_i = 1.12$，$k_i = 3.0 \times 702^{1.12} = 4624$，新增软件即数据库数量为 30 M 个，淘汰的软件即数据库数量为 31 M 个，$K_{\mathrm{new}} = 135.36$，$K_{\mathrm{out}} = 140.42$，经过计算得出：

$$\alpha - \gamma_1 = K_{\mathrm{new}}/K_{\mathrm{tot}} - K_{\mathrm{out}}/K_{\mathrm{tot}} = (135.36 - 140.42)/4624 = -0.001\,09 < 0$$

2. 系统反馈系数的判别

根据科技资源共享平台演化发展阶段的判别条件，按照大型仪器、科技文献、科技专利三类科技资源计算，依据公式（5-7），累计计算 $a = \{68, 20, 12\}$，计算方法如下：

$$a_i = \frac{I_i}{n\sum\limits_{r=1}^{n} I_r}, \ i \in [1, n]$$

然后，按照 2013～1015 年以季度为单位统计其科技资源整合的数据和科技服务的数据，经过移动平均数据处理，剔除一些扰动因素的影响，计算

$$\hat{\beta}_1 = \frac{\sum\limits_{i=1}^{n}(S_i - \bar{S})(R_i - \bar{R})}{\sum\limits_{i=1}^{n}(R_i - \bar{R})^2} = \frac{\sum\limits_{i=1}^{n} R_i S_i - n\bar{R}\bar{S}}{\sum\limits_{i=1}^{n} R_i^2 - n\bar{R}^2}$$

结果得出，$\hat{\beta}_1 > 0$，$\hat{\beta}_2 < 0$，$\hat{\beta}_3 > 0$。

由此，可以判断黑龙江省平台系统运营处于负反馈过程，即平台系统的稳定模子系统限定了平台的服务能力，由于黑龙江省平台目前仍然在传统的信息技术架构之上，面对区域内产业共性的创新需求，以及企业创新、创业的需求，黑龙江省平台必须要进行服务模式创新，而且应该选择拓展服务模式。

按照以上两个判别标准，黑龙江省平台还处于系统演化的培育阶段，系统的信息位还处于较低的水平上，应该采纳云计算、物联网、移动互联网、大数据等新一代信息技术，对平台的服务界面实施再信息化，增加平台的嵌入软件数量，积极实现物理科技资源的标识和编码工作，同时，也应该加强战略信息系统的开发和应用，对于业务信息系统进行升级改造，以提高知识的净增长率；在拓展服务创新过程中，还应该注重平台与客户之间的界面创新，一方面吸引更多的客户来围绕平台实施创新活动，且增强客户和平台之间的互动，提升客户的感知价值，另一方面，客户成为平台的重要资源提供者，拓展服务模式是平台创新的起点，也是服务模式三级助推发展的起始阶段，是集成服务模式和智慧服务模式的基础与前提。

7.3　黑龙江省平台拓展服务模式实施

7.3.1　黑龙江省平台拓展服务的业务模式实施

鉴于黑龙江省平台还没有采纳新一代信息技术，因此拓展服务模式的运作模式首先从外部界面的创新开始。黑龙江省平台自开通以来已为 1000 家以上的

哈尔滨高新技术产业开发区和黑龙江省科技型中小企业提供信息服务，平均每年以 20%的速度递增。同时，平台还为园区、地市的中小企业创新、创业需求开展各类培训累计达 900 人次，平台科技 114 语音服务总量累计 31 000 次。然而，随着平台用户规模逐步扩大，黑龙江省平台的服务渠道、方式、内容等需要创新。

（1）主体界面创新。主体界面创新主要是对黑龙江省平台的所有相关主体之间进行业务、信息、情感等沟通方式的创新。在黑龙江省平台上，首先利用新一代信息技术将平台内部的员工、提供资源企业的负责人、获取服务企业的科技人员、政府相关部门的工作人员、平台的各级领导者通过手机 APP 终端，或者其他数据终端直接与平台的信息系统连接，可以不受时间、空间限制，全天候地与平台相连，这不仅能够保证数据传输的及时性，更重要的是形成了平台的大数据，为平台发展奠定了基础。黑龙江省平台无线网络实现的界面创新如图 7-3 所示。

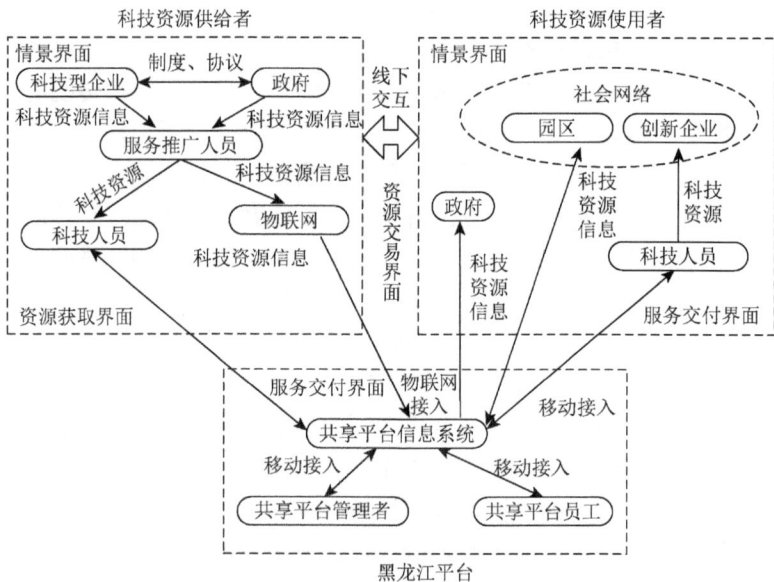

图 7-3　黑龙江省平台无线网络实现的界面创新

（2）科技资源界面创新。科技资源界面创新是指对科技资源信息获取的方式以及科技资源共享状态等方面的创新。科技资源是平台提供共享服务的前提和基础，科技资源信息的准确性、及时性，以及科技资源数据的实时性，对共享服务的效能具有直接的影响。在新一代信息技术的支撑下，黑龙江省平台可以利用传感器技术、摄像机、扫描仪、RFID、计算机等资源感知系统，汇集多源的、多种类、多形式的科技资源数据，使平台能够呈现出科技资源的全景图，有利于科技资源需求者准确、高效地寻找自己所需的科技资源。由于云"端"多样化，黑龙江省平台上的所有主体，可以在任意时间、任意地点、以任何一种设备都可以接受平台所提供的共享服务，这种在线、实时、互动的科技资源界面变革，增强了科技资源的精确性，使得平台服务的人群也由专业的科研机构、高校、企业，扩展到广大民众，让更多的人员参与到共享服务生态圈中，营造一种全民创新的科技氛围。黑龙江省平台的感知体系结构图如图 7-4 所示。

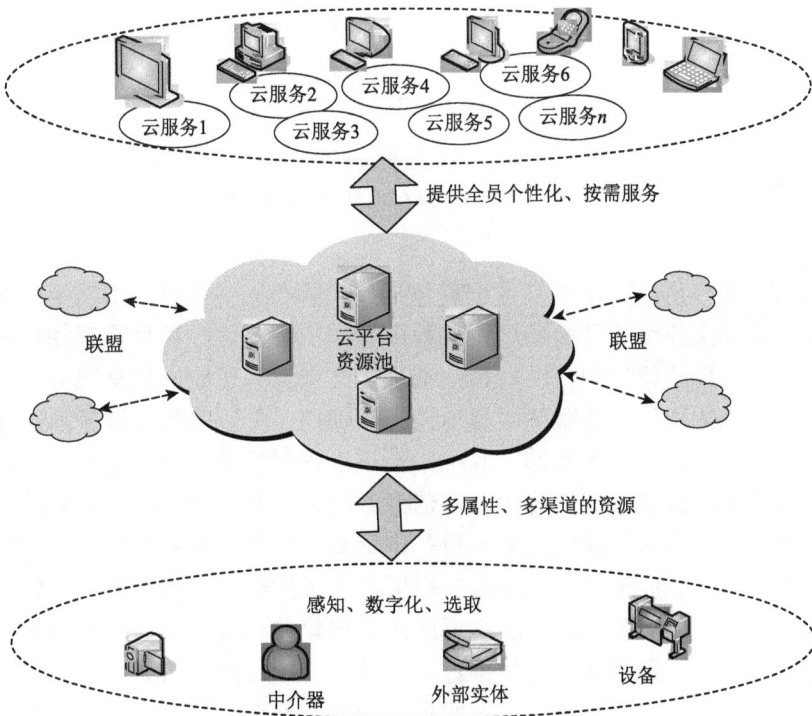

图 7-4　黑龙江省平台的感知体系结构图

7.3.2　黑龙江省平台拓展服务的组织模式实施

黑龙江省平台原有的组织机构是由研究发展部、宣传与服务推广部、科技咨询部、技术部、网络部、呼叫中心等部门组成的，在拓展服务模式创新过程中，需要将这些部门纳入平台网络，全面实现中心主任办公会与职能部门的协同，也便于六个部门之间进行服务协作，同时还要增加一个名为信息服务中心的专有部门，如图 7-5 所示。

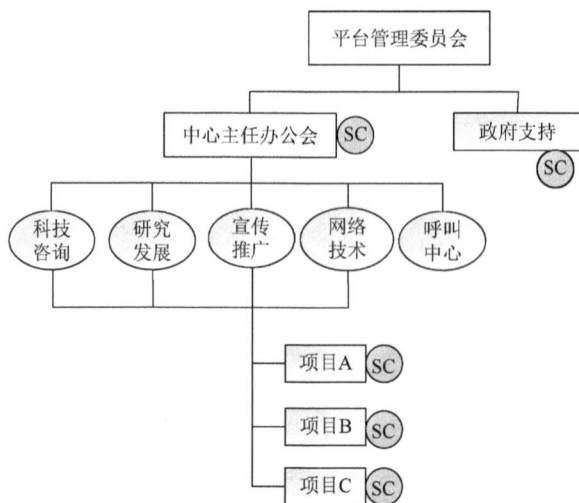

图 7-5　黑龙江省平台项目制的组织结构

SC 部门称为服务中心，具体职责包括提供各个拓展项目部所需要的共性支撑服务，以解决各个项目实际运作过程中操作的规范性、项目管理知识的有效积累、指导项目整体规划、项目系统推进等工作。为了完成共享服务过程中的知识积累、整体规划，该服务中心下设四个部门，分别是系统维护部、业务培训部、业务跟踪部和大数据部，其中，系统维护部的主要职责是解决在共享服务过程中出现的信息系统问题，服务信息系统以及共享服务中人机界面的技术和业务问题；业务培训部的主要职责是定期或不定期地对共享平台各个项目部的工作人员进行专业培训，以提高共享服务人员的综合素质和专业技能，是平台成熟度的标志；业务跟踪部的主要职责是搜集并记录各个项目的相关信息、跟踪项目的进度、指导项目整体推进，支持各个项目部的相关业务，协调各个项目之间的冲突；大数据部的主要职责是搜集、整理、存储、分析从共享服务全过程中所获得的信息，并将信息在内容、主题、主体等要素方面进行结构化处理，按照客户一般习惯以及共享服务流程建立关联，形成一种便于使用的知识流程的大数据，以减少对分析、决策的干扰，这种深度挖掘的大数据增强了平台的感知能力，用于支持其决策、流程改进，为智慧服务提供科学依据。大数据部还实施综合管控任务，完成信息治理与关系治理的任务，是支撑平台经理做决策的重要智库。在日常业务中用于制定各个项目部的资源投入决策，商讨解决重大冲突问题，管理加盟商和渠道商，监控大数据的管理与应用等事关黑龙江省平台目标的战略性问题。

7.3.3　黑龙江省平台拓展服务的效益模式实施

拓展服务的效益模式最突出的特点就是要扩大服务的范围和规模，用以增加收入来源或公益性服务的社会效益。

（1）服务交易收费。黑龙江省平台为客户提供科技资源时，客户所支付的服务中介费、交易手续费等是平台的主要收入来源。当平台作为中介平台，以信息对接的方式促成资源供需双方交易时，平台就是一个代理者的身份，可以向科技资源的供需双方收取交易中介手续费，作为平台的主营业务收入；如果平台在提供科技资源时，由于科技资源的知识特性，需求者需要对科技资源的类型、功能、适用条件等特性进行系统了解，那么平台需要向需求者收取咨询费或其他的增值服务的费用。

（2）增加广告收入。黑龙江省平台网站，是平台的主要门户，不仅是主体之间交流信息的主要渠道，也是信息发布的重要载体，因此广告是门户网站的主要盈利来源。黑龙江省平台拓展服务主要是以界面创新来提高服务能力的模式，因此可以在平台网站主页中不影响客户获取科技资源信息的基础上，设立一些广告区。不同区域的不同页面中的广告收入来源可以设计成不同的广告模式，因为广告商投资发布广告时，主要根据该网站或者某一专题锁定的客户数量来衡量所付出的广告费。例如，可以根据网站客户的浏览量来确定主页广告区的广告费，根据网站客户的点击量来确定关键词广告，还可根据成交量来确定推送或者植入广告的收费标准。

（3）赞助费。类似于电视节目的赞助费，在黑龙江省平台拓展服务的界面上，为需要宣传自己产品或其他成果的组织或个人，预留出特定的板块，允许在网站页面上设计论坛、社区等专用宣传区，或者在网页上给出一些超级链接，这种收入模式不是一次性的，可以获得类似于联盟合作的方式。平台还可以将科技资源拥有方的资源进行集成，组合起来进行推广，从中收取一定额度的赞助费。

（4）会员费。黑龙江省平台可以通过实行会员制向在网站上注册会员的客户收取一定的会员费，才能让这些客户享受到平台推出的免费服务项目以及公共科技信息服务，成为平台的一种稳定的收入来源；还可以使用竞价排名，将缴费较高的会员在信息搜索中排名靠前，使其有更多的机会推销自己的科技资源。

（5）商务合作。黑龙江省平台可以与广告联盟、政府、行业协会、传统媒体等合作，实施联盟营销，促进科技资源之间的高度匹配，共享平台获得一定的收入。

（6）争取政府的扶持资金。黑龙江省平台作为一个区域性的公共服务平台，是具有准公益性质的平台，在服务的培育期，由于服务系统处于低水平的稳定阶段，知识转化能力还未成为系统的序参量，这时平台的发展就需要一个他组织的过程，政府就是最有利的推手，所以平台要以提供公共科技资源共享服务或者为政府决策提供支持的方式，获得政府的直接补助或项目资助，使平台的知识转化能力达到一定的阈值，进入一个自组织的过程。

7.4 黑龙江省平台拓展服务模式的实现机制

为保证黑龙江省平台拓展服务模式的实现，需要在原有的平台对接机制、主体协调机制、第三方介入机制、保障机制的基础上，更加强调沟通机制、安全机制、监控机制、竞争机制的建设，只有这些机制高度协调，才能保障平台高效运行。黑龙江省平台拓展服务模式的运行机制如图7-6所示。

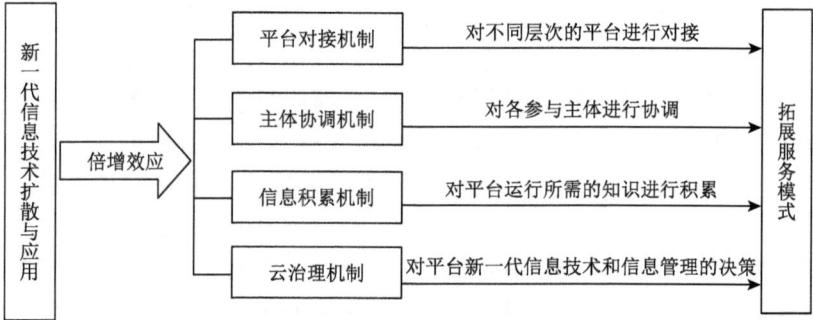

图 7-6 黑龙江省平台拓展服务模式的运行机制

（1）平台对接机制。黑龙江省平台已经建成了由省平台和各个地市平台组成的平台体系，拓展服务模式的实现，首先要与各个地市平台对接，不断扩大服务推送站点的覆盖范围，以共享服务的延伸为切入点，首先借助已经建成的哈尔滨、齐齐哈尔、牡丹江、佳木斯、大庆等13个地市子平台以及科技视频系统，建立县（区）级科技共享服务推送站点，将黑龙江省平台的科技资源共享服务链向县（区）延伸。

（2）主体协调机制。黑龙江省平台实施拓展服务模式，就是要扩展整合科技资源的范围和提供服务的深度与广度，由于拓展服务的主体越来越多，而且各个主体对平台的诉求千差万别，为了平衡各方主体的期望，平台需要建立完善的沟通机制，分析各个主体的期望，并且把他们的期望整合到平台的流程中，需要针对每一个子目标编制一套完整的沟通计划，这样才能保障平台的服务效能。同时，还需要建立一套冲突管理机制，当各个主体之间利益诉求出现矛盾时，能够给出科学合理的解决办法。最后，还需要建立监控机制，通过设置用户评价环节，请用户根据服务的过程、效果及满意程度进行客观评分，或者发表改进意见与建议，为其他用户提供决策依据；另外，发动平台用户和加盟单位的力量，依托其社会网络，将其服务体验、共享经历等向其他潜在用户进行宣传与推广，逐步形成扩散效应。这种推广方式具有针对性强、反馈及时、互动频度高、双向沟通等优势。

（3）信息积累机制。拓展服务模式的基本目标就是提高平台的感知能力，感知源于知识的积累，在信息位扩展和服务拓展的过程中，积累了大量的科技资源信息，形成了科技资源数据仓库，它承载着创新活动中积累下来的过程资产以及创新成果，作为科技信息资源传播的主渠道、科技人力资源协作的大平台、科技物力资源优化配置的大市场，同时也是政府科技决策的智库，平台需要建立并不断完善门户网站，通过为用户提供各种在线注册、资源搜索、最新入网仪器展示、加盟服务、平台专题、最新动态等信息与自助服务，打造黑龙江省平台的多入口式服务体系。在知识积累方面，首先，加强服务案例库管理制度建设，通过严格的案例审查制度保证案例内容的真实性、客观性，通过建立动态的案例维护制度，保证平台案例库的动态更新和增补，通过建立案例共享许可机制，保证服务案例的公开与共享，通过建立开放的案例推广制度，扩大平台的影响力；其次，建立服务案例管理规范，保证服务案例的价值；最后，要积极进行战略性人才储备，因为人才是最重要的知识载体，是具有创造性作用的可再生资源，人才库是科技资源的支撑体系。为了将黑龙江省平台推向更高级的发展阶段，需要建立专家人才信息的搜集，对人才进行公平选拔、精心筛选、重点培养、统筹规划、动态管理、合理使用的有效机制，集聚高端人才、创新人才。

（4）云治理机制。首先，拓展服务模式的基础工作就是将平台迁移到云平台上，因此，云治理的首要任务就是建立云计算等新一代信息技术采纳应用的决策机制，使平台能够科学采纳新技术、争取使用新一代信息技术，使信息技术能够发挥推动平台发展的作用；其次，云治理的任务就是要完成信息治理的任务，由于科技资源是国家的战略资源，它关乎国家机密、行业机密，云治理要保证信息的安全，建立由物理安全、网络安全、信息安全、应用安全、管理安全等各个层面的立体化的安全管理机制，通过对平台用户进行身份认证，以及对科技资源信息进行访问控制，防止科技资源信息的非授权访问，同时，还要从数据集成、文档归档、管理标准规范等各个环节加强安全管理，防止黑客攻击以及病毒的侵袭，保障平台处于正常的工作状态。

7.5　黑龙江省平台拓展服务模式的实施效果

黑龙江省平台拓展服务的实施，改善了各个主体要素之间的交流方式、提升了交流的效率，优化了平台的服务功能，提升了其服务能力，在提高科技资源利用率、避免重复建设、提高科技部门的管理效率以及发挥科技资源引领创新的作用方面，都能够达到预期的效果。

（1）黑龙江省平台门户的创新效果。门户的作用主要是提供科技资源利益相关者之间信息交换的主要界面，是汇集资源、内部综合管理、提供服务的主要接口。由于新一代信息技术的应用，平台的门户可以迁移到云计算平台上，用户通过互联网、移动终端、物联网，完成相应的服务交互；对于内部管理人员来说，这种灵活、快捷的接入方式便于对平台会员的管理、操作员及权限的管理、数据访问安全的管理、查询统计分析、数据关联分析以及对于平台系统维护等功能的实现，对于外部利益相关者而言，前台的用户登录、信息发布、服务交付等功能也得到很大的改善，这些功能的改善为平台信息位的拓展奠定了基础。

（2）服务窗口的创新效果。服务窗口是平台与客户之间交互的主要方式，拓展服务模式的实施，使得平台在过去呼叫中心（科技 114）所提供资源服务的基础上进行了服务范围和服务深度方面的延展，在提供公益性服务的基础上，可以解决中小企业创新创业过程中遇到的一切问题为目标，推出平台专、兼职人员咨询和产业信息、技术咨询和科技管理咨询，同时配合用户中心和服务中心，协同进行用户注册、资源检索、服务申请和服务跟踪等行为活动，充分发挥平台工作方式的多样性，可以加大用户的参与积极性。具体的成效体现在智能化的语音服务方面。由于新一代信息技术的应用将过去主要由人工提供的呼叫服务提升为自动语音服务、自动传真服务、自动推送留言服务等，来电用户不仅可以根据系统的语音提示选择听取录音资料的服务，系统还可以根据客户所提出的问题，自动搜索广大用户所关心的热点问题，进行后台的资料查询、汇总、分析，并给出相应的建议，如仪器名称、型号、所属单位、联系电话、联系人姓名等，如需要自动传真服务，则输入传真号码和日期，在相应的传真内容上稍微详细一点，如除了提供仪器名称、型号、联系电话、联系人姓名之外，还提供仪器的收费标准、技术指标、主要配件等详细信息，并将该任务发送到传真服务器，由传真服务器发传真，用户接收定时传真的传真机需设置在自动应答状态。对于客户的留言，系统根据留言内容进行分析，分别选择由系统自动回复或者由人工来回复，在获取留言大数据后，平台可以有针对性地对客户进行科技资源的推送，这种服务窗口的创新，能够增强客户的黏性、提高客户对共享服务的参与度，最终提升客户的感知价值。

（3）平台内部界面的创新绩效。内部界面的创新目标就是实现组织内部的资源要素有效集成、整合，从而实现平台系统整体功能倍增的目的。黑龙江省平台内部是对共享资源、数据进行分析，运用数据挖掘工具，来挖掘有用的数据或知识，并把有价值的参数进行存储的一系列功能。这些功能模块包括：用户需求模块、功能分解模块、映射模块、辅助信息模块、数据挖掘工具、元数据管理模块以及数据仓库维护模块等。

在过程与产出界面创新绩效来看，新一代信息技术在对采集的创新创业需求和提供的创新、创业服务进行存储的同时，还对下属各平台的各种分布式资源进行汇聚，并在资源与服务之间建立起便捷快速的信息化桥梁，实现科技资源供给与科技服务需求的双向匹配。该界面集成了涵盖人、财、物、技术、知识、管理、信息等资源要素，并对这些资源进行有效组织和存储，以方便信息处理层对其进行加工、整理，提高了平台的运作效率。

在决策界面创新绩效方面，决策是平台提供优质服务的核心要素，在平台内部，决策者包括黑龙江省平台管理委员会、平台中心主任办公会两级高层决策者，还有平台的研究发展、宣传推广、科技咨询、网络技术等中层的决策机构。他们在平台运行过程中要广泛征集需求，拓展服务可以方便平台选取创新、创业需求强烈且具有代表性的高校、科研机构和企业等平台用户，特别是区域战略性新兴产业领域的用户，根据用户单位的规模、类型、领域等因素按合理的比例和数量确定服务需求征集范围，能够扩大服务需求征集范围，使之涵盖所有用户类型，调查结果尽可能真实、客观、全面地反映平台用户需求。在需求征集方式上也更加多样化，如可以采用门户网站服务需求调查，在门户网站上，设置服务需求调查板块，面向所有用户开放，并自动统计、汇总信息，定期向平台管理部门报送调查结果。呼叫中心征集，通过呼叫系统，接收用户服务需求并进行搜集整理，并向平台管理部门报送整理结果。服务需求调查，平台在其服务咨询区向用户提供服务需求调查问卷，在日常服务工作中积极搜集平台用户以及潜在用户的服务需求信息，并向平台管理部门报送调查结果。定期服务需求调查，平台定期对服务需求信息进行搜集，采用座谈、信函、邮件、电话以及实地调研等方式，按预先设定的类型比例、用户范围，广泛搜集平台用户服务需求信息，定期向平台管理部门报送结果。委托服务需求调查，平台还可以委托第三方中介机构，按合理、有效的方式对平台用户或潜在用户的创新、创业需求信息进行搜集，形成平台服务需求调查报告，报送平台管理部门。新一代信息技术可以搭建高层领导的协作平台，在对服务需求征集与调查的结果定期整理、统计、分析，以形成系统的服务需求调查报告，存入平台需求库，在平台面对服务的热点和难点问题时，运用需求信息，快速形成决策方案，这种拓展使得黑龙江省平台决策更加科学、高效。

7.6 本 章 小 结

本章以黑龙江省平台作为实证研究的对象，首先梳理了黑龙江省平台从"三网一库"发展的历程，强调了黑龙江省中心作为平台的管理组织；其次，介绍了黑龙江省平台已经搭建成了全省 13 地市子平台服务对接框架；再次，从黑龙江省平台的服务架构、制度建设、加盟管理、服务情况、服务成效等方面进行了详细的分析，提出服务模式创新的必要性；然后，从黑龙江省平台目前信息技术采纳情况入手，判定平台应该选择拓展服务模式；最后，从平台的业务模式、组织结构、效益模式三个维度设计了拓展服务模式，并设计了黑龙江省平台拓展服务模式的实现机制。

参 考 文 献

陈国青, 蒋镇辉. 1999. 中国企业信息化的阶跃式发展过程[J]. 计算机系统应用, (9): 2-4.

陈宏愚. 2003. 关于区域科技创新资源及其配置分析的理性思考[J]. 中国科技论坛, (5): 36-39.

陈建龙. 2003. 信息服务模式研究[J]. 北京大学学报, (5): 124-126.

陈健. 2005. 区域创新资源配置能力研究[J]. 自然辩证法研究, (3): 78-82.

陈思, 周子荀, 郝耕, 等. 2016. "随你定" 大学生生活综合服务平台盈利模式研究[J]. 北方经贸, (2): 31-33.

戴艳清. 2010. 基于不同服务主体的公共信息资源服务模式初探[J]. 情报资料工作, (6): 78-82.

邓仲华, 李立睿, 陆颖隽. 2014. 大数据环境下嵌入科研过程的信息服务模式研究[J]. 图书与情报, (1): 30-34, 40.

丁渊. 2009. 智慧企业的信息化测评思路——信息化企业巧实力框架研究[J]. 中国信息界, (3): 20-22.

杜剑, 李秀敏. 2013. 东北地区政府科技资源共享模式研究[J]. 东北师大学报(哲学社会科学版), (6): 75-78.

范玉顺. 2015. I 时代信息化战略管理方法[M]. 北京: 清华大学出版社.

黄光奇. 2009. 基于信息服务体系的军事电子信息系统集成机制研究[J]. 中国电子科学研究院学报, (3): 234-238.

金周英, 任林. 2004. 服务创新与社会资源——科技团体案例研究[M]. 北京: 中国财政经济出版社.

李长云. 2007. 供应链核心企业信息管理模式初探[J]. 中国科技论坛, (8): 44-68.

李长云. 2012a. 创新商业模式的机理与实现路径[J]. 中国软科学, (4): 167-176.

李长云. 2012b. 新一代信息技术引致商业模式创新路径研究[J]. 商业研究, (10): 149-154.

李长云. 2012c. 信息技术与客户价值提升[N]. 经济日报, 2012-11-29(新视野).

李长云, 邓娟. 2015. 战略性新兴企业商业模式演化机理研究——基于新技术驱动力视角[J]. 科技进步与对策, 32(16): 76-82.

李长云, 史梦溪, 程淑娥, 等. 2014. 企业 IT 资源管理评估研究[J]. 北方经贸, (2): 106.

李长云, 田世海. 2009. 基于供应链的医药企业物流系统运作模式研究[J]. 学术交流, (3): 97-100.

李长云, 王宏起, 李玥. 2017. 基于经济控制论的云制造服务平台特性分析[J]. 计算机集成制造系统, 23(6): 1224-1233.

李长云, 王琳琳, 康宏宇. 2016. 云制造平台服务创新的机理与路径[J]. 科技管理研究, (23): 202-207, 215.

李长云, 王艳芳. 2020. 区域科技服务平台生态系统共生演化机理研究[J]. 科技与管理, 22(2): 75-82.

李长云, 吴洪波, 魏玲. 2006. 老工业基地制造业企业信息化水平评价指标设计[J]. 哈尔滨理工大学学报, 11(5): 112-118.

李长云, 于印忠, 孙丽, 等. 2000. 集散控制系统中专用控制器的开发[J]. 哈尔滨理工大学学报, 5(1): 34-37.

李长云, 张铁柱, 魏玲. 2008. 供应链监控仿真系统设计[J]. 哈尔滨理工大学学报, 13(4): 125-128.

李长云, 张悦. 2018. 区域科技资源共享平台发展动力机制研究[J]. 情报理论与实践, 41(40): 33-37.

李海龙, 吴蕾, 颜权, 等. 2013. 广州科技资源共享协同服务系统建设研究与实践[J]. 数字化用户, (8): 70, 121.

李莎. 2013. 基于科技资源共享平台构建的几个关键问题探讨[J]. 科技管理研究, (21): 155-158.

李玥, 王宏起, 李长云. 2015b. 云环境下科技资源共享平台智慧服务研究[J]. 学习与探索, (7): 112-115.

李玥, 王宏起, 王雪. 2015a. 科技资源共享平台服务需求识别与集成研究[J]. 科技管理研究, (14): 79-82, 88.

蔺雷, 吴贵生. 2004. 服务创新的四维度模型[J]. 数量经济技术经济研究, (3): 23-29.

刘盟盟, 李长云, 王京. 2020. 基于服务创新链的科技服务联盟知识转移影响因素研究[J]. 科技与管理, 22(3): 8-18.

刘向, 王伟军, 李延晖. 2014. 云计算环境下信息资源集成与服务系统的体系架构[J]. 情报科学, 32(6): 128-133.

刘义军. 2010. 基于云计算平台的个人信息融合系统的研究与实现[D]. 北京: 北京邮电大学.

柳纯录. 2009. 信息系统集成项目管理工程师教程[M]. 北京: 清华大学出版社.

马鸿佳, 刘艳艳, 侯美玲. 2015. IT 杠杆能力与即兴能力关系的实证研究[J]. 情报科学, 33(9): 111-116.

宁家骏. 2015. "互联网＋"行动计划的实施背景、内涵及主要内容[J]. 电子政务, (6): 32-38.

皮晓青, 唐守渊. 2009. 大型科学仪器资源共享的模式浅析及新对策研究[J]. 西南师范大学学报: 自然科学版, 34(5): 191-194.

屈玉阁, 李柏洲. 2014. 基于复杂网络动力分析的大型企业 IT 能力体系模型研究[J]. 统计与决策, (21): 174-178.

宋春光, 李长云. 2013. 基于客户价值的商业模式系统构建——以移动信息技术为主要视角[J]. 中国软科学, (7): 145-153.

孙其博, 刘杰, 黎羴, 等. 2010. 物联网: 概念、架构与关键技术研究综述[J]. 北京邮电大学学报, 33(3): 1-9.

唐玉英, 曾祥明. 2015. 科技资源共享平台构建思想和技术方法研究[J]. 决策咨询, (5): 18-20, 87.

陶雷, 吴贵生. 2005. 服务创新: 研究现状、概念界定及特征描述[J]. 科研管理, (2): 2-6.

涂勇. 2013. 地方科技资源共享平台建设研究[J]. 科技进步与对策, (5): 42-44.

王宏起, 李力, 李玥. 2014. 科技资源共享平台集成服务流程与管理研究[J]. 情报理论与实践, 37(8): 69-73.

王宏起, 王雪, 李玥. 2015. 科技资源共享平台服务绩效评价指标体系研究[J]. 科学管理研究, 33(2): 48-51.

王昕, 尹福臣. 2000. 企业信息化的方式与阶段[J]. 经济参考研究, (9): 34-43.

王雪原, 王宏起, 李长云. 2015. 促进科技成果转化的政府行为研究[J]. 科技进步与对策, 32(11): 5-9.

王弋波, 宋立荣, 彭洁. 2014. 基于参与深度分析的科学仪器共享协作网服务模式研究[J]. 情报杂志, 33(5): 183-187.

魏江, 刘洋, 赵江琦. 2013. 基于知识编码化的专业服务业服务模块化对创新绩效的作用机理研究[J]. 科研管理, 34(9): 1-10.

吴长旻. 2007. 浅析"科技资源共享"[J]. 科技管理研究, (1): 49-51.

吴贵生. 2007. 区域科技论[M]. 北京: 清华大学出版社.

肖静华, 谢康, 张延林. 2012. 应用视角的 IT 与业务融合规律研究[J]. 管理评论, 24(2): 122-130, 162.

谢卫红, 成明慧, 王田绘, 等. 2015. IT 能力对企业吸收能力的影响机理研究——基于 IT 治理的视角[J]. 研究与发展管理, 27(6): 124-134.

许德惠, 冯泰文, 赵刚. 2015. 供应商整合与企业绩效: IT 能力的调节作用[J]. 工业工程与管理, 20(1): 62-70.

薛晓芳, 霍宝锋, 许雯. 2013. IT 能力对联盟绩效的影响研究[J]. 科研管理, 34(专刊): 326-333.

杨陈, 徐刚, 孙金花. 2014. 动力学的企业 IT 能力与联盟绩效关系研究[J]. 科技管理研究, (15): 108-114.

尹明理. 2010. 面向中小企业的区域性科技资源共享服务平台建设研究——以郑州市科技资源共享平台建设为例[J]. 情报理论与实践, 33(9): 66-68.

张婧, 余振刚. 2013. 科技期刊网络增值服务模式研究[J]. 科技管理研究, (14): 174-178.

张逸民. 1999. 经济控制论[M]. 北京: 机械工业出版社.

张云飞, 邹礼瑞. 2009. 自然科技资源共享模式研究[J]. 科技管理研究, (7): 468-469, 472.

赵淑华, 李长云. 2009. 农业产业化协调机制探析[J]. 科技与管理, 11(3): 22-24.

赵益维, 陈菊红, 周延杰, 等. 2015. IT 能力对制造企业服务创新绩效的作用路径研究[J]. 统计与信息论坛, 30(7): 101-106.

钟荣丙. 2006. 整合科技资源, 促进地方科技发展[J]. 技术经济, (7): 11-12.

周寄中. 1999. 科技资源论[M]. 西安: 陕西人民教育出版社.

朱镇, 张伟. 2014. IT 能力如何提高供应链的竞争优势: 整合与敏捷协调视角的研究[J]. 中国管理科学, 22(专辑): 604-609.

HAKEN H. 2001. 协同学: 大自然构成的奥秘[M]. 上海: 上海译文出版社.

IBM 商业价值研究院. 2007. IBM 中国商业价值报告——战略与管理[M]. 北京: 东方出版社.

ANDRADE N. 2003. OurGrid: An Approach to Easily Assemble Grids with Equitable Resource Sharing [M]. Berlin: Springer-Verlag publisher: 61-86.

CHEN H T. 2011. Performance effects of IT capability, service process innovation, and the mediating role of customer service[J]. Journal of Engineering And Technology Management, (9): 1-24.

CRIE D. 2006. From customer data to value: What is lacking in the information chain?[J]. Database Marketing &Customer Strategy Management, 13(4): 282-299.

DAVENPORT T H. 1997. Information Ecology-Mastering the Information and Knowledge

Environment[M]. USA: Oxford University Press: 28-45.

DAVENPORT T, BROOKS D. 2004. Enterprise systems and the supply chain[J]. Journal of Enterprise Information Management, 17(1): 8-19.

DAVIS F D. 1989. Perceived usefulness, perceived ease of use and user acceptance of information technology[J]. MIS Quarterly, 13(3): 319-341.

DEMIRKAN H, CHENG H, BANDYOPADHYAY S. 2010. Coordination strategies in SaaS supply chain[J]. Journal of Management Information Systems, 26(4): 119-143.

DEN HERTOG P, BILDERBEEK R. 1998. The new knowledge infrastructure: the role of technology-based knowledge intensive business services in national innovation systems[Z]. SI4S Article 1.

DUNN S C, SEAKER R F, WALLER M A. 1994. Latent variables in business logistics research: Scale development and validation[J]. Journal of Business Logistics, 15(2): 145-172.

ELLIS D, HAUGAN M. 1997. Modelling the information seeking modes of engineers and research scientists in an industrial environment[J]. Journal of Documentation, 53(4): 384-403.

FERGUSON C. 2000. Shaking the Conceptual Foundation: Integrating Research and Technology Support for the Next Generation of Information Service [M]. College&Research Libraries, 61(4): 300-311.

FOREY D. 2004. The Economics of Knowledge[M]. Cambridge, MA: MIT Press: 32-45.

GRONROOS C. 1990. Service Management and Marketing: Managing the Moments of Truth in Service Competition[M]. Lexington, MA: Lexington Books.

HAN X Y, LI X M, LIU Y. 2010. Research on resource management for cloud computing based information system[C]. 2010 International Conference on Computational and Information Sciences: 491-494.

IQBAL Z, NOLL J, ALAM S. 2011. Role of user profile in cloud-based collaboration services for innovation[J]. International Journal on Advances in Security, 4(1): 1-10.

LI C Y, KANG H Y, CHEN S. 2016. Research on the service innovation Path for information platform in the cloud computing environment[J]. International Journal of Grid and Distributed Computing, 9(10): 129-140.

LI C Y, ZHANG Y. 2016. Research on service mode of regional science and technology resources sharing platform based on cloud computing[C]. The 5th International Conference on Next Generation Computer and Information Technology, (9): 96-101.

LIU H F, KE W L. 2013. The impact of IT capabilities on firm performance: the mediating roles of absorptive capacity and supply chain agility[J]. Decision Support Systems, 54(3): 1452-1462.

LUBBE S, REMENYI D. 1999. Management of information technology evaluation-the development of a managerial thesis[J]. Logistes Information Management, (2): 37-45.

MARSTON S, LI Z, BANDYOPADHYAY S, et al. 2011. Cloud computing-the business perspective[J]. Decision support systems, 51(1): 176-189.

MCAFEE. 2011. What every CEO needs to know about the cloud[J]. Harvard Business Review, 89(11): 124-132.

MEI L J, CHAN W K, TSE T H. 2008. A tale of clouds: paradigm comparisons and some thoughts on research issues EC[C]. 2008 IEEE Asia-Pacific Services Computing Conference(APSCC 2008).

NAKANO M. 2009. Collaborative forecasting and planning in supply chains[J]. International Journal of Physical Distribution&Logistics Management, 39(2): 96-107.

NARDI B A, O'DAY V L. 1999. Information Ecology: Using Technology with heart[M]. Cambridge, MA: MIT Press: 49-56.

NOLAN R L. 1973. Managing the computer resource: A stage hypothesis[J]. Communication of ACM, 16(7): 399-405.

NOLAN R L. 1979. Managing the crises in data processing[J]. Harvard Business Review, (2): 115-126.

PAVLOU P A, EL SAWY O A. 2010. The "Third Hand": IT-enabled competitive advantage in turbulence through improvisational capabilities[J]. Information Systems Research, 21(3): 443-471.

RAYPORT J F, SVIOK LA J J. 1995. Exploiting the virtual value chain [J]. Harvard Business Review, (5): 75-99.

ROCKART J F, SHOT J E. 1989. IT in the 1990s: Managing organizational interdependence[J]. Sloan Management Review, (4): 7-17.

ROSS J, BEATH C, GOODHUE D. 1996. Develop long-term competitiveness through it assets[J]. Sloan Management Review, (4): 31-42.

SHEN J B, LI J L, WANG X F, 2010. SCDN: Stable Content Distribution Network based on Demands[J]. Journal of Parallel and Distributed Computing, 70(9): 880-888.

SIMONSSON M, JOHNSON P. 2006. Defining IT governance-A consolidation of literature[Z]. Department of Industrial Information and Control Systems Royal Institute of Technology(KTH), Osquldas väg 12, 7tr S-100 44.

TEREGOWDA P, BHUVAN U, LEE G. 2010. Cloud Computing: A Digital libraries perspective[C]. Proceedings of 2010 third international conference on cloud computing, 115-122.

TRAINOR K J, RAPPA, BEITELSPACHER L S, et al. 2011. Integrating information technology and marketing: an examination of the drivers and outcomes of e-marketing capability[J]. Industrial Marketing Management, (40): 162-174.

TRUONG D. 2010. How cloud computing enhances competitive advantages: A research model for small business[J]. The Business Review, Cambriage, 15(1): 59-65.

TSAI W T, SUN X, BALASOORIYA J. 2010. Service-oriented cloud computing architecture[C]. information Technology: New Generations(ITNG), 2010 Seventh International Conference, 684-689.

TSOU H T, CHING R K H, CHEN J. 2007. Performance effects of IT capability and customer service: The moderating role of service process innovation[J]. IEEE, (23): 4383-4386.

WANG E T G, HU H, HU P T. 2013. Examining the role of information technology in cultivating finn's dynamic marketing capabilities[J]. Information & Management, (50): 336-343.

WANG H Q, ZHAO D M, KONG J. 2007. Library knowledge sharing based on Cloud computing [J]. Networker, (16): 16-25.

WEILL P. 2004. Don't just lead govern: How top performing firms govern IT[J]. MIS Quarterly Executive, 3(1): 1-17.

WERNERFELT B. 1984. A resource-based view of the firm[J]. Strategic Management Journal, 5(2): 171-180.

WHITE A L, STOUGHTON M, FENG L. 1999. Servicizing: The Quiet Transition to Extended Product Responsibility[M]. Boston: Tellus Institute: 315.

WILSON T D. 1981. On user studies and information needs[J]. Journal of Documentation, 37(1): 3-15.

WILSON T D. 1989. Towards an information management curriculum[J]. Journal of Information Science, (15): 203-209.

WILSON T D. 1999. Models in information behavior research[J]. Journal of Documentation, 55(3): 249-270.

YANG C T, HO H C. 2005. Using data grid technologies to construct a digital library environment[C]. ITRE 2005. 3rd International Conference: 388-392.

ZHANG C, DHALIWAL J. 2009. An investigation of resource based and institutional theoretic factors in technology adoption for operations and supply chain management[J]. International Journal of Production and Economics, 120(4): 252-269.

附　　录

附表1　云计算引致平台服务创新路径问卷调查表

尊敬的先生/女士：

您好！这是一份学术研究问卷，目的在于探讨云计算技术对科技资源共享平台服务创新路径的影响。您的宝贵意见是本研究的主要依据，感谢您在百忙之中抽出时间填写这份问卷！

一、基本情况

　　1. 平台名称

　　2. 平台是否已经采用云计算技术

　　3. 您对信息与通信技术是否熟悉

二、调查问卷

　　以下问题均是针对云计算技术的特性的，请尽可能客观回答（很不重要=1分，不重要=2分，一般重要=3分，很重要=4分，非常重要=5分）。本问卷纯属学术研究目的，真诚感谢您的支持和合作！

编号	调查问题	问题打分量表				
		1	2	3	4	5
1-1	云计算基础设施可以满足共享平台客户接入量的随需波动					
1-2	云计算基础设施可以及时满足共享平台新业务增长的需求					
1-3	云计算基础设施有助于共享平台信息系统架构的按需调整					
2-4	云计算基础设施的技术标准有利于整合共享平台与合作伙伴的信息技术资源					
2-5	云计算基础设施的数据标准有利于集成科技资源和客户需求大数据					
2-6	云计算基础设施的共享环境有利于集成专家共同开展知识创新和决策					
2-7	云计算基础设施的标准开发环境有利于共享平台各个部门信息系统的集成					
2-8	云计算基础设施有利于共享平台与合作伙伴的信息集成					

　　注：在右侧问题回答分栏中，请您每一个问题只选一个分值，打分时，正向感觉打高分，负向感觉打低分，具体分值可根据自己正负感觉程度选择

附表2　云计算引致平台服务创新路径问卷调查表

尊敬的先生/女士：

您好！这是一份学术研究问卷，目的在于探讨云计算技术对科技资源共享平台服务创新路径的影响。您的宝贵意见是本研究的主要依据，感谢您在百忙之中抽出时间填写这份问卷！

一、基本情况

　　1. 平台名称

　　2. 平台是否已经采用云计算技术

　　3. 您对信息与通信技术是否熟悉

二、调查问卷

　　以下问题均是服务界面创新的问题，请尽可能客观回答（很不重要=1分，不重要=2分，一般重要=3分，很重要=4分，非常重要=5分）。本问卷纯属学术研究目的，真诚感谢您的支持和合作！

续表

编号	调查问题	问题打分量表				
		1	2	3	4	5
1-1	服务界面创新有助于共享平台及时提供共享的科技资源					
1-2	服务界面创新有助于解决共享平台的信息黏滞现象					
1-3	服务界面创新有助于提高客户参与服务创造的程度					
1-4	服务界面创新有助于维护共享平台与外部主体的关系					
1-5	服务界面创新扩展了共享平台与外部的信息接触点					
1-6	服务界面创新有助于加强客户的体验，提升客户感知价值					
2-7	服务界面创新有助于共享平台内部职能部门之间的沟通					
2-8	服务界面创新有助于消除共享平台内部员工之间的差异并增强彼此的信任感					
2-9	服务界面创新有助于激发共享平台内部上下级的协同					
2-11	服务界面创新有助于共享平台推出标准化的服务					
2-12	服务界面创新有助于改善共享平台内部流程的柔性					

注：在右侧问题回答分栏中，请您每一个问题只选一个分值，打分时，正向感觉打高分，负向感觉打低分，具体分值可根据自己正负感觉程度选择。

附表3　云计算引致平台服务创新路径问卷调查表

尊敬的先生/女士：

　　您好！这是一份学术研究问卷，目的在于探讨云计算技术对科技资源共享平台服务创新路径的影响。您的宝贵意见是本研究的主要依据，感谢您在百忙之中抽出时间填写这份问卷！

一、基本情况

　　1. 平台名称

　　2. 平台是否已经采用云计算技术

　　3. 您对信息与通信技术是否熟悉

二、调查问卷

　　以下问题均是服务流程创新的问题，请尽可能客观回答（很不重要＝1分，不重要＝2分，一般重要＝3分，很重要＝4分，非常重要＝5分）。本问卷纯属学术研究目的，真诚感谢您的支持和合作！

编号	调查问题	问题打分量表				
		1	2	3	4	5
1-1	服务流程创新有利于消除共享平台内部运作的信息孤岛					
1-2	服务流程创新有利于满足客户现实的需求和潜在的期望					
1-3	服务流程创新有利于共享平台改变服务行为以适应环境的变化					
1-4	服务流程创新可以提高系统的适应性来创造需求					
2-5	服务流程的创新有利于突破已有组织过程的思维局限					
2-6	服务流程创新有助于业务信息的处理和集体决策					
2-7	服务流程创新能够适应服务理念的变化					
2-8	服务流程创新可以降低内部的运作成本					

注：在右侧问题回答分栏中，请您每一个问题只选一个分值，打分时，正向感觉打高分，负向感觉打低分，具体分值可根据自己正负感觉程度选择。

附表4　云计算引致平台服务创新路径问卷调查表

尊敬的先生/女士：

　　您好！这是一份学术研究问卷，目的在于探讨云计算技术对科技资源共享平台服务创新路径的影响。您的宝贵意见是本研究的主要依据，感谢您在百忙之中抽出时间填写这份问卷！

一、基本情况
　　1. 平台名称
　　2. 平台是否已经采用云计算技术
　　3. 您对信息与通信技术是否熟悉

二、调查问卷
　　以下问题均是服务概念创新的问题，请尽可能客观回答（很不重要＝1分，不重要＝2分，一般重要＝3分，很重要＝4分，非常重要＝5分）。本问卷纯属学术研究目的，真诚感谢您的支持和合作！

编号	调查问题	问题打分量表				
		1	2	3	4	5
1-1	服务概念创新有利于全面分析客户需求					
1-2	服务概念创新有利于共享平台与客户价值的对接					
1-3	服务概念创新有利于优化共享平台的资源结构					
1-4	服务的概念创新有利于形成服务描述的共同语境					
1-5	服务概念创新有助于培养集体思考的文化理念					
2-6	服务概念创新有助于培养对内外环境的洞察力					
2-7	服务概念创新有助于正确地指导共享平台的服务行动					
2-8	服务理念创新有助于固化和保存共享平台的核心理念					
2-9	服务概念创新可以实现基于特定知识的决策，有利于实现决策权和知识更好的匹配					

　　注：在右侧问题回答分栏中，请您每一个问题只选一个分值，打分时，正向感觉打高分，负向感觉打低分，具体分值可根据自己正负感觉程度选择。

附表5　云计算引致平台服务创新路径问卷调查表

尊敬的先生/女士：

　　您好！这是一份学术研究问卷，目的在于探讨云计算技术对科技资源共享平台服务创新路径的影响。您的宝贵意见是本研究的主要依据，感谢您在百忙之中抽出时间填写这份问卷！

一、基本情况
　　1. 平台名称
　　2. 平台是否已经采用云计算技术
　　3. 您对信息与通信技术是否熟悉

二、调查问卷
　　以下问题均是服务创新目标的问题，请尽可能客观回答（很不重要＝1分，不重要＝2分，一般重要＝3分，很重要＝4分，非常重要＝5分）。本问卷纯属学术研究目的，真诚感谢您的支持和合作！

编号	调查问题	问题打分量表				
		1	2	3	4	5
1-1	感知能力的提升表现为共享平台能够及时获取市场大数据					
1-2	感知能力的提升表现为共享平台能够及时、完整地获取客户的行为大数据					
1-3	感知能力的提升表现为共享平台能够准确掌握内部的科技资源动态的大数据					
1-4	感知能力的提升表现为共享平台部门之间的信息渗透性增强					

续表

编号	调查问题	问题打分量表				
		1	2	3	4	5
1-5	感知能力的提升表现为共享平台综合信息处理能力增强					
2-6	执行能力的提升体现在服务生产和传递的标准化程度，以及按照作业规则使用信息设备的操作能力					
2-7	执行能力的提升体现在将合适的知识员工匹配到特定的任务中，形成程序化的运作流程					
2-8	执行能力的提升体现在完善的组织惯例能够应对日常出现的不确定性的问题					
2-9	执行能力的提升体现在知识的线性化程度高，能够形成易于遵守的规则或指令					
2-10	执行能力的提升体现在有项目制的组织管理，实时优化内部的结构以适应环境的变化					
2-11	执行能力的提升体现在对共享平台文化、价值和信念的正确理解，以及具有较强的与组织内、外的沟通、合作能力					
3-12	自我完善能力的提升体现在组织学习是共享平台最基本的价值，能够有目标地完成信息处理和系统复制					
3-13	自我完善能力的提升体现在管理者愿意与员工分享共享平台的发展愿景					
3-14	自我完善能力的提升体现在共享平台不限于经验性思考，而是超越成规，激发创意性思维					
3-15	自我完善能力的提升表现在共享平台知识管理的方法不断提升和改进，形成组织智慧					
3-16	自我完善能力的提升表现在共享平台形成相对稳定的思维框架，不断完善价值网络，能够思考并推断下一步的行动计划					
3-17	自我完善能力的提升表现在共享平台具有完善的风险防御体，能够自我调节，通过内生积累，从环境中稳定地获取资源					

注：在右侧问题回答分栏中，请您每一个问题只选一个分值，打分时，正向感觉打高分，负向感觉打低分，具体分值可根据自己正负感觉程度选择。